职业教育课程改革创新教材
现代信息技术专业群系列教材

数字媒体技术基础

（微课版）

张小毅　袁　静　主编

何　利　宋时隆　迟江波　副主编

科学出版社

北　京

内 容 简 介

本书是在行业、企业专家和课程开发专家的指导下，由校企“双元”联合开发的，注重思政融通、“岗课赛证”融通及信息化资源配套。

本书主要内容包括认识数字媒体、数字音频基础——Adobe Audition、图形绘制——Illustrator、三维表现——CINEMA 4D、影视特效——After Effects、影视剪辑——Premiere。

本书可作为职业院校数字媒体技术专业的教学用书，也可作为相关培训机构的培训教材。

图书在版编目（CIP）数据

数字媒体技术基础：微课版 / 张小毅，袁静主编 . —北京：科学出版社，2021.12

职业教育课程改革创新教材 现代信息技术专业群系列教材

ISBN 978-7-03-066799-1

Ⅰ. ①数… Ⅱ. ①张… ②袁… Ⅲ. ①数字技术-多媒体技术-职业教育-教材 Ⅳ. ①TP37

中国版本图书馆CIP数据核字（2020）第220965号

责任编辑：张振华/责任校对：马英菊

责任印制：吕春珉/封面设计：孙 普

科 学 出 版 社 出版

北京东黄城根北街16号

邮政编码：100717

http://www.sciencep.com

北京中科印刷有限公司 印刷

科学出版社发行 各地新华书店经销

*

2021年12月第 一 版 开本：889×1194 1/16

2021年12月第一次印刷 印张：21 1/4

字数：480 000

定价：78.00元

（如有印装质量问题，我社负责调换〈中科〉）

销售部电话 010-62136230 编辑部电话 010-62135120-2005

前言

“数字媒体技术基础”是职业院校数字媒体技术方向的基础课程，适用于数字媒体技术及广播影视节目制作等相关专业，涉及的学生人数多、专业面广，是学习其他数字媒体相关专业课程的前置和基础。

本书共 6 个单元，25 个任务，主要内容包括认识数字媒体、数字音频基础——Adobe Audition、图形绘制——Illustrator 、三维表现——CINEMA 4D 、影视特效——After Effects、影视剪辑——Premiere。

编者在编写本书的过程中充分考虑到了职业院校学生实际和就业需求，由浅入深、循序渐进地介绍相关知识和技能，在内容安排上尽量做到寓教于乐，使学生在学习和实践的过程中逐步加深对数字媒体技术的相关概念和理论知识的理解，了解数字媒体产品开发的基本流程，掌握主流数字媒体产品开发软件的基本操作技巧和技能，做到举一反三、融会贯通。

本书具有自己的特色和创新点，主要体现在以下几个方面：

1．校企“双元”联合编写，行业特点鲜明，编写理念新颖

本书是在行业、企业专家和课程开发专家的指导下，由校企“双元”联合开发的。编者均来自教学一线或企业一线，具有多年的教学经验和实践经验。在本书的编写过程中，编者能紧扣专业的培养目标，综合考虑学生身心发展的规律，将行业标准等数字媒体产品开发过程中所体现的规范、理念贯穿其中，符合当前企业对人才综合素质的要求。

本书采用“基于任务教学”“理实一体化”的职业教育课程改革理念，力求建立以任务为载体、教学做练合一的教学模式，具有很强的针对性和可操作性。

2．切实从职业院校学生的实际出发，针对性强、实用性强

本书切实从职业院校学生的实际出发，以浅显易懂的语言和丰富的图示来进行说明，不过度强调理论和概念，强调综合职业能力的培养。本书摈弃了以往同类书籍中过多的理论描述，从实用、专业的角度出发，剖析各个知识点，同时以练代讲，练中学、学中悟。这种全新的教学方式不仅可以大幅度地提高学生的学习效率，还可以很好地激发学生的学习兴趣。

3．与课程建设深度融合，编排灵活，信息化资源配套

本书内容安排与课程建设深度融合，采用单元 - 任务式的编写模式，内容编排方式灵活，呈现形式紧密服务教学内容安排和教学目的。

本书配有立体化的教学资源包，收录了教学课件、教案、视频等资源，便于实施信息化教学；同时，穿插有二维码资源链接。

4．体现思政融通，落实课程思政要求，弘扬工匠精神

本书以习近平新时代中国特色社会主义思想为指导，全面推动习近平新时代中国特色社会主义思想进教材、进课堂、进头脑。为发挥本书承载的思想政治教育功能，书中设置了“思政目标”，对相关教学案例库进行梳理，精选多个典型案例，建立起课程思政教育教学案例库。通过凝练案例的思政教育映射点，将案例和教学内容相结合，教学对象在学习专业知识的同时，通过潜移默化的效果，把握各个思政教育映射点所要传授的内容。

本书由重庆市龙门浩职业中学校张小毅、袁静担任主编，重庆市龙门浩职业中学校何利、宋时隆，新疆轻工职业技术学院迟江波担任副主编。具体编写分工如下：课程导入、单元 5 由何利编写，单元 1、单元 3、单元 4 由袁静编写，单元 2 由宋时隆编写，全书实训练习部分由迟江波编写。本书的筹划、组织编写和统稿由张小毅、袁静、何利、宋时隆共同完成。

由于编者水平有限，书中难免有不足之处，敬请广大读者批评指正。

目 录

实训与拓展练习目录

课程导入

认识数字媒体

单元导读

数字媒体是基于计算机系统的多媒体，是技术与艺术的融合统一。学习“数字媒体技术基础”课程前，首先要对数字媒体有一个较为基础和全面的认识，为进一步学习专业知识和技能奠定基础。

学习目标

- 了解数字媒体的概念；
- 了解模拟信号与数字信号的概念、联系和区别；
- 了解数字媒体系统的组成；
- 了解数字媒体的特点；
- 了解数字媒体技术与数字媒体艺术。

思政目标

- 树立正确的学习观、价值观，自觉践行行业道德规范；
- 培养尊重宽容、团结协作的团队精神；
- 发扬一丝不苟、精益求精的工匠精神。

任务 0.1 数字媒体基本认知

任务描述☞ 数字媒体是一种技术类艺术，融合了计算机技术、通信技术、网络技术与文化艺术领域，要求从业者同时具备熟练操作计算机的能力和一定的艺术修养，在进入数字媒体领域的学习之前，首先要了解什么是数字媒体。

任务目标☞ 在本任务中，我们将会学习数字媒体的定义，了解什么是模拟信号与数字信号，了解数字媒体系统的组成、数字媒体的特点及应用领域。

通过本任务的学习，读者应当对数字媒体的概念建立清晰、明确的印象，了解数字媒体包括的应用方向。

0.1.1 数字媒体的概念

数字媒体是一个广义的名词，不同的情况、不同的角度下会有不同的解释。

国际电信联盟（International Telecommunications Union，ITU）对数字媒体的解释是：在各类人工信息系统中，以数字、代码的形式编码的各类表述媒体、表现媒体、存储媒体、传输媒体等。这个描述主要从技术角度定义了数字媒体，称之为“数字媒体技术”更为准确。

我国在《2005中国数字媒体技术发展白皮书》所做的定义是：数字媒体是数字化的内容作品，以现代网络为主要传播载体，通过完善的服务体系，分发到终端和用户进行消费的全过程。这一定义强调了网络是数字媒体传播的主要途径。

虽然数字媒体没有一个统一标准的描述，但是不同的说法本质上是一致的，明确指出数字媒体包括文字、图像、视频、声音等多种表现形式，在传播内容、传播方式中采用数字化，即使用数字化的手段进行媒体信息的获取、存储、处理、传播。

我们将使用数字化手段处理和传播的信息媒体称为数字媒体。

知识窗：国际电信联盟

图0.1.1 国际电信联盟

国际电信联盟是联合国于1865年成立的制定国际电信标准的专门机构，其标识如图0.1.1所示。

国际电信联盟总部设于瑞士日内瓦，作为世界范围内联系各国政府和私营部门的纽带，其成员包括193个成员国以及公司、大学和国际组织和区域性组织在内的约 900 个成员。每年的 5 月 17 日是世界电信日。

2014 年 10 月 23 日，赵厚麟当选国际电信联盟新一任秘书长，成为国际电信联盟 150 年历史上首位中国籍秘书长。

0.1.2 模拟信号与数字信号

在通信领域，模拟与数字是相对应的两个概念，都是信息的表现和处理方式。

1. 模拟信号

模拟信号是通过连续的物理量来表示数据的，如用电压、电流来表示声音的频率和强度;数字信号则是指使用不连续的（离散）信号来表示信息，如计算机内部采用的二进制。

模拟信号的优点是容易实现，缺点是保密性差、易受干扰。例如，早期的唱片、录像带，每翻录一次，声音、图像就变差一次。

2. 数字信号

数字信号采用二进制表示信息，所有的数据均以 0、1 代码呈现，精确度高、不易受干扰，易于信息的统一管理、存储、传输，便于使用数字电路进行处理，所以得到了广泛的应用。

所有的手机、Wi-Fi 设备、蓝牙设备，或者说绝大多数的现代无线通信设备采用数字信号进行传输。

0.1.3 数字媒体系统的组成

数字媒体是传统媒体产业、计算机产业、通信产业、网络产业等诸多产业相互融合、不断创新的领域，是一个庞大的体系，主要包括以下几个组成部分。

1. 数字媒体的标准与监管

数字媒体产业中有两大主体：政府部门负责提供引导，进行行业监管，制定、执行相关法律法规，为数字媒体行业的良性发展提供良好的环境;企业和相关社会组织负责数字媒体产品的技术标准制定、策划制作、经营、传播等方面的工作。

我国负责相关监管工作的部门主要是中华人民共和国国家广播电视总局（以下简称国家广播电视总局）。

2. 数字媒体技术

数字媒体技术是指数字媒体信息处理和生成的制作技术，主要服务于数字媒体内容的制作环节，将抽象的信息变为传播受众可以具体感知、感受的技术，涵盖数字信息的获取、输出、存储、处理、管理和安全等方面。

数字媒体技术主要包括数字音视频处理、图形图像处理、计算机动画、人机交互等技术，除了这些数字媒体特有的技术手段，还涉及计算机技术、网络技术、通信技术、数字压缩及加密技术等诸多领域。

3. 数字媒体内容与产品

数字媒体内容是数字科技、视觉艺术和媒体文化三者的结合，也称为数字媒体艺术。其以计算机技术为基础，将艺术的感性思维和人的理性思维融为一体。

数字媒体产品是一种媒体服务，向受众提供文化、艺术、商业、娱乐等领域的服务产品。数字媒体产品的制作和传播以数字媒体技术为主导，是数字媒体内容的外在表现。

4. 数字媒体产品的传播和终端

数字媒体网络是数字媒体产品的传播途径，终端指的是数字媒体产品的承载设备，是用户直接面对、感受数字媒体内容的有形载体。

数字媒体传播途径可以分为两种：一种是传统传媒媒体的数字化延伸，媒体产品的生产流程数字化，使用传统媒介作为终端传播，如数字广播网、数字电视网等；另一种采用基于无线宽带的数字化网络，以交互性为主要特征，包括移动通信网络、互联网等，以计算机、便携数字产品（如笔记本式计算机、手机等）作为终端。

知识窗：国家广播电视总局

中华人民共和国国家广播电视总局是新闻、出版、广播、电影和电视领域的国家管理部门，为正部级单位，是国务院直属机构，如图 0.1.2 所示。

图0.1.2　国家广播电视总局

国家广播电视总局的第（八）条和第（九）条职责包括："负责推进广播电视与新媒体、新技术、新业务融合发展，推进广电网与电信网、互联网三网融合。组织制定广播电视科技发展规划、政策和行业技术标准并组织实施和监督检查。负责对广播电视节目传输覆盖、监测和安全播出进行监管，指导、推进国家应急广播体系建设。"

0.1.4 数字媒体的特点

有别于传统媒体，数字媒体具有更高的开放性、灵活性和互动性，传播途径更加多样便捷，深入渗透到社会的各个领域，影响着人们学习、生活、工作的方方面面。作为传统媒体随着科学技术发展而衍生出来的新的媒体形态，数字媒体具有以下特点。

1. 传播内容的集成性

数字媒体集信息服务、文化娱乐、交流互动、公共传播于一体，将文字、图片、动画、视频、声音等以超文本、超媒体的方式进行有机融合，使表现的内容更加丰富多彩，充分调动受众的视听感官，提供更好的感受和体验。

集成性建立在数字化处理的基础上，利用计算机技术的相关应用来整合各种媒体资源。

2. 传播方式的多样性

数字媒体的传播采用具有足够带宽的、可以传输比特流的高速网络信道。

由于不同种类的信息都采用数字信号表示，因此数字媒体的传播方式更加灵活，更加多元化，通过连接网络的数字终端设备，人们可以及时高效地浏览信息，不再受传统媒体传播方式的限制。

数字媒体的传播渠道包括移动存储设备、互联网、数字广播电视网、无线宽带、数字通信卫星等；传播方式有 IPTV（internet protocol television，互联网电视）、移动流媒体、即时通信、E-mail、数字游戏等。

3. 趋于个性化的交互性

数字媒体可以实现有效互动，使信息的传播者与接收者之间进行实时通信交流成为可能，传播者能准确把握目标受众的商业需求，细分受众群体，以用户需求为导向，做到精确化传播。例如，网络电影网站，采用大数据方式收集观众的观影习惯和喜好，从而能够有针对性地制作节目。

数字媒体同时采用点对面和点对点两种传播方式，使受众不再仅仅是被动接受，用户可以根据自己的个性化需求任意选择接收的信息，甚至定制数字媒体内容，也可以利用数字媒体享受其他个性化服务，如网站上的各种主播和直播节目。

4. 技术与艺术的有机融合

人文艺术和信息技术之间有着明显的差异，数字媒体却可以在艺术与技术领域之间架起桥梁。艺术能够创造美，但需要情感、想象力的投入，而技术是创造的基础，现代化的数字技术提供了更多的艺术表现方式，不断丰富艺术的外在呈现模式，拥有更多的创作手段。数字媒体技术也开辟了新的艺术领域，为艺术家找到了更多的题材、内涵与思路，延伸出新的美学形态，将现在的工作方式、娱乐方式、交流方式加以转变，对我们思考问题、处理问题的方式产生了深远的影响。

数字媒体不仅需要美感，也要体现功能性。随着计算机的发展与普及，纯粹的技术或艺术需求已经不能满足社会发展和产品受众的需要：光靠艺术，没有技术，艺术品无法获得完美的表现和传播，缺乏实质；而仅有技术，没有艺术家的构思与创造，再先进的技术也无法造就作品的“灵魂”，不能体现艺术之美，艺术作品就没有了生命力。数字技术与媒体艺术的结合，是时代的进步与发展，二者需要相互融合才能实现数字媒体产品的研发和传播。

数字技术的不断更新、发展，为媒体艺术的表现提供了更多、更广泛的形式，所以两者的融合是顺应时代发展的必然结果。

0.1.5 数字媒体的应用领域

相互交叉、相互融合是数字媒体的重要特征，因此数字媒体的各个领域很难使用固定的标准进行区分。各类数字媒体的系统与内容都会综合应用到相关的数字媒体技术，所以这里根据数字媒体具体的内容与应用对象，做了一个大致的划分，便于展开讨论和研究。

1. 数字出版

广义上，凡是使用数字技术生产媒体内容，并且通过多种网络进行传播的活动都可以称为数字出版，包括内容数字化、载体多样化、传播网络化。

早期的数字出版是将传统图书、报刊内容数字化，赋予传统出版物新的生命力，获得更广泛的传播，其代表是数字图书、数字期刊、数字报纸等。现在的数字出版以大数据、云计算、流媒体、语义分析、移动网络等高新技术为支撑，内容上进行了扩充与整合，除了文本和图像，还扩展到动画、音乐、影视等多种媒体表现形式，以互动、多元、动态、立体的方式突破了传统出版平面、静态的限制，如图 0.1.3 所示。

数字出版包括作者（提供产品）、出版社（出版产品）、数字内容加工平台（技术支持）、网上书店与图书馆（销售产品）、读者（消费产品），涉及出版的所有环节，涵盖版权、发行、支付手段及相关服务等领域。

1）电子出版：数字音像制品，如带有文字、图片、音视频的磁带、光盘等。

2）网络出版：电子图书、网络刊物、网络游戏、流媒体播放、在线下载等。

3）手机出版：以智能手机为主要终端平台，除网络出版外，还包括手机铃声、彩信、手机游戏、图书杂志 App 等。

图0.1.3　在线图书馆

2. 数字广播

数字广播是指音视频信号在数字状态下进行编码、加工、调试、传播，受众可以灵活选择终端接收设备（如手机、计算机等）收看内容丰富的数字广播节目。数字广播具有抗干扰能力强、信号质量高、内容丰富多样、收看收听方式灵活、互动性好等特点。

数字广播包括数字音频广播、数字调幅广播、数字卫星音频广播、IP 网络广播，此外还有数字多媒体广播、卫星电视、网络电视等，如图 0.1.4 所示。

图0.1.4　基于流媒体的网络电视

3. 数字影视

数字影视是指影视作品从拍摄到后期制作、发行、放映等环节全程采用数字化方式完成，表现为影视成像工具的数字化，影视图像及音频处理方式的数字化，影视存储载体及传输、传播方式的数字化。与传统方式相比，数字影视在制作方式、清晰度、稳定性、成本控制、发行便利性、遏制盗版等方面都有着巨大的优势。

数字电影涵盖数字音视频的摄录、处理、存储、传输和重放，应用数字成像技术、数字图形处理技术，结合计算机图形学、自动控制技术等，让电影艺术家们的创作灵感和想象力得以充分展示，制作出更具冲击力、感染力的电影影像。

第一部全球放映的数字电影是由乔治·卢卡斯执导的、1999 年 5 月在美国首映的《星球大战前传 1：幽灵的威胁》，如图 0.1.5 所示。

图0.1.5 1999年5月在美国首映的《星球大战前传1：幽灵的威胁》

2009 年 12 月，詹姆斯·卡梅隆执导的《阿凡达》，以 2D、3D 和 IMAX-3D 这 3 种制式上映，标志着立体电影时代的到来，如图 0.1.6 所示。

图0.1.6 2009年12月于美国首映的《阿凡达》

数字电影通常有以下 3 种制作方式。

第一种是采用传统胶片拍摄，然后进行高分辨率数字化，生成数字中间片。例如，2012 年美国华纳兄弟影业出品的《诸神之怒》、2017 年克里斯托弗·诺兰执导的《敦刻尔克》都使用了胶片转制，如图 0.1.7 所示。

(a)《诸神之怒》

(b)《敦刻尔克》

图0.1.7　采用数字中间片技术制作的电影

第二种是用高清晰数字摄像机拍摄，直接生成数字信号。例如，2014 年迈克尔·贝导演的《变形金刚 4：绝迹重生》，采用了 IMAX 的超高分辨率 3D 电影摄像机，传感器分辨率达到 4K；2016 年李安导演的《比利·林恩的中场战事》使用索尼 F65 电影摄影机拍摄，是全球首部 4K+3D+120 帧影片，如图 0.1.8 所示。

(a)《比利·林恩的中场战事》

(b) 索尼F65电影摄影机

图0.1.8　全数字技术拍摄的电影及使用的摄影机

第三种是通过计算机图形技术生成图像，如 2008 年的《机器人总动员》（图 0.1.9）。使用该技术的电影制作成本高、周期长，多用于动画电影或与实拍影像结合进行特效制作。

图0.1.9　采用计算机图形技术制作的动画片《机器人总动员》

数字音视频技术不仅广泛应用于电影、电视制作和传播，还促进了个人影视作品的创作和制作。采用数字拍摄设备、计算机和相关应用软件，大大降低了影视制作的成本，简化了影视制作的流程，使影视制作行业得到长足发展，也带来了变革和挑战。

4. 数字游戏

数字游戏是指以数字技术手段制作，运行于各种数字终端平台的游戏，是集文化与商业于一体的新媒体，在数字媒体中占有极其重要的地位。

作为一种全新的大众媒体，数字游戏具有独特的交互性、社交性和竞技性，很多游戏被玩家当作一个交流、交际的综合性平台，而不仅仅是休闲娱乐。

同时，数字游戏也得到越来越多的重视。2003 年，中华人民共和国国家体育总局（以下简称国家体育总局）正式将电子竞技列为第 99 个正式体育竞赛项；2008 年，国家体育总局将电子竞技改批为第 78 号正式体育竞赛项；2014 年起，国家体育总局体育信息中心组织主办全国电子竞技公开赛（National Electronic Sports Open，NESO），其标识如图 0.1.10 所示。

图0.1.10　全国电子竞技公开赛

数字游戏包括主机游戏、计算机游戏、网络游戏、手机游戏。网络化是数字游戏发展的趋势，此外，虚拟现实（virtual reality，VR）游戏也在逐渐兴起，如图 0.1.11 所示。

（a）微软开发的游戏主机x-box

（b）家用VR眼镜

图0.1.11　家庭VR娱乐设备

5. 数字动漫

数字动漫也可以看作数字影视的一部分，包括二维动画和三维动画。二维动画的创作者借助于计算机图像与图像处理技术，使用数字化输入设备代替传统的纸和笔绘制美术作品，原来的人物设计、背景设计、原画、动检、动画、描线、上色等流程都通过计算机完成，具有灵活、准确、方便的特点，在制作过程中可以使用复制、粘贴、变形等命令，大大提高了效率、节约了成本、缩短了制作周期。2016 年上映的日本动画片《你的名字》，仍然采用传统制作流程，但是借助了计算机图形技术，如图 0.1.12 所示。

图0.1.12　动画片《你的名字》

三维动画（图 0.1.13）包括建模、场景、运动、后期渲染等，是随着计算机软硬件技术发展而产生的新兴技术，利用计算机软件或视频将三维物体运动的原理、过程等清晰简洁地展现在人们眼前，可以对物体进行真实的模拟，具有精确性、真实性和非常灵活的可操作性，广泛应用于医学、教育、军事、娱乐、影视广告制作等诸多领域。

（a）建筑巡游动画

（b）2015年上映的动画电影《大圣归来》

图0.1.13　三维动画

动画是具有艺术、技术双重属性的综合艺术，三维动画尤其突出。例如，建模可以借助图片打底来建模，也可以使用动作捕捉技术；要实现实时图像生成，可以使用基于图像的建模和绘制技术；要实现对物体运动的控制，可采用正向动力学、逆向动力学等方式。

6. 互动媒体

互动媒体又称互动多媒体、互动式多媒体，结合数字媒体技术、电子设备，以及声、光等各种表现方式，带给参与者视觉、听觉乃至触觉、味觉、嗅觉和空间上的直观的互动体验感受。

互动媒体融合文本、图形、图像、音频、视频，让多种内容建立逻辑连接形成交互系统，在体验方式和创新服务方面大大突破了传统的媒体传播方式，具有冲击力强、趣味性强、体验新颖、实时互动等特点。其主要运用于科技馆、博物馆、展览馆、规划馆、企业产品展示等。

互动媒体包括数字沙盘、形象展示系统、多屏交互系统、互动滑轨电视、虚拟现实技术和三维实景技术、体感互动、互动投影等，如图 0.1.14 所示。

（a）数字沙盘

（b）互动投影

图0.1.14　互动媒体的应用

实训练习0-1：数字媒体基础知识

1. 填空题

1）将使用 ________ 处理和传播的 ________ 称为数字媒体。

2）数字信号是指使用 ________ 来表示信息，目前主要采用的是 ________ 进制。

3）数字媒体技术主要包括 ________、________、计算机动画、________ 等。

4）数字媒体的集成性是建立在媒体信息 ________ 的基础上。

5）数字媒体产品的传播方式有 ________、________、________ 等。

6）数字出版主要包括 ________、________、________3 个方面。

7）第一部全球放映的数字电影是 ________。

2. 选择题

1）下列不属于数字游戏的是（　　）。

A.《星际争霸 2》　　B.《王者荣耀》

C.《英雄联盟》　　D.《球幕交互》

2）通过网上的教学视频进行在线学习，体现了数字出版的（　　）特点。（多选）

A. 内容数字化　　B. 载体多样化

C. 传播网络化　　D. 方式的互动性

3）使用手机在线听歌，体现了数字媒体（　　）的特性。

A. 传播内容的集成性　　B. 传播方式的多样性

C. 趋于个性化的交互性　　D. 技术与艺术的有机融合

4）聘请专业美工人员对网站界面进行设计，体现了数字媒体（　　）的特性。

A. 传播内容的集成性　　B. 传播方式的多样性

C. 趋于个性化的交互性　　D. 技术与艺术的有机融合

5）ITU 是指（　　）。

A. 国际标准化组织　　B. 国际电信联盟

C. 电子与电气工程师协会　　D. 国际电工委员会

6）现在使用的智能手机，利用的数字媒体传播途径是（　　）。

A. 数字广播网　　B. 数字电视网

C. 互联网　　D. 基于无线宽带的数字化网络

学习评价

进行学习评价，由学生自我评价、小组互评、教师评价相结合。

任务0.1：数字媒体基本认知					日期	
评价内容	自我评价			小组互评		
	完全掌握	基本掌握	未掌握	完全掌握	基本掌握	未掌握
了解数字媒体的概念						
了解模拟信号与数字信号						
了解数字媒体系统的组成						
了解数字媒体的特点						
了解数字媒体的应用领域						

教师评价：

任务0.2 数字媒体技术与数字媒体艺术专业认知

任务描述☞

数字媒体包含的领域广泛，正成为全国产业未来发展的驱动力。对于有志于从事数字媒体工作的同学，有必要了解数字媒体的应用方向及相关职业。数字媒体同时涉及技术与艺术领域，根据侧重点不同大致可以分为数字媒体技术和数字媒体艺术。

任务目标☞

在本任务中，我们将会了解数字媒体技术和数字媒体艺术两大应用方向，了解相应的工作岗位、职业素养。

通过本任务的学习，学生应当对自身定位有所认识，了解不同岗位对技术能力的要求，明确学习、发展目标。

0.2.1 认识数字媒体技术专业

数字媒体技术属于理工科计算机类专业，交叉融合了计算机技术、信息处理技术和艺术学，涉及程序设计基础、数据科学原理、大数据技术、计算机网络、云计算、信号与系统、数字信号处理、计算机图形学、设计思维、数字摄影、数字图像处理、数字音视频处理、数字剪辑与合成、三维建模等领域。

此外，数字媒体技术方向还需要了解和学习 Web 前后端开发、移动应用开发、AR/VR 应用开发、游戏开发、新媒体应用开发等。

1. 能力素养要求

1）具备相应的数学、计算机科学、通信与信息工程等学科理论基础，掌握计算机科学、通信与信息工程等学科的专业知识和基本技能。此外，还应当掌握相关的自然科学知识及一定的管理学、经济学知识。

2）掌握数字媒体领域的核心技术，对数字媒体技术领域的基本概念、知识结构、典型方法有足够的认识，具备数字化、网络化、交互性等核心专业意识，能够充分运用现代信息技术多途径获取相关信息。

3）了解数字媒体技术领域的发展现状和趋势，掌握数字媒体创作的基本流程和方法，具有良好的科学素养和一定和艺术修养，能够为数字媒体内容的创作和传播提供基本的技术解决方案。此外，还应具备基本的产品创新和技术创新的能力，具备设计、开发数字媒体产品的能力。

4）具备工程实践能力与科学思维；具备创意制作与艺术审美能力；具备跨文化、跨领域的交流、竞争与合作能力；具备较强的团队协作能力、组织管理能力。

2. 从业方向

数字媒体技术的工作岗位主要面向与数字媒体技术相关的影视、娱乐游戏、出版、图书、新闻等文化媒体行业，以及国家机关、高等院校、电视台及其他数字媒体软件开发和产品设计制作企业，在广播电视、广告制作等信息传媒领域从事多媒体信息的采集、编辑等方面的技术工作及数字媒体产品的开发与制作工作；在企事业机构、公司从事计算机网络、数字媒体系统的运行、管理与维护工作，音视频设备的操作与维护工作。具体包括以下几方面。

1）在出版、印刷行业从事排版设计工作（包括网络出版）。

2）在公司、企事业单位从事网站开发与维护、电子宣传资料设计与开发等工作。

3）在广告、动画、网络相关机构从事网络动画与广告、数字图形图像的设计与制作等工作。

4）在广播电视、影视制作、互动娱乐行业从事数字影视制作、数字媒体开发等工作。

5）从事 VR/AR 相关设备和产品的开发、维护、推广等工作。

6）从事建筑漫游和环境设计、工业产品设计、3D 打印设计、数字游戏策划等方面的设计工作。

0.2.2 认识数字媒体艺术专业

数字媒体艺术属于艺术设计类专业，涉及计算机语言、计算机图形学、信息与通信技术、造型艺术、艺术设计、交互设计等方面的知识，更注重数字媒体设计、处理、研究和解决实际问题的能力。从业人员应当既懂技术又懂艺术，具备良好的科学素养及美术修养，能够利用计算机和新的媒体设计工具进行数字媒体产品的设计和创作。

数字媒体艺术方向除计算机应用、通信网络、程序设计等技术类课程外，还需要学习素描与速写、色彩基础、平面设计原理、3D 动画运动规律、动画创作与分镜头脚本设计、数码音乐编曲与制作、视听语言、影视艺术美学、影视画面编辑、摄影摄像等知识和技能。

其从业方向如下。

1）平面设计：在平面媒体制作公司、新闻宣传单位、出版类企事业单位从事平面设计、网页设计，设计、制作企业宣传资料等美学和设计方面的工作。

2）网页美工：把握用户视觉感受，对网站整体风格进行定位，设计制作网页、产品目录，设计各类活动的广告，要求具有一定的平面设计和动画制作能力。

试一试

谈谈你喜欢和希望从事的职业方向，并说明理由和从业要求。

3）动漫游戏设计：在动画设计公司、娱乐游戏业，使用软件或手绘，从事动画设计创意、美术设计、卡通造型设计、二维和三维动画创作与制作工作。

4）影视制作：在动画制作公司、电视台、影视制作公司从事脚本、策划、拍摄、特效、剪辑、后期合成等工作。

实训练习0-2：认识数字媒体专业

1）数字媒体专业的学生是否需要专门学习美术的相关理论？为什么？

2）你希望以后从事数字媒体哪方面的工作？从事该工作需要掌握哪方面的知识技能？

学习评价

进行学习评价，由学生自我评价、小组互评、教师评价相结合。

任务0.2：数字媒体技术与数字媒体艺术专业认知				日期		
评价内容	自我评价			小组互评		
	完全掌握	基本掌握	未掌握	完全掌握	基本掌握	未掌握
了解数字媒体技术专业的能力需求						
了解数字媒体技术专业的从业方向						
了解数字媒体艺术专业的能力需求						
了解数字媒体艺术专业的从业方向						
教师评价：						

1 单元 数字音频基础——Adobe Audition

单元导读

人与外界进行交流的过程中，有超过 10% 的信息传递是通过听觉实现的，若缺少声音，则我们感受到的世界将会不完整。数字媒体作品如果缺少声音，感染力将会大幅度降低，因此，声音的处理是数字媒体技术一个重要的领域和组成部分。

学习目标

- 了解声音的产生和影响声音的主要要素；
- 理解数字音频的生成方式与特点；
- 了解获取、处理数字音频的软硬件；
- 掌握常用数字音频格式；
- 掌握数字音频处理的基本流程；
- 掌握 Audition 的基本操作方法；
- 能使用 Audition 制作简单的数字音频作品。

思政目标

- 树立正确的学习观、价值观，自觉践行行业道德规范；
- 培养尊重宽容、团结协作的团队精神；
- 发扬一丝不苟、精益求精的工匠精神。

任务1.1 认识数字音频

任务描述☞

与传统方式相比，将音频数字化，通过多媒体计算机处理音频媒体更加方便、快捷，成本更低，数字音频是大势所趋。随着信息技术、计算机技术和网络技术的飞速发展，数字音频处理技术受到更为广泛的重视与应用。在本任务中，我们将从最基础的内容开始，了解声音和数字音频。

任务目标☞

在本任务中，我们将了解声音产生和传播的方式；了解影响声音的主要要素；认识模拟音频和数字音频；了解音频数字化的基本流程；了解从哪些方面判断数字音频的质量。

通过本任务的学习，应当对声音的物理特性和数字化音频有一个具体的认识。

1.1.1 声音的产生

声音是机械振动的结果，发生振动的物体称为声源或音源，声源使周围的介质产生振动，并以波的形式向外传播。物理学中声波就是指声源振动在介质中的传播过程，声波传入人耳，振动耳膜刺激听觉神经，我们就听到了声音。

声音的本质是一种由介质振动形成的波，根据介质振动方向的不同，分为横波与纵波，如图 1.1.1 所示。声音在气体中以纵波方式传播，而在固体中可以同时有横波与纵波。

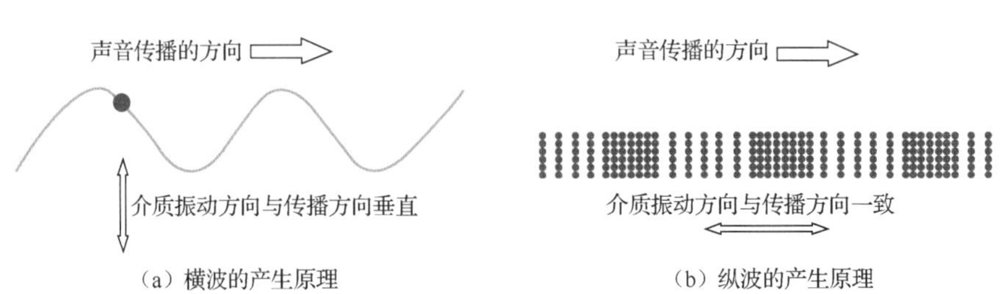

（a）横波的产生原理　（b）纵波的产生原理

图1.1.1 横波与纵波

只要介质具有弹性就可以传播机械波。通常横波在介质表面传播，纵波在介质内部传播。电磁波、微波、X 射线是横波，地震波是纵波。

声音在空气中传播时，空气发生膨胀和收缩，振动方向与传播方向相同，是纵波；声音通过金属等介质传播时是横波，质点上下振动，传播速度较快。

传输介质影响声音的传播，如声音在空气中的传播速度，15℃时为

340m/s，而在 25℃时则变为 346m/s；同时，密度越大的介质，声音传播的距离就越远。

知识窗：声音传播的速度（声速）

真空：0（没有介质，声音无法传播）

水（常温）：1500m/s　　蒸馏水（25℃）：1497m/s

海水（25℃）：1531m/s　　煤油（25℃）：1324m/s

铜（棍状）：3750m/s　　铝（棍状）：5000m/s

铁（棍状）：5200m/s　　大理石：3810m/s

软木：500m/s

1.1.2　影响声音的要素

1. 音量

音量又称为音强或响度，是指声音的强度，表示声音能量的大小，与声波振幅成正比，用声强或声压级计量，单位是 Pa·m/s，但是更多的时候采用 dB 作为计量单位。

音量直接影响人对声音的感受和细节分辨能力，音量适中时人耳的辨别能力最为敏感，音量过低或过高都会干扰人对声音的感知，过高甚至会损伤听力，影响身体健康。正常人的听力强度范围是 0 ～ 140dB。

知识窗：声音对人体的影响

人耳所能承受的最大音量通常为 90dB，如果超过这个限度，即使自己感觉不出来，听力也会受到一定的损伤。不规律、强刺激性的噪声对听力伤害更大。

75dB 是人耳感觉舒适的上限；85dB 及以下，耳蜗内的毛细胞不会受到影响；音量达到 105dB，就会对听力造成损伤；处于 120dB 的环境下超过 1min，即会暂时耳聋；140dB 是欧洲联盟界定的，导致听力完全损害的最高临界点；音量达到 190dB 时，甚至可能会导致死亡。

2. 频率

频率是指声音每秒振动的次数，与音调和音高有直接关系，通常情况下，频率越高，音调就越高，声音更尖锐。

频率的计量单位是 Hz，人耳听觉的频率范围是 20 ～ 20000Hz（20kHz），这个范围之外的声音就不能被人耳察觉，低于 20Hz 的声音称为次声波，高于 20kHz 的声音称为超声波。

人的听力范围并非一成不变，通常会随着年龄的增长而缩小，同时人所处环境与工作不同，也会对不同频率的声音有不同的感受灵敏度。

人耳最敏感的声音频率范围是 1000 ～ 8000Hz，有时人们讲话会出现听不清的情况，就是因为讲话声的频率为 500 ～ 2000Hz，低于 1000Hz 的语音处于听力敏感的频率范围之外。生活中部分常见的音频频段如图 1.1.2 所示。

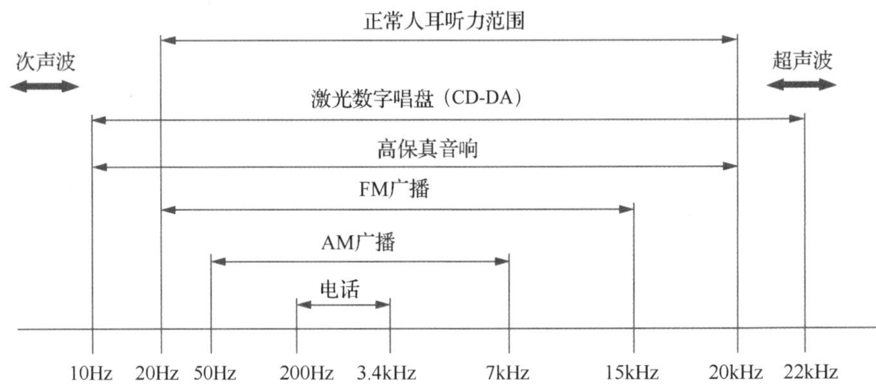

图1.1.2　生活中部分常见的音频频段

知识窗：赫[兹]

Hz（赫[兹]），频率的基本单位，描述每秒周期循环的速度，即周期/s（次/s）。例如，声波每秒振动20次，那么声音频率就是20Hz；计算机CPU（central processing unit，中央处理器）电路每秒通过5000个电脉冲，CPU的主频就是5000Hz。

3. 音色

发声体整体振动得到的基本频率称为基音，各部分振动产生的声音称为泛音。日常听到的任何声音都是由基音和泛音组成的。

音色是指人对声音的感觉特性，又称为音品、音质。

声音中起主导作用、决定音高的是基音，音高相同的情况下，不同音源发出的基音会完全相同。泛音决定音色，我们能区分声音是因为声音中携带的泛音不同，如不同的歌手唱同一首歌，我们还是能准确地区分出演唱者。

知识窗：现实中的声音

纯音，是指物体产生的振动只有一个频率时产生的声音。纯音不存在音色（只有基音）。复合音，是指发音体产生的全部振动，由多个纯音组成。一般听到的声音是复合音，也就是基音和叠加在基音上的泛音。

1.1.3　人耳对音效的感受

音色是人对声音的直观感受，除开声音的物理特性，人的主观因素也会影响音色。

1. 双耳效应

通过双耳听到声音的时间差、音量差来判断音源的位置和距离。环绕立体声音响、4D电影等就是利用该效应模拟真实的声音环境，如图1.1.3所示。

（a）影院音响系统

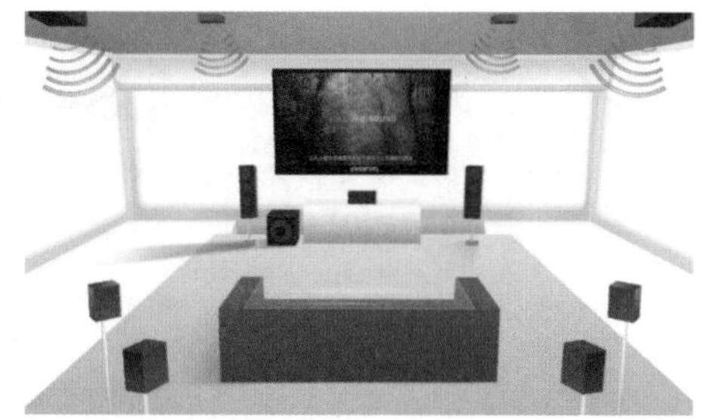

（b）杜比全景声

图1.1.3 双耳效应的应用

2. 聚焦效应

人的听力具有选择能力，是一种心理现象，当我们把注意力集中在某一个声音上时，会下意识地忽略其他声音。例如，在闹市接听电话，即使周围环境很吵闹，我们仍能排除环境干扰听清电话内容。

3. 掩蔽效应

掩蔽效应是指一种频率的声音阻碍人们感受另一种频率声音的现象。音量较大频段的声音对音量较小频段的声音有掩蔽效果，人耳敏感区域频段的声音对非敏感频段的声音有掩蔽效果。音频文件中的 MP3 格式就是利用这个原理，突出记录人耳敏感的中频段声音，其他频段则进行高度压缩，在不过多影响音质的情况下，大幅度缩小了文件体积。

4. 多普勒效应

听者与声源之间有相对运动时，听到的频率会发生改变。例如，救护车或警车鸣笛驶来时，我们会感觉音量变大、音调变高，远去时则相反，原理如图 1.1.4 所示。

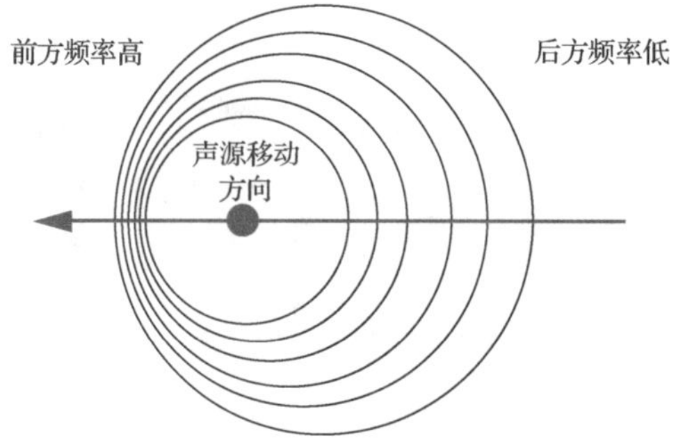

图1.1.4 多普勒效应原理

1.1.4 音频数字化

1. 模拟音频

模拟音频就是将声音转换成电信号，使用模拟元器件（电阻、电容、变压器、晶体管等）来进行传输和处理，使用唱片或磁带存储。

模拟音频技术使用模拟电流或电压的强度表示声音的强弱，在时间和幅度上都有连续不断的变化，如图 1.1.5 所示，构成声音的数据前后之间有着紧密的联系和相关性。

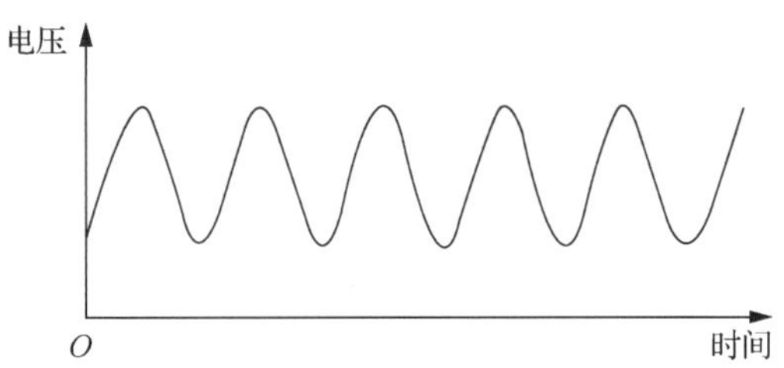

图1.1.5 模拟信号波形图

录音时，模拟录音设备将连续变化的声音波形转换为连续变化的电信号，再利用磁头产生强度连续变化的磁场，磁化磁带上的磁性物质记录声音；播放的流程与此相反。采用模拟信号的磁带机与唱片机如图 1.1.6 所示。

（a）磁带机

（b）唱片机

图1.1.6 存储模拟音频信号的磁带机与唱片机

2. 数字音频

数字音频是使用二进制数据记录的音频，是模拟音频的数字化表现。声音数字化使人们可以使用计算机进行音频加工和处理，如图 1.1.7 所示。

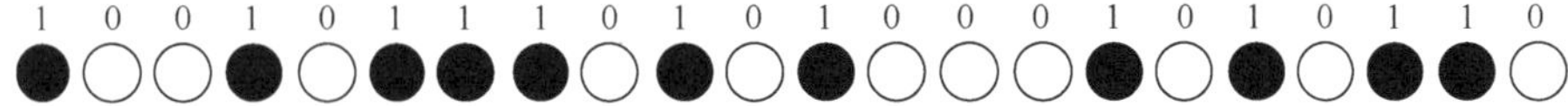

图1.1.7 数字音频采用二进制表示声音信号

3. 模拟音频与数字音频的对比

与模拟音频相比，数字音频具有以下优势。

1）音质方面：数字音频记录的动态范围比模拟音频高出近 1 倍（16bit），且理论上音质更好，如 CD 的高水准音质。

2）处理手段方面：数字音频的所有声音数据都是用二进制表示的，所以可以使用计算机方便、快捷地进行修正和处理，效率极高。同时，采用数字信号也大幅度地提升了通用性。

3）可靠性方面：数字信号精确，不易受干扰，只要设备能识别代码，就可再现原有声音，重放无失真，无论存储、传输还是处理，都具有高可靠性。

4）存储方面：数字音频以文件的形式保存在光存储介质或磁存储介质中，存储效率高、成本低，易于实现永久保存。此外，数字音频在压缩方面具有绝对的优势，如 MP3 格式，在压缩率达到 7% 的同时，还能保持较高的音质。

4. 声音数字化

要得到数字化的声音信息，首先需要将声音的物理振动通过专用设备，使用随声波变化的电压或电流记录下来，得到模拟音频信号；其次通过模数（A/D）转换电路转换成数字信号，计算机对数字信号进行处理，完成后将数据交由数模（D/A）转换电路还原成模拟信号，通过扬声器或其他设备输出。

模拟音频转换成数字音频需要 3 个步骤，即采样、量化、编码，如图 1.1.8 所示。

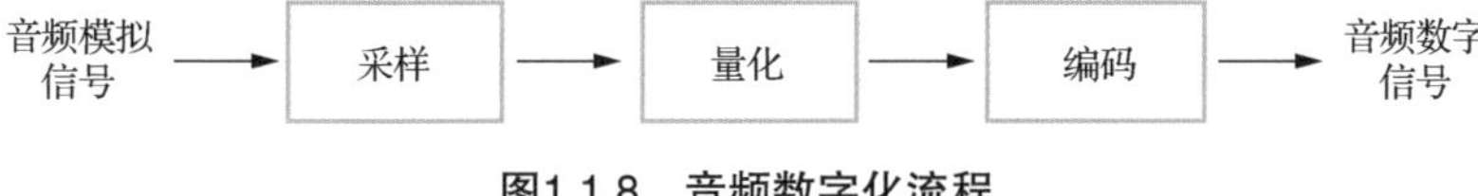

图1.1.8 音频数字化流程

5. 声音数字化流程

1）采样：每隔一定时间，在模拟音频上采集一个瞬间幅度值（采样值），采样后得到的一系列在时间上间断的采样值称为样值序列，如图 1.1.9 所示。

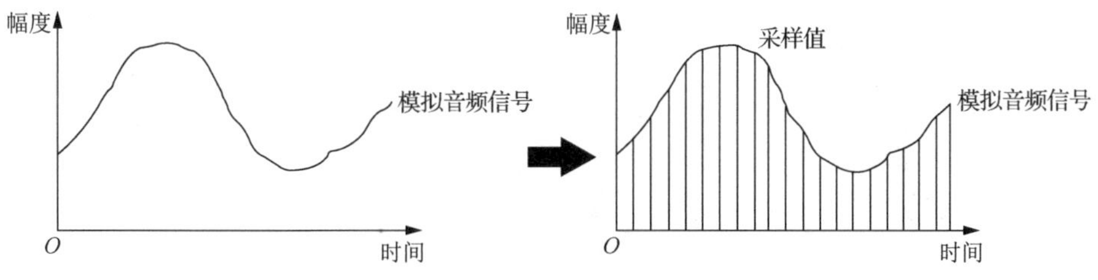

图1.1.9 采样工作原理

2）量化：采样后得到的样本依然是模拟音频，量化就是将采样得到的幅度值划分为有限个小幅度（量化阶距）的集合，然后把同一阶距内的幅度值归为一类，并赋予相同的量化值，如图 1.1.10 所示。

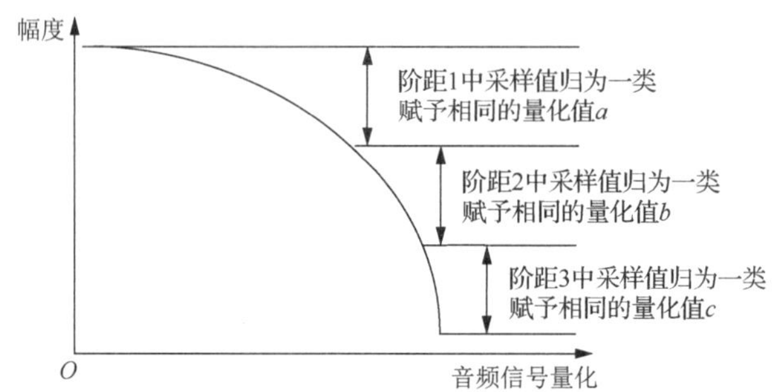

图1.1.10　量化工作原理

3）编码：是指用*N*位数的二进制代码表示已经量化了的采样值，每个二进制数对应一个量化值，按编码要求进行排列，得到对应的数字音频的过程。同时，编码也是设计如何存储、传输音频数据的方法，WMA、WAV、MP3等就是采用不同的编码方式制定的文件格式。

采样定理：为了不失真地恢复模拟信号，采样频率应该不小于模拟信号频谱中最高频率的2倍。

6. 声音数字化的质量

从数字化音频的流程分析，采样频率和量化精度决定了转换的质量。

1）采样频率：也称为采样速度或采样率，即每秒采集多少个声音样本，单位为 Hz；采样频率的倒数称为采样周期或采样时间。采样频率是描述声音文件的音质、音调、衡量声卡及声音文件质量的重要标准。

对音频进行采样时，采样频率至少要达到被采样声音频率的 2 倍以上，才能通过补插值技术正确恢复原始信号。以电话为例，语音信号频率为 3.4kHz，采样频率取最高值乘以 2，然后取整，就得到了电话的采样标准频率为 8kHz。

2）量化精度：又称为样本精度，计算机使用字节（Byte）作为存储的基本单位，1B=8bit，所以通常情况选择 8bit、16bit、32bit 来进行量化。

量化位数越大，量化级数就越多，记录声音变化的程度就越详细，量化得到的结果就越接近于原始值，声音的质量就越好。但是提高量化位数也会增大数据量，占用更多的存储空间和传输带宽。所以在选择量化位数时要根据实际需要，平衡好信号质量和数据量大小。

3）声道数：每次生成一个声音数据，称为单声道；每次生成两个声音数据，称为双声道。双声道更接近真实的自然声。

几种常见数字音频信号的对照如表 1.1.1 所示。

表1.1.1 常见音频信号对照

常见音频信号	采样频率/kHz	样本精度/（b/s）	声道	数据率（未压缩）/（Kb/s）	频率范围/Hz
电话	8	8	单声道	8	200～3400
调幅广播（AM）	11.025	8	单声道	11	20～15000
调频广播（FM）	22.05	16	立体声	88.2	50～7000
CD	44.1	16	立体声	176.4	20～20000
DAT	48	16	立体声	8	20～20000

试一试

①用手机中的App测试一下你学习、生活环境的音量大小。

②你能仅凭声音区分图1.1.11中的乐器吗？分辨声音的依据是什么？

图1.1.11 乐器

学习评价

进行学习评价，由学生自我评价、小组互评、教师评价相结合。

任务1.1：认识数字音频						日期	
评价内容	自我评价			小组互评			
	完全掌握	基本掌握	未掌握	完全掌握	基本掌握	未掌握	
了解声音产生和传播的原理							
了解影响声音的要素							
能区分模拟音频、数字音频							
了解声音数字化流程							
教师评价：							

任务1.2　了解数字音频技术

任务描述☞

数字音频涉及声学、电学、计算机、电子电气等多个领域，在本任务中，我们将认识数字音频的相关软硬件技术和技术标准。

任务目标☞

在本任务中，我们将了解常见的数字音频生成和处理设备；认识目前常用的音频处理软件；掌握数字音频的常见格式。

通过本任务的学习，应当对数字音频的软硬件、常见概念有所了解，为学习如何处理音频打下基础。

如图 1.2.1 所示，看看录音棚中都有哪些设备。

图1.2.1　录音棚中的设备

1.2.1　数字音频设备

数字音频设备包括声音的输入、输出设备，音频处理设备包括计算机及其他专业设备。

1. 声卡

声卡是计算机处理声音数据的关键设备，又称为音频卡。

声卡的主要功能包括录制声音、编辑、回放数字音频，混合控制各音源的音量，对数字音频数据进行压缩和解压缩等。此外，声卡还有一个重要功能是对数字信号和模拟信号进行转换，如图 1.2.2 所示。

选择声卡需要考虑：①采样率与采样位数（量化位数），好的声卡在录音和回放时能够达到 48kHz/32bit 以上；②声道系统，一般的声卡是双声道，某些高端声卡采用了 5.1 甚至 7.1 声道；③合成器，能将不同频率的声音信号混合起来，生成不同的音色，模拟出特定乐器及其他类型的声音。

图1.2.2 独立板载声卡

目前声卡主要分为集成声卡、独立声卡、外置声卡，3 种声卡的性能和成本不同，可根据自己的需要选择使用。

1）集成声卡：将具有音频处理功能的芯片整合到计算机主板芯片组中，实现音频处理能力。不含数字信号处理单元的集成声卡称为软声卡，除 D/A 和 A/D 转换外的所有处理工作都要交给 CPU 来完成。拥有独立的数字音频处理单元的集成声卡称为硬声卡，硬声卡和普通的独立声卡区别不大，其更像是一种全部集成在主板上的独立声卡，由于集成度的提高，CPU 的负荷减轻，音质也有所提高。

2）独立声卡：独立声卡拥有独立的数字信号处理单元和完善的电路设计，拥有更多的滤波电容及功率放大管，输出音频的信号精度提升，所以音质的输出效果更好。独立声卡通常拥有较好的底噪控制及音质，不同的独立声卡会针对其定位进行专门的设计和优化，用户体验出色。

独立声卡往往还会有更多的接口，如图 1.2.3 所示。

图1.2.3 独立声卡

3）外置声卡：独立声卡的一种，如图 1.2.4 所示，通过 USB（universal serial bus，通用串行总线）接口与计算机连接，由于外置没有电路体积的限制，因此外置声卡可以使用更为复杂的电路设计并采用更好的屏蔽设计，从而大幅度地提升音质。由于具有独立的供电设计，外置声卡可以完全不依赖主机电源供电，避免供电干扰。

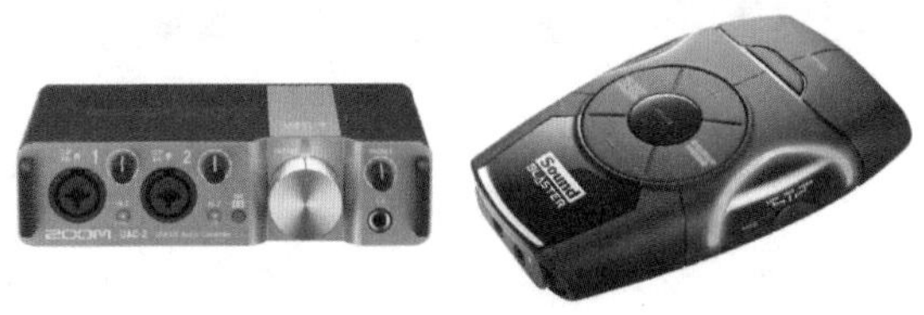

图1.2.4 外置声卡

同时，外置声卡具备独立的音频控制芯片，部分外置声卡可以脱离计算机作为一个独立的解码/编码设备来使用，为CD/DVD等各种设备提供支持。

知识窗：数字声卡和模拟声卡

声卡还有数字声卡和模拟声卡的区别。

虽然普通耳机、音箱都能识别模拟信号，但是模拟信号易受到干扰（如手机来电话时，如果离音箱过近，音箱就可能出现杂音）；虽然数字信号不易受到干扰，音箱却识别不出来。由于上述原因，多数声卡输出音频信号时需要进行D/A转换，我们称其为模拟声卡。

数字声卡则采用直接输出数字信号方式，避免了信号干扰。数字声卡用于专业领域，对于普通人没有太大的意义。

2. 传声器

获取数字音频的方法多样，人们可以下载、购买声效库资源，可以通过声卡上的线路输入端口录制电视机、收音机里的声音，使用MIDI接口录制电子乐器的声音，甚至使用软件直接创作生成数字音频。但是不管怎样，传声器仍是最常使用的录音设备。

（1）传声器的种类

传声器又称为送话器，根据工作原理可分为动圈传声器、电容传声器和履带传声器。

1）动圈传声器（图1.2.5）结构简单、结实耐用、价格较低，对使用环境的要求不高。同时动圈传声器灵敏度不够高，这既是缺点也是优点，即一方面不能够拾取到更多的细节，但是另一方面也不容易拾取到环境噪声，非常适合舞台上使用。动圈传声器的另一个优点是声压级大，就是能耐受非常大的声音而不爆音。

动圈传声器不需要外部供电。

图1.2.5 动圈传声器

2）电容传声器（图1.2.6）最大的特点就是灵敏度高，拾取的细节丰富，频响曲线平直宽广，所以在录音棚里良好安静的声学环境下能发挥出令人满意的效果。除对声音环境有要求外，电容传声器也比较“娇贵”，必须轻拿轻放，不使用的时候最好使用恒温、恒湿干燥箱来保存，避免潮湿影响电容传声器的音质。

此外，电容传声器工作时需要一个极化电压，而且信号也需要预放大，这都需要电源供电，所以所有的电容传声器都是需要单独供电的。

3）履带传声器（图 1.2.7）又称为铝带传声器，灵敏度不如电容传声器，但比动圈传声器好。其频响比动圈传声器好些，但是又不如电容传声器宽广，介于两者之间。由于声音复古温暖、瞬态响应快速准确，履带传声器成为很多录音师的选择。

履带传声器比电容传声器更易损坏。

图1.2.6　电容传声器　　图1.2.7　履带传声器

（2）传声器的指向性

选择传声器时，不仅要考虑传声器的种类，还要考虑传声器的指向性。根据传声器的敏感度和声音的入射方向，传声器可以分为全指向性（无指向性）和单一指向性。

1）全指向性（无指向性）传声器可以录制传声器周围 360°的声音，全方位收录整个环境的声音，如图 1.2.8 所示。一般的无线传声器是全指向性的，如图 1.2.9 所示。

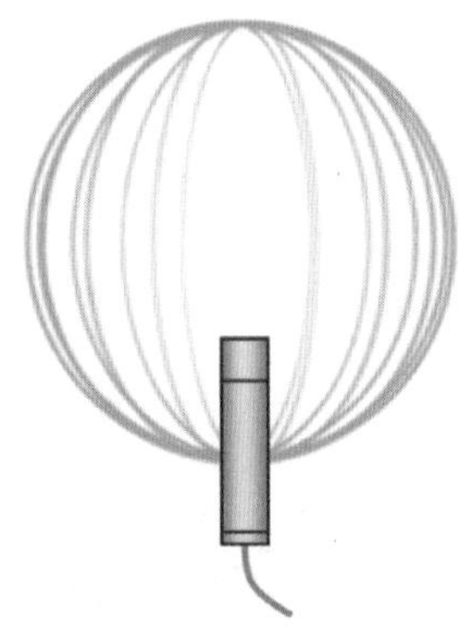

图1.2.8　全指向性传声器

图1.2.9　无线传声器

2）单一指向性传声器分为 4 种，如图 1.2.10 所示。

① 心形指向性传声器前端灵敏度最强，后端最弱，只会拾取面对传声

器方向的声音，即使在不太理想的环境中录音，也可以减少对周围其他声音的录制，适合舞台等喧闹的场景。心形指向性传声器是传声器中使用率比较高的一种。

② 超心形指向性传声器的拾音区域比心形的更窄，能更有效地消除周围的噪声，特别适合近距离拾音，也能隔离乐器之间的干扰，通常在录音室使用，可以最大限度地隔离其他声音。

③ 8 字形指向性传声器是分别从传声器前方和后方拾取声音，因其形状类似数字 8，也被称为双心形、双指向性传声器。其通常被用在工作室，大部分为铝带或大型振膜传声器，录制两位歌手同时表演是此种传声器的一大用途。

④ 枪形指向性传声器的收音角度为正前方的小范围锥形区域，是收音指向性传声器中收音范围最窄、指向性最高的类型。其可以将远处的声音收录清楚，主要用于户外收音，如户外新闻采访和影视外景拍摄的收音。

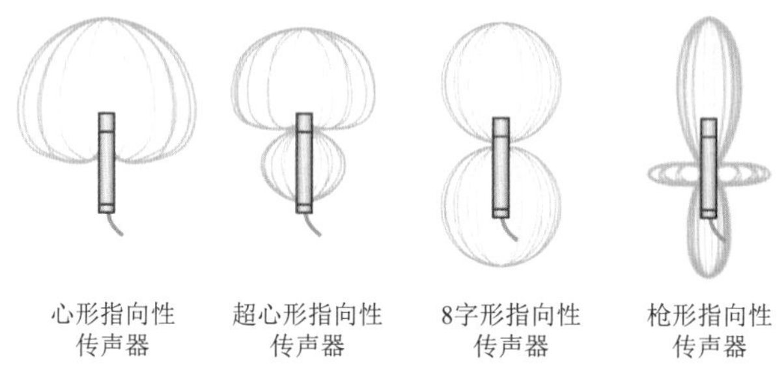

图1.2.10 单一指向性传声器

3. 数字调音台

1）数字调音台的功能与模拟调音台一样，用于放大音频信号，对各种音频信号进行调节（调音），并对各路信号进行混合与输出，只是数字调音台的处理对象是数字化的音频。

2）数字调音台作为音频设备，在专业录音领域具有举足轻重的地位，其操作界面复杂，直观性差，对使用者有较高的专业要求且价格高昂，多用于专业扩声系统和影音录音，如图 1.2.11 所示。

图1.2.11 数字调音台

4. 还音设备

进行数字音频处理时，需要即时监听效果，这就需要用到还音设备，最常用的还音设备是监听耳机和监听音箱。

1）监听耳机：监听耳机几乎是没有经过音色渲染的，所以能在很大程度上提高声音的还原度，增强声音的保真性。其主要用途是还原原声，帮助使用者分辨高低音、伴奏音等，适合歌手、播音员及直播人员使用，以便修正自身的发声达到更专业的水准，如图 1.2.12 所示。

图1.2.12 监听耳机

2）监听音箱：与监听耳机相同，监听音箱对声音的回放不进行任何的修饰、渲染，忠实地还原原始音频信号，能够平衡还原高、中、低 3 个频段的声音，具备 20 ～ 20000Hz 甚至更高的频响范围，是一种专业用的音响器材，如图 1.2.13 所示。

图1.2.13 监听音箱

知识窗：一些概念

要学习数学音频处理，我们还要对其他一些概念有所了解。

频响范围：又称为频率响应，是设备能够实现的最高到最低的声音频率范围，频响范围越大，音域越宽广。

信噪比：信号中正常声音信号与噪声的比例，单位是 dB。信噪比越高，说明混在信号中的噪声越小，声音回放的质量越高。信噪比一般不应该低于 70dB，高保真音箱的信噪比应达到 110dB 以上。

动态范围：指音响系统重放时最大不失真输出功率与静态时系统噪声输出功率之比的对数值，单位为 dB。一般性能较好的音响系统的动态范围在 100dB 以上。

Hi-Fi：高保真，是指与原来的声音高度相似，是最接近原音的重放声音。

1.2.2 数字音频编辑软件

数字音频的处理还需要相应的软件。随着计算机技术的进步，用户只需要一台普通的多媒体计算机搭配一个音频处理软件，就可以在家里轻松地完成简单的音频制作，不再依赖昂贵、复杂的专业设备和烦琐的操作。

1. Adobe Audition

Adobe Audition 为 Adobe 公司产品，提供了专业化音频编辑环境。其专门为音频和视频专业人员设计，可提供先进的音频混音、编辑和效果处理功能。Audition 具有灵活的工作流程安排，使用简单并配有多种便捷的工具，最多可混合 128 个声道，可编辑单个音频文件，创建回路并可使用 45 种以上的数字信号处理效果，如图 1.2.14 所示。

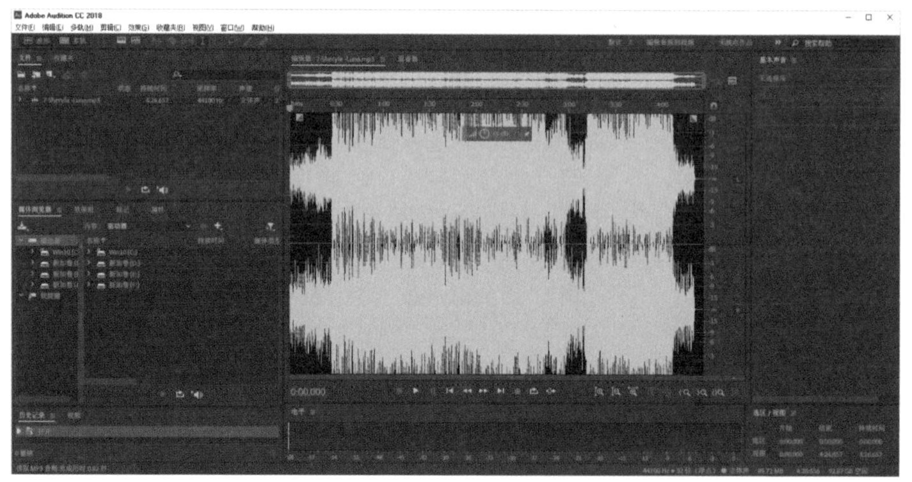

图1.2.14 Adobe Audition

Adobe Audition 支持 5.1 和 7.1 杜比数字音频内容，提供了功能增强的多轨编辑功能，并且能够自定义声道，优化和增强编辑体验。

2. Pro Tools

Pro Tools 是 Avid 公司出品的工作站软件系统，最早只是在苹果计算机上出现，后来也有了 PC（personal computer，个人计算机）版。Pro Tools 软件内部算法精良，对音频、MIDI、视频都可以很好地支持，由于其算法的不同，单就音频方面来讲，其回放和录音的音质，大大优于现在 PC 上流行的各种音频软件。

Pro Tools 是录音、缩混的业界标准，有着高音质、稳定性好等诸多优点，大多数的专业录音棚里都在用它。在早期，使用 Pro Tools 需要购买专门的硬件，而现在的 Pro Tools 已经不再需要专门的硬件来支持，纯软件版本配合任意声卡就能工作，如果是购买 Mbox Pro 等 Avid 自产声卡，包装里也会附赠完整版的 Pro Tools 软件，如图 1.2.15 所示。

图1.2.15　Pro Tools（包括软件和声卡）

3. GoldWave

GoldWave 是加拿大 GoldWave 公司出品的声音编辑软件，是一个集声音编辑、播放、录制和转换于一体的音频工具，如图 1.2.16 所示。它还可以对音频格式进行转换。

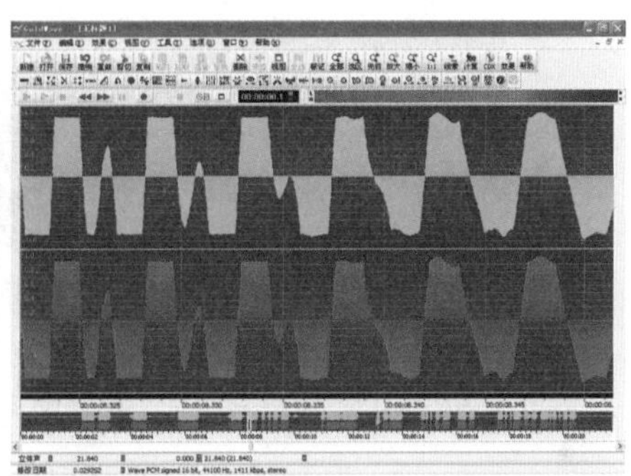

图1.2.16　GoldWave

GoldWave 体积小巧，功能强大，支持许多格式的音频文件，包括 WAV、OGG、VOC、IFF、AIFF、AIFC、AU、SND、MP3、MAT、DWD、SMP、VOX、SDS、AVI、MOV、APE 等音频格式。

GoldWave 也可以从 CD、VCD 和 DVD 或其他视频文件中提取声音。其内含丰富的音频处理特效，从一般特效（如多普勒、回声、混响、降噪）到高级的公式计算，利用公式运算理论上可以得到任何想要的声音。

4. Cubase/Nuendo

Cubase/Nuendo 是德国 Steinberg 公司开发的全功能数字音乐、音频工作软件，在 MIDI 音序功能、音频编辑处理功能、多轨录音缩混功能、视频配乐及环绕声处理方面均为世界一流。

Cubase 软件在编曲方面有着非常显著的优势，其强项在于录音、混音、立体声制作，具有完整的 MIDI 录制、编辑功能，如图 1.2.17 所示。

图1.2.17　Cubase 10

Nuendo 除具有 Cubase 软件的功能外，还可以导入视频文件格式，生成多种测试信号，支持 6.0、6.1、7.0、7.1、8.0、8.1 等通道的环绕立体声，如图 1.2.18 所示。

图1.2.18　Nuendo 10

5. Samplitude

Samplitude 是由德国公司 MAGIX 出品的数字音频工作站软件，用以实现数字化的音频制作，该软件集音频录音、MIDI 制作、缩混、母带处理于一身，功能强大全面。相对于其他软件，其兼容性好、资源丰富、保真且操作便捷，是国内用户广泛、备受好评的专业级音乐制作软件，如图 1.2.19 所示。

图1.2.19　Samplitude

知识窗：常见的数字音频格式

1. CDA

CD 唱片包含的格式，就是 WAVE 格式的波形数据，只是扩展名用 .cda 表示。其本身的文件结构更加适合于存放原始音频数据并用作进一步的处理。其优点是数据易于生成和编辑；缺点是在保证一定音质的前提下压缩比不够，不适合在网络上播放。

CDA 格式不能直接复制到硬盘上播放，需要使用格式转换软件转换成 WAV 格式。

2. MP3/MP3 Pro 格式

MP3 是一种音频压缩技术，优点是占用空间小。利用 MPEG Audio Layer 3 的技术，通过大幅度压缩人类听力敏感范围区域外的声音，得以将音乐以 10 ∶ 1 甚至 12 ∶ 1 的压缩率压缩成容量较小的文件，且能保证大多数用户分辨不出压缩后的音质下降。用 MP3 格式存储的音乐叫作 MP3 音乐，适用于移动设备的存储和使用。

另外，MP3 是不受版权保护的技术，任何人都可以使用，这也是其受到欢迎的重要原因之一。

3. WAV

WAV 波形音频格式是微软公司和 IBM 公司共同开发的 PC 标准声音格式，文件扩展名为 .wav，是一种通用的音频数据文件。通常使用 WAV 格式来保存一些没有压缩的音频，也就是经过 PCM（pulse code modulation，脉冲编码调制）编码后的音频。因为其依照声音的波形进行存储，所以也称为波形文件，占用的存储空间较大。

4. WMA

WMA 是微软公司推出的与 MP3 格式齐名的一种新的音频格式，在压缩比和音质方面都超过了 MP3，即使在较低的采样频率下也能产生较好的音质。一般使用 WMA 编码格式的文件，以 .wma 作为扩展名，一些使用 WMA 编码格式编码其所有内容的纯音频 ASF 文件也使用 .wma 作为扩展名。WMA 支持证书加密，未经许可（即未获得许可证书），即使是非法复制到本地，也无法收听。

5. MID

MIDI 也称为乐器数字接口，规定了不同厂家的电子乐器与计算机连接的电缆和硬件及设备间数据传输的协议，可以模拟多种乐器的声音。MID 就是 MIDI 格式的文件，它并不是一段录制好的声音，而是记录声音的信息，然后告诉声卡如何再现音乐的一组指令。这样一个 MIDI 文件每存储 1min 的音乐只用 5～10KB 存储空间。

MID 文件重放的效果完全依赖声卡的档次。MID 格式的最大用处是在计算机的作曲领域，MID 文件可以用作曲软件写出，也可以通过声卡的 MIDI 口把外接音序器演奏的乐曲输入计算机中，制成 *.mid 文件。

6. APE

APE 是一种无损压缩音频技术，是目前流行的数字音乐文件格式之一。

APE以更精练的记录方式来缩减体积，还原后数据与源文件相同，从而保证文件的完整性，这使得在保证音质的前提下，APE的文件大小大概只有CD的一半。

7. AAC

AAC实际上是高级音频编码的缩写，由Fraunhofer IIS-A、杜比和AT&T共同开发，是MPEG-2规范的一部分。AAC通过结合其他的功能来提高编码效率，其音频算法在压缩能力上远远超过MP3等的压缩算法，同时还支持多达48个音轨、15个低频音轨、更多种采样率和比特率、多种语言的兼容能力、更高的解码效率。AAC可以在比MP3文件缩小30%的前提下提供更好的音质。

8. AIFF

AIFF是由苹果公司开发的音频交换文件格式，是一种以文件格式存储的数字音频（波形）的数据，是苹果计算机上的标准音频格式，属于QuickTime技术的一部分。AIFF应用于PC及其他电子音响设备以存储音乐数据，其支持16bit 44.1kHz立体声。

试一试

① 尝试通过播放器查看音频的格式。

② 看看自己喜欢的播放器能够播放哪些格式的音频文件。

学习评价

进行学习评价，由学生自我评价、小组互评、教师评价相结合。

任务1.2：了解数字音频技术				日期		
评价内容	自我评价			小组互评		
	完全掌握	基本掌握	未掌握	完全掌握	基本掌握	未掌握
了解常见的数字音频生成和处理设备						
了解主流的音频处理软件						
了解常用音频格式						
教师评价：						

任务 1.3 使用Adobe Audition编辑数字音频

任务描述☞

Adobe Audition功能强大，界面友好，而且支持众多插件，操作相对容易上手，是许多人做数字音频处理时的首选软件。在本任务中，我们将通过实例学习Audition的基本操作，掌握音频处理的基本流程。

任务目标☞

1）了解Adobe Audition的主界面；

2）掌握录音及简单降噪操作；

3）了解数字音频编辑流程；

4）能灵活使用音频剪辑工具；

5）能使用效果器为素材添加音频特效。

观看相关视频（见资源包），试分析调音师（图 1.3.1）可以对音频做哪些方面的处理。

图1.3.1　调音师的工作

1.3.1　调整界面布局

打开软件，可以看到 Audition 的主界面由多个工作区组成，我们可以随意打开、关闭、调整每个工作区的大小和位置。

如图 1.3.2 所示，蓝色的方框区域表示已经选择的工作区。

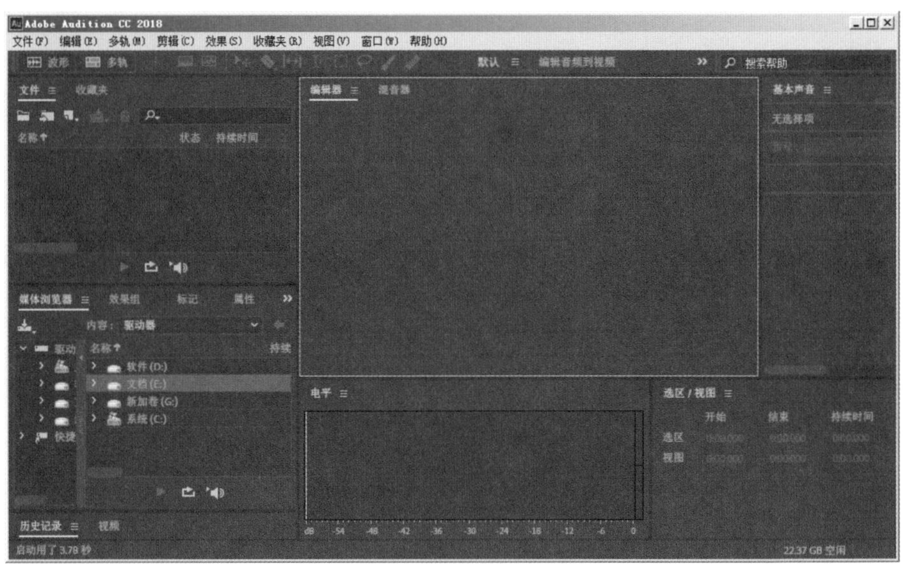

图1.3.2 Audition的主界面

Audition 的功能组件以面板的形式显示，为了节约空间，一个工作区内会放入多个面板。如图 1.3.3 所示，显示不完的标签可以通过单击»按钮进行查看。

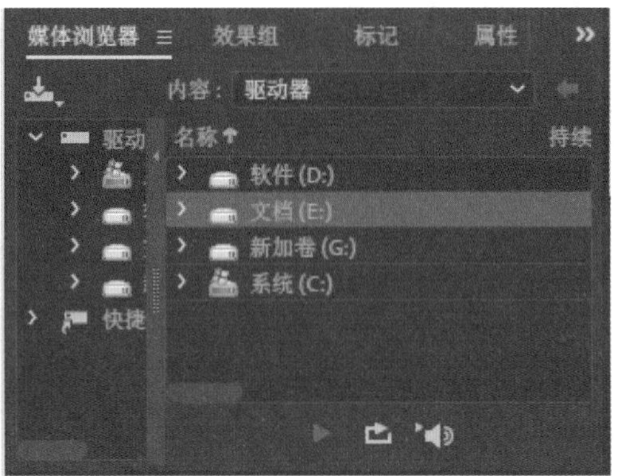

图1.3.3 工作区内有多个标签

1. 调整工作区

将鼠标指针移动到工作区边缘，其形状发生改变，如图 1.3.4 所示，可以按住鼠标左键并拖动，以调节、改变工作区的大小。

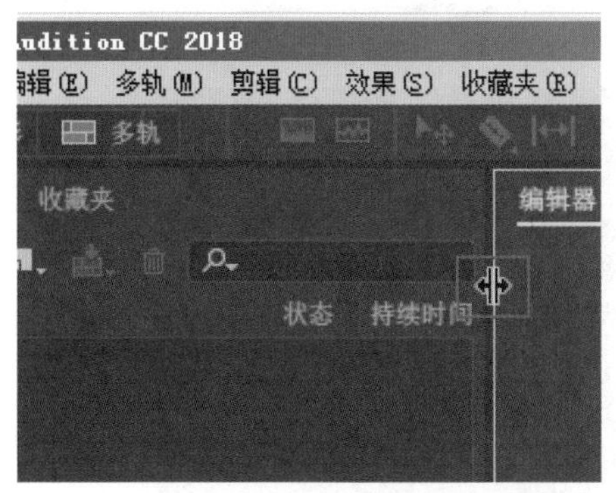

（a）调整左右相邻的两个工作区的大小

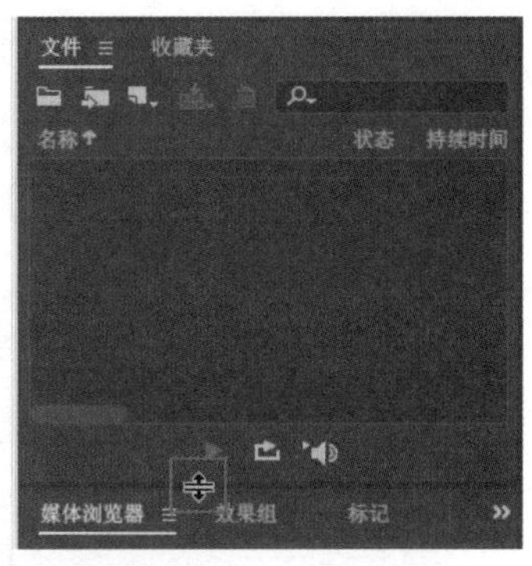

（b）调整上下相邻的两个工作区的大小

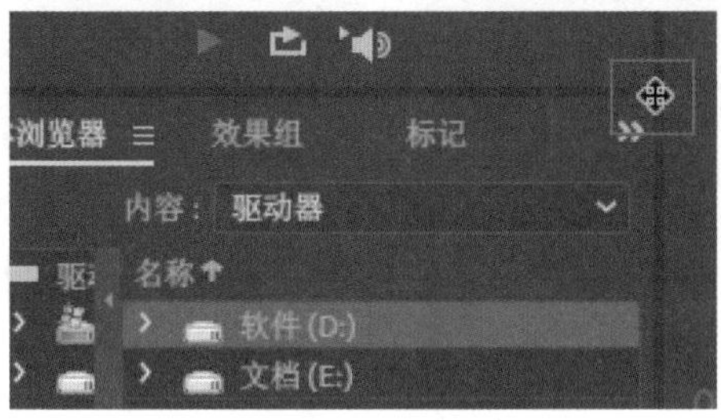

（c）同时调整工作区的长宽

图1.3.4　调整工作区的大小

单击工作区名称旁的≡按钮，弹出面板调整的下拉列表，如图 1.3.5 所示。

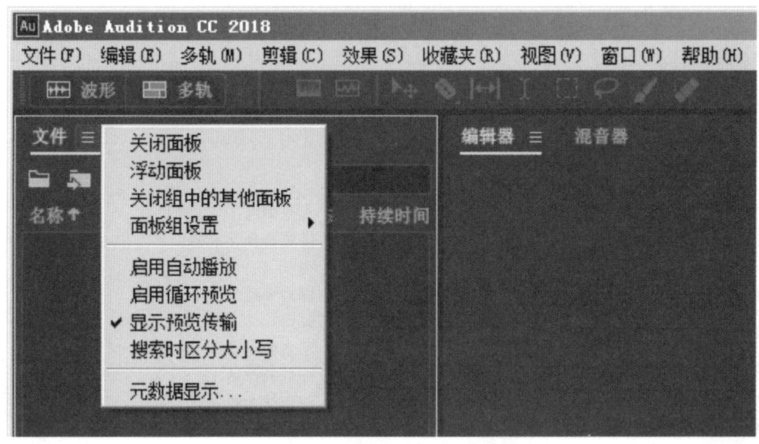

图1.3.5　查看面板调整选项

选择“浮动面板”选项，将所选面板单独放置到一个窗口中，任意进行缩放、拖动，如图 1.3.6 所示。

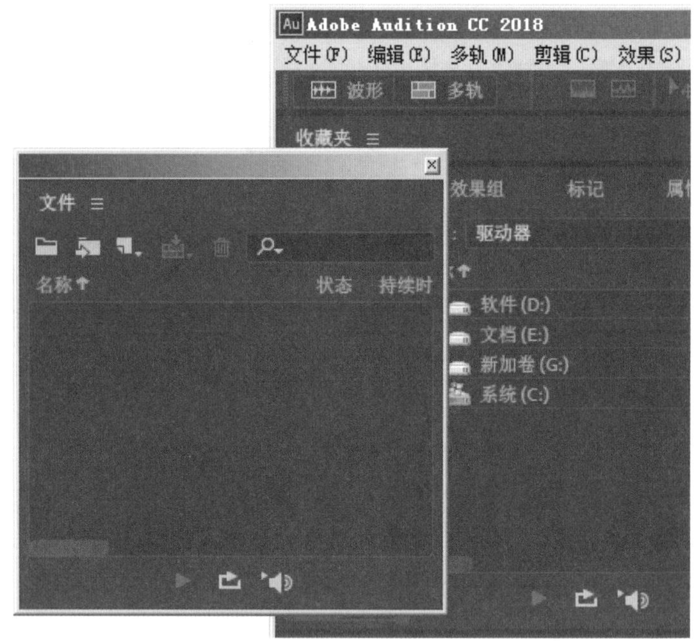

图1.3.6 浮动面板

2. 重置工作区

如果界面调整得很乱，选择菜单栏中的“窗口”→“工作区”→“重置为已保存的布局”选项即可恢复原来的界面设置。

Audition 提供了一系列常用布局，用户也可以根据自己的喜好调整并选择“另存为新工作区”选项将其保存下来，如图 1.3.7 所示。

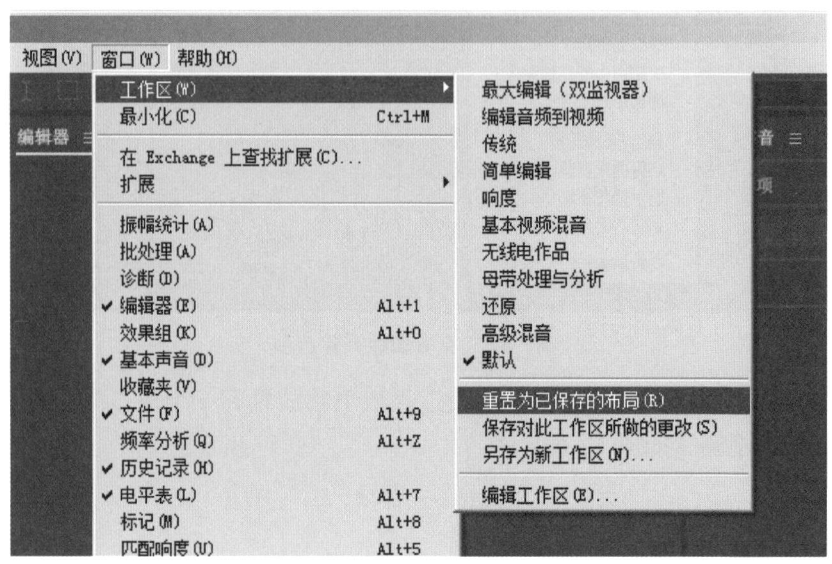

图1.3.7 保存与恢复工作区预设

3. 最大化工作区

按键盘上的“~”键，可以让所选工作区最大化，如图 1.3.8 所示。

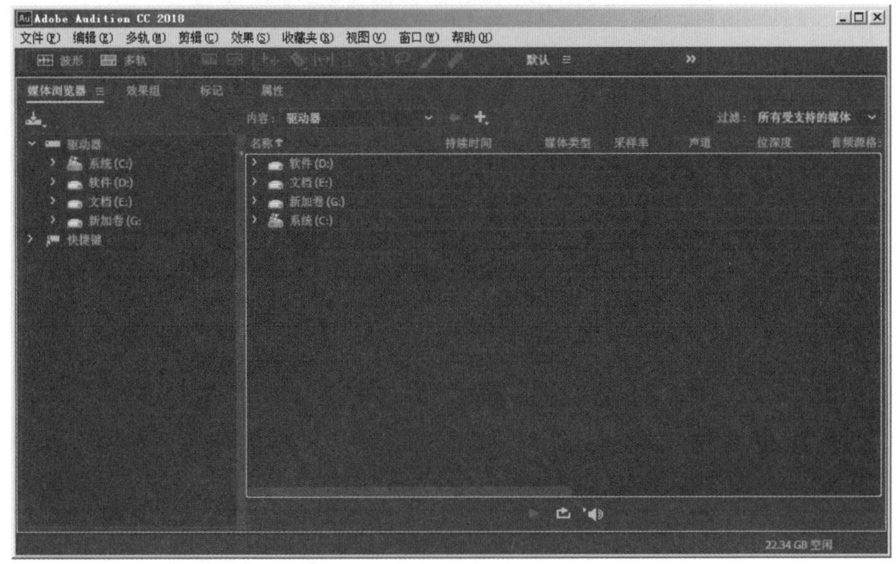

图1.3.8 最大化工作区

4. 调整工作面板

Audition 的面板众多，默认状态下只显示最常用的，如果有需要，用户可以手动选择。选择菜单栏中的“窗口”选项，可以看到所有的面板。前面有“√”的表示该面板已开启，如图 1.3.9 所示。

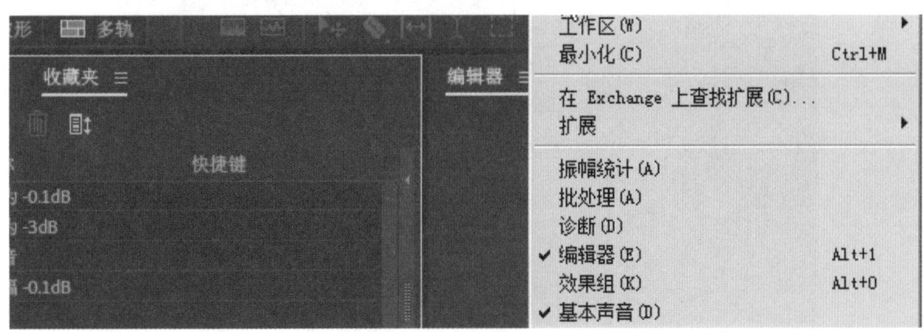

图1.3.9 开启/关闭面板

按住面板的名称拖动，可将该面板移动到其他工作区，拖动时鼠标指针会有相应的变化，并有停靠提示，效果如图 1.3.10 所示。

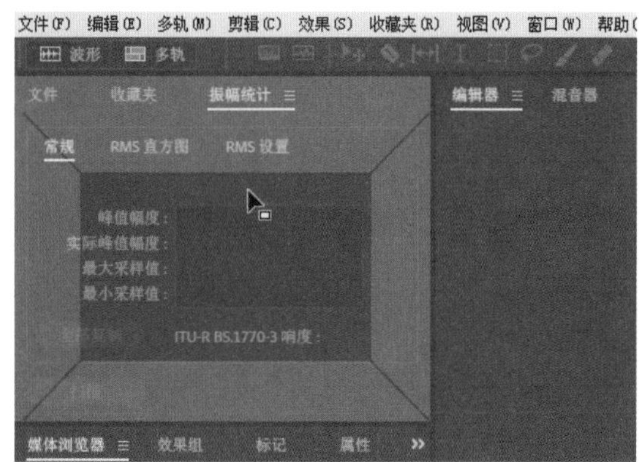

图1.3.10　移动面板操作

5.“首选项”设置

通过“首选项”命令可以对软件进行更详细的设置。选择菜单栏中的“编辑”→“首选项”选项，弹出“首选项”对话框。

1）在“外观”选项卡中可以调整界面和各种标记的颜色，用户可以手动调整，也可以在“预设”下拉列表中选择，如图 1.3.11 所示。

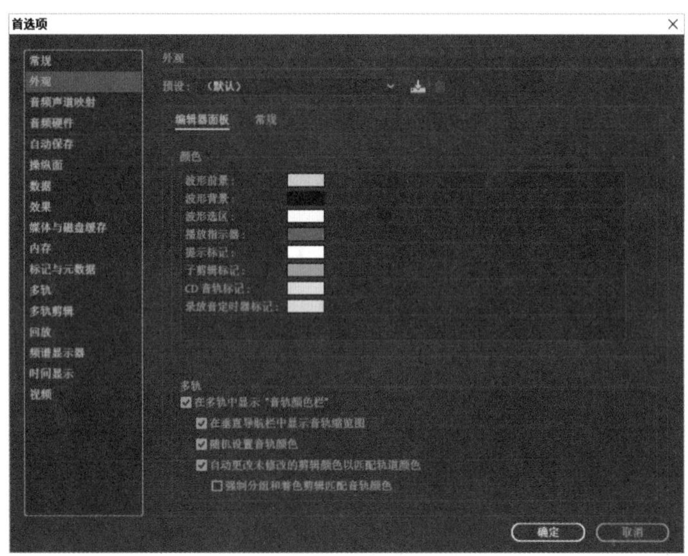

图1.3.11　外观设置

2）在“音频硬件”选项卡中选择音频输入、输出设备，如图 1.3.12 所示。要使用传声器录音，需要将传声器连接到计算机，并在“默认输入”文本框中选择传声器。

图1.3.12　硬件设置

3）在“自动保存”选项卡中可以开启 / 关闭自动保存、设置自动保存的时间间隔和自动保存文件的位置、数量等，如图 1.3.13 所示。

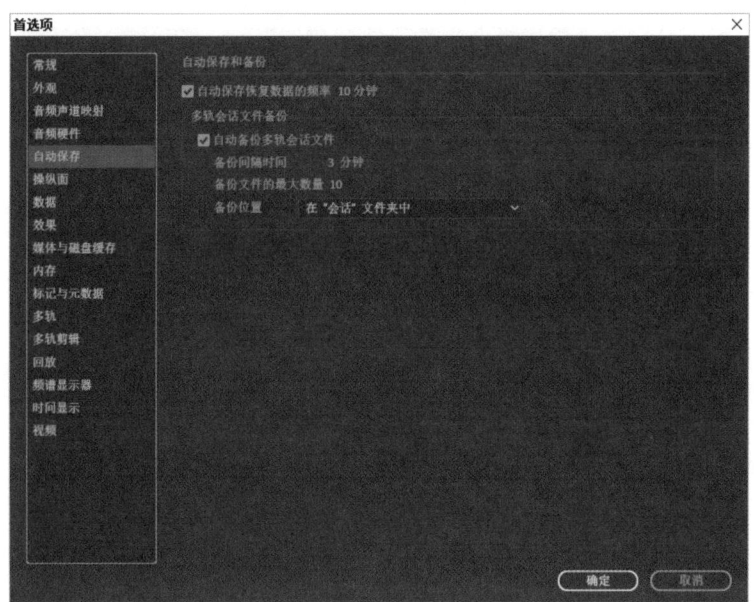

图1.3.13　自动保存设置

4）在“媒体与磁盘缓存”选项卡中可以设置缓存文件的位置，缓存文件所在根目录要预留出足够的硬盘空间才能保证软件正常运行，如图 1.3.14 所示。

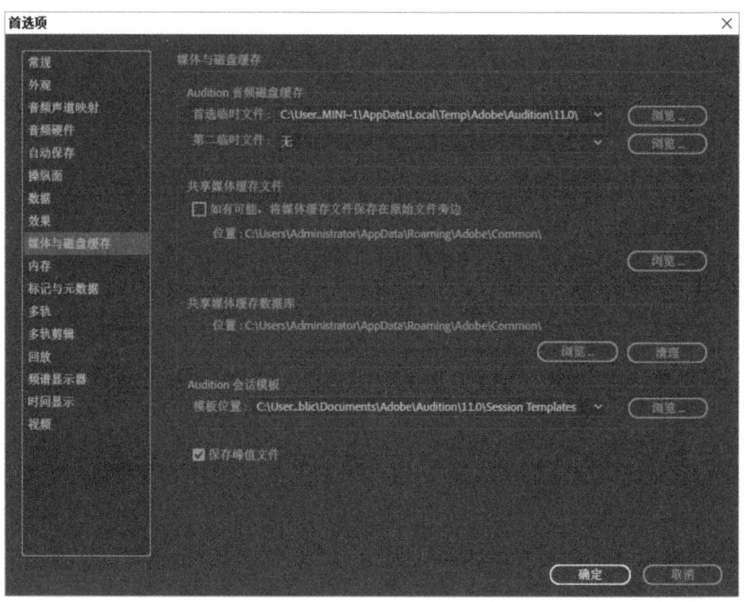

图1.3.14　缓存设置

5）在“内存”选项卡中可以自行分配用于软件的内存大小，分配得越多，软件运行越流畅，如图 1.3.15 所示。

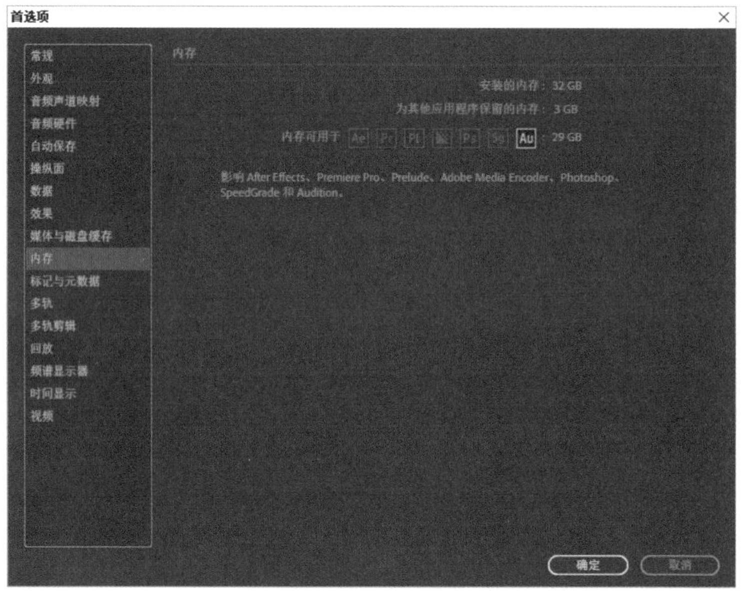

图1.3.15　运行内存设置

知识窗：快捷键操作

使用 Audition 软件提供的快捷键，可以有效地提高操作速度。通过菜单栏可以查看快捷键，如图 1.3.16 所示。

注意：快捷键在使用中文输入法时不起作用。

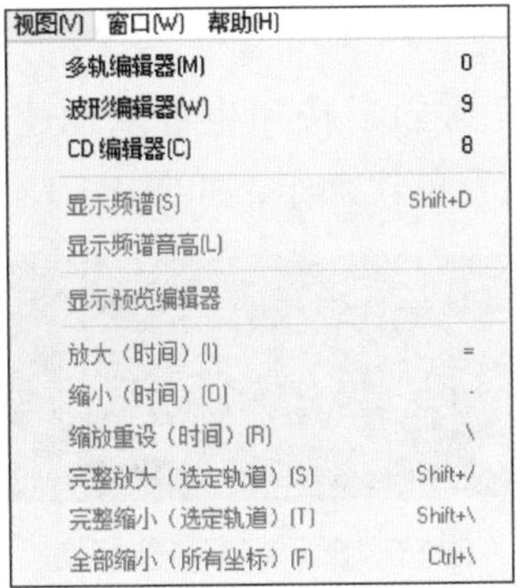

图1.3.16 快捷键

实训练习1-1：调整界面布局

1）尝试开启、关闭工作区，调整工作区的大小。

2）查看每种默认工作区的布局。

3）保存自己调整的工作区布局，重启软件调入自己保存的布局。

4）调整软件“首选项”对话框中的“自动保存”选项，设置为 5min 自动保存一次。

5）调整软件“首选项”对话框中的“内存”选项，尽量给软件分配更多的内存。

6）连接传声器，并在 Audition 软件中将该传声器设置为默认输入设备。

1.3.2 建立工程与导入音频素材、导出音频文件

1. 建立工程

使用 Audition 软件时，软件会生成一个工程文件记录用户所做的所有操作，格式是 .sesx。.sesx 格式的工程文件是 Audition 软件的专用格式，只能用 Audition 软件打开、运行，不能被播放软件播放。使用 Audition 软件时，首先需要建立工程。

01 选择“文件”→“新建”→“多轨会话”选项，如图 1.3.17 所示，创建多轨会话。多轨会话主要用于混音、剪辑合成。一个工程中可以建立多个会话。

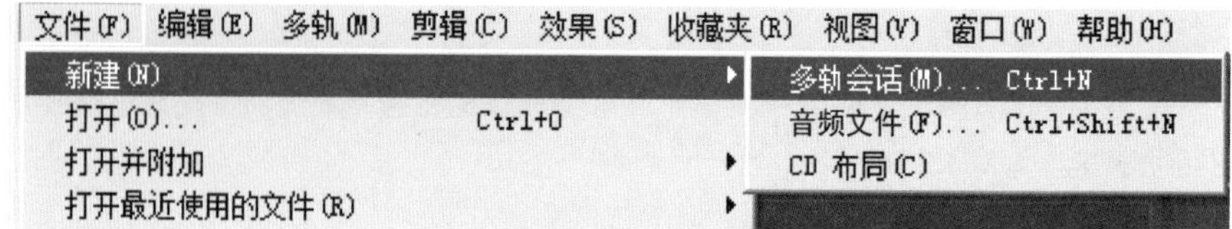

图1.3.17　建立会话

单击任务栏下方的“多轨”按钮也可以创建多轨会话。单击“波形”按钮创建单轨会话或切换至单轨操作，如图 1.3.18 所示。

图1.3.18　单轨/多轨切换

02 在弹出的“新建多轨会话”对话框中完成会话设置。“会话名称”和“文件夹位置”自行输入。“采样率”“位深度”“主控”通常不做改动，“模板”选项最好选择“Empty Stereo Session”（空的立体声）选项，如图 1.3.19 所示。

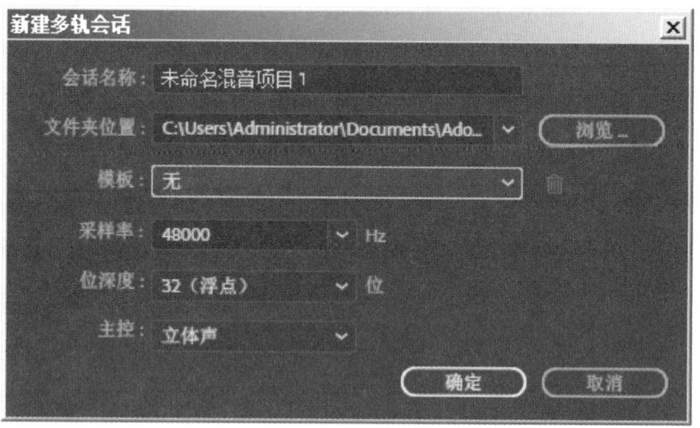

（a）“新建多轨会话”对话框

（b）选择模板

图1.3.19　工程设置

03 “文件”面板中出现项目文件，格式为 .sesx。编辑器中自动生成“Master”总线，如图 1.3.20 所示。设置的保存位置会生成对应名称的文件夹，保存工程文件和素材。

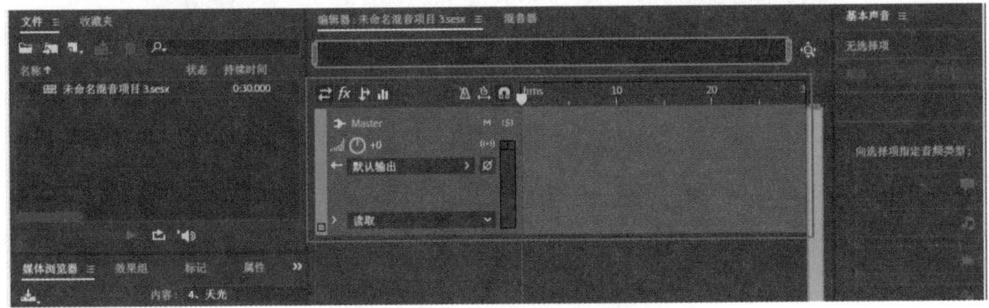

图1.3.20　“Master”总线

2. 导入音频素材

Audition 是一个音频合成软件，可对录制的声音、已有的音频素材进行效果合成与剪辑。在建立会话后，可将需要编辑的素材导入软件中。

将音频素材导入 Audition 软件的方法有以下 3 种。

1）在“媒体浏览器”中找到需要导入的音频文件，选择并拖动到“文件”面板中。“媒体浏览器”的使用方法与 Windows 操作系统的“资源管理器”相同，通过树形目录查看文件夹和素材，如图 1.3.21 所示。

图1.3.21　通过“媒体浏览器”导入

2）可以直接将素材从操作系统的文件夹中拖动到软件的“文件”面板中完成导入，如图 1.3.22 所示。

3）通过单击素材栏上方的“打开文件”按钮、“导入文件”按钮也可以导入素材，如图 1.3.23 所示。

使用“打开文件”按钮操作时，会在导入素材的同时生成一个单轨会话。

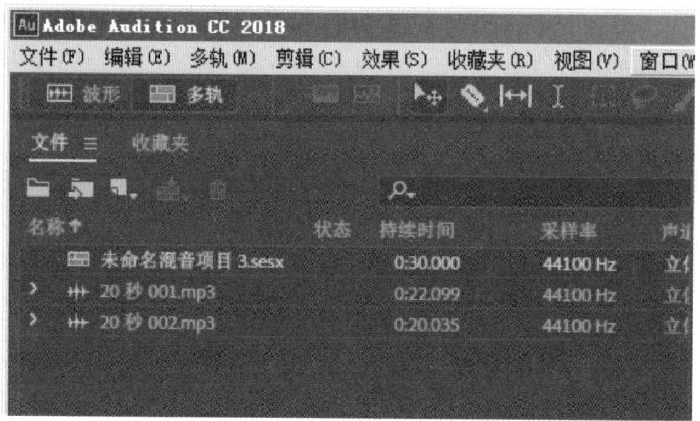

图1.3.22　直接拖动导入

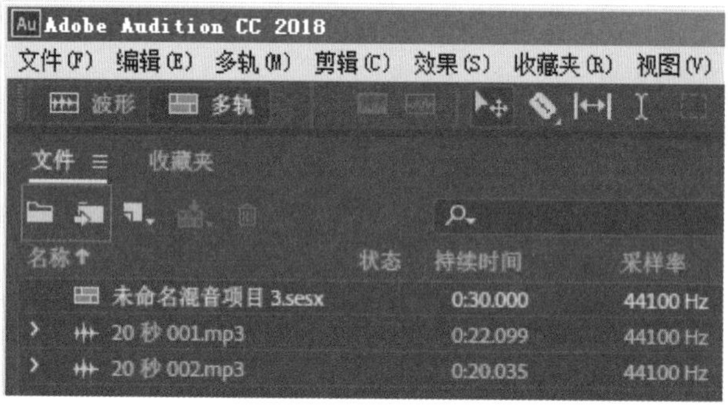

图1.3.23　通过按钮导入

在音轨上加载素材的方法如下：将“文件”面板中的音频素材拖放到编辑器中的“Master”总线上，Audition 会自动生成音轨。单击“播放”按钮▶或按 Space 键会从指针所在位置开始播放，如图 1.3.24 所示。

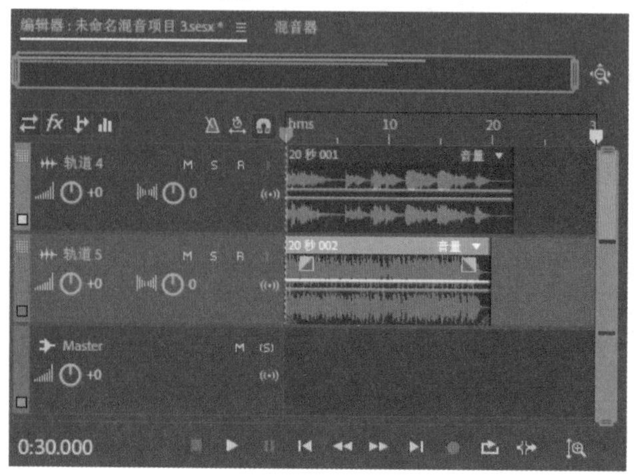

图1.3.24　加载素材

3. 导出音频文件

编辑完成后，需要输出成各种标准格式的音频文件，才能脱离 Audition

软件，被播放器独立播放。

选择需要导出的音轨。如果只想导出一个音轨的声音，可以单击开启音轨前方的控制面板上的“独奏”按钮▣，也可以打开其他音轨的“静音”开关▣关闭不需要导出的音轨，如图 1.3.25 所示。

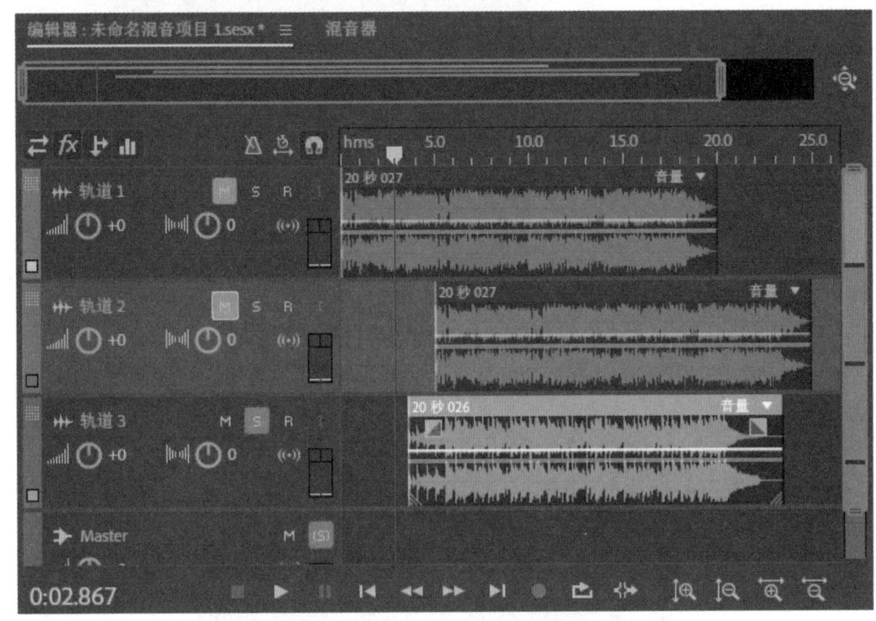

图1.3.25　开启“独奏”与静音

01 选择菜单栏中的“文件”→“导出”→“多轨混音”→“整个会话”选项，导出选择的音轨的内容，如图 1.3.26 所示。

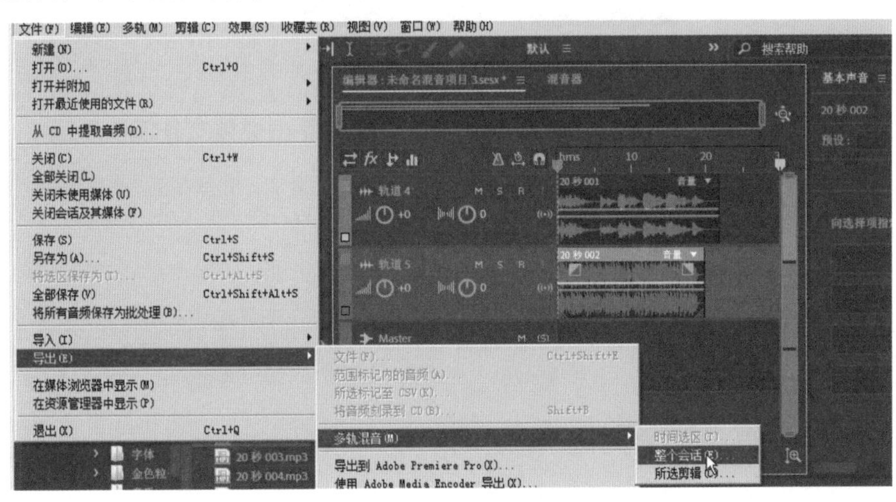

图1.3.26　导出音频

02 在弹出的“导出多轨混音”对话框完成输出设置，设置完成后单击“确定”按钮开始输出，如图 1.3.27 所示。

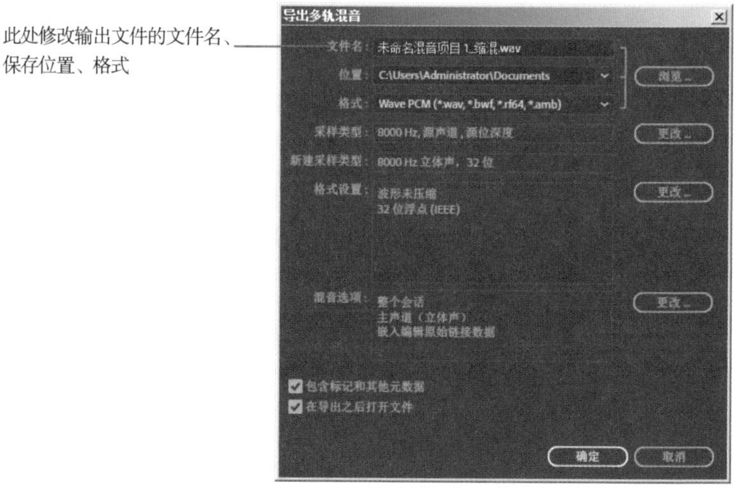

此处修改输出文件的文件名、保存位置、格式

图1.3.27　输出设置

“采样类型”用于调整输出质量，单击其后的“更改”按钮，在弹出的“变换采样类型”对话框中设置输出采样率，如图1.3.28所示，数字越大，效果越好，输出文件的体积也会变大，输出的采样率不要超过素材采样率。

DVD标准的采样率是192kHz。

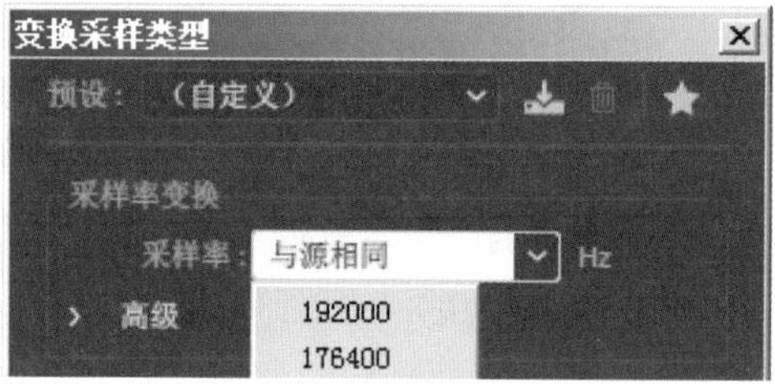

图 1.3.28　选择采样率

实训练习1-2：建立工程与导入音频素材、导出音频文件

1）建立一个多轨工程，使用“班级＋姓名”的方式命名，并保存到“桌面”。

2）将提供的音频素材导入软件。

3）将音频素材分别加载到3个音轨并播放。

4）将1、2音轨上的音频输出成一个MP3格式的文件存放到桌面，命名为“实训练习1-2”。

1.3.3　录音与降噪

1. 录音

录音是Audition软件生成音频素材的主要手段之一。

01 连接传声器，打开Audition软件，其能够自动识别安装的设备，如果Audition软件没有反应，就需要用户手动开启录音设置。

02 右击桌面右下角“任务栏”提示区的传声器图标，在弹出的快捷菜单中选择“录音设备”选项，如图 1.3.29 所示。在弹出的“声音”对话框中右击“麦克风”选项，如图 1.3.30 所示，在弹出的快捷菜单中选择“开启”选项。

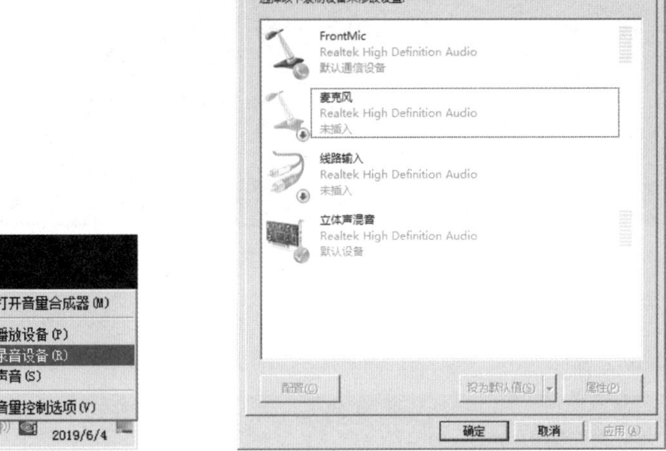

图1.3.29　选择录音设备　　图1.3.30　开启传声器

03 打开 Audition 软件，选择“编辑”菜单中的“首选项”选项，在弹出的“首选项”对话框中选择“音频硬件”选项卡，如图 1.3.31 所示，在“默认输入”下拉列表中选择输入设备。

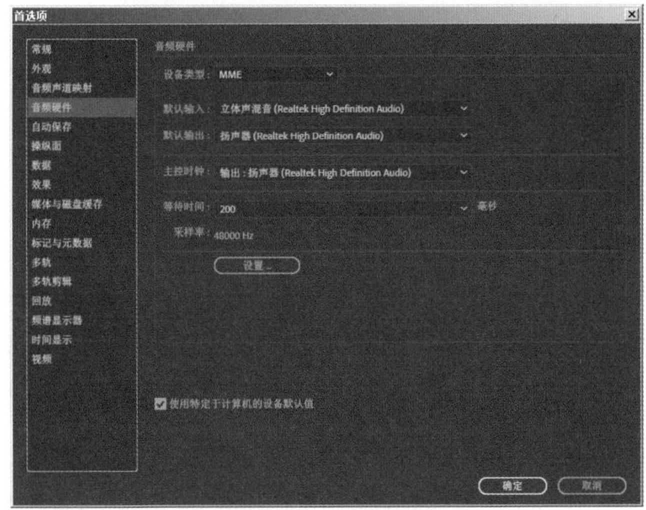

图1.3.31　设置默认输入

04 打开软件建立多音轨工程，然后选择菜单栏中的“多轨”→“轨道”→“添加单声道音轨”选项，建立一个单声道音轨录制声音。

05 单击轨道面板中的“R”按钮，当图标变为红色时，表示该轨道已经准备好录音，如图 1.3.32 所示。

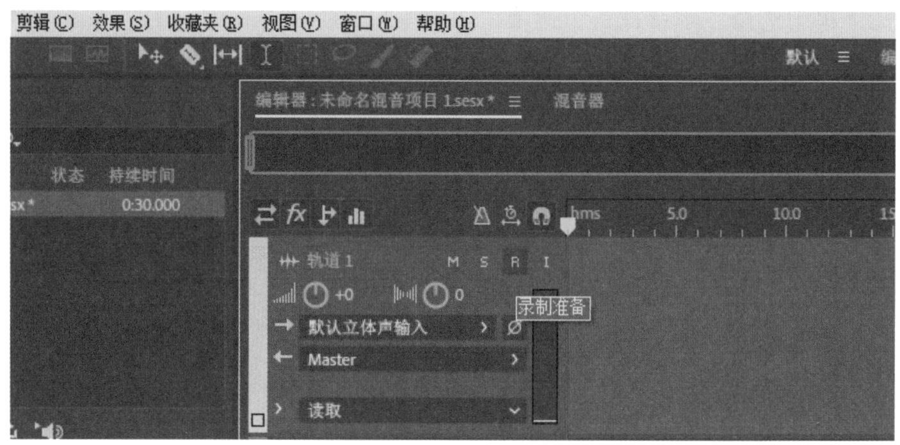

图1.3.32　准备录音

06 单击“录制”按钮 (图 1.3.33)，Audition 会从鼠标指针所在位置开始录制。通过均衡器或录音的波形判断录制音量大小。

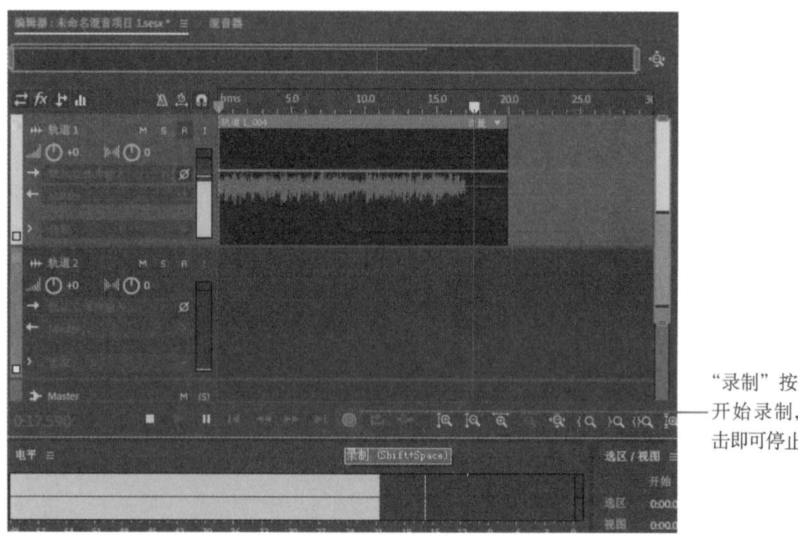

图1.3.33　开始录音

07 再单击一次“录制”按钮，即可停止录制，此时软件会自动生成一个 WAV 文件保存刚才录制的声音，如图 1.3.34 所示。录制出的没有经过任何修饰的声音，称为“干音”。

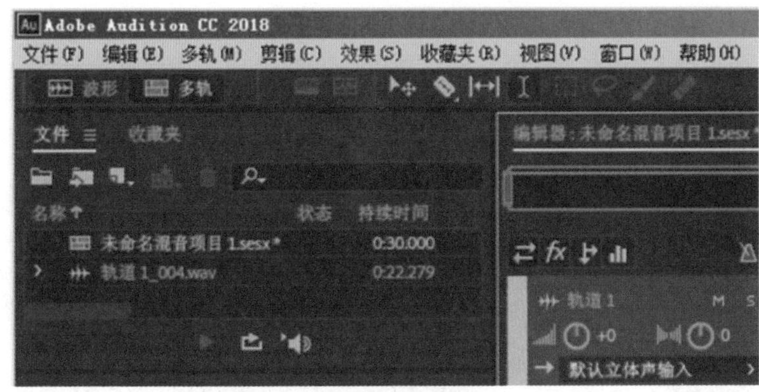

图1.3.34　录制结束生成WAV音频文件

知识窗：干音与湿音

干音即无音乐的纯人声，没有进行任何后期处理。与其对应的是湿音，即经过后期处理（混响、调制、压限、变速等音频操作）的人声，如歌手现场演唱时耳返的声音。

听湿录干：歌手在录音时，监听耳机中听到的是进行简单处理（如混响）的声音，但是实际上记录下来的是没有进行任何处理的干音，适合刚接触录音的人。

听干录干：这样更容易掌控自己声音的特点，也能相对减小后期处理时的失真，多为专业歌手在录音棚中使用。

2. 降噪

一般情况下环境噪声不可避免，通常需要在录音结束后对音频进行降噪处理。降噪的原理是识别、捕捉噪声样本，将声音中与样本相同频率的部分去掉。降噪会对音质造成损伤，是有损降噪。

（1）选择噪声样本

单击“多轨”按钮前面的“波形”按钮[波形]，切换到单轨界面，找出一段只有噪声的部分，使用“时间选择”工具，按住鼠标左键拖动选择噪声样本，如图 1.3.35 所示。

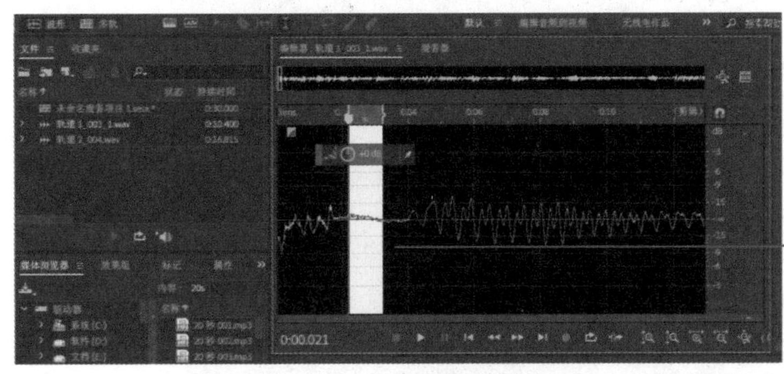

图1.3.35　选择噪声样本

（2）捕捉噪声样本

选择菜单栏中的“效果”→“降噪 / 恢复”→“捕捉噪声样本”选项，进行噪声样本捕捉，如图 1.3.36 所示。

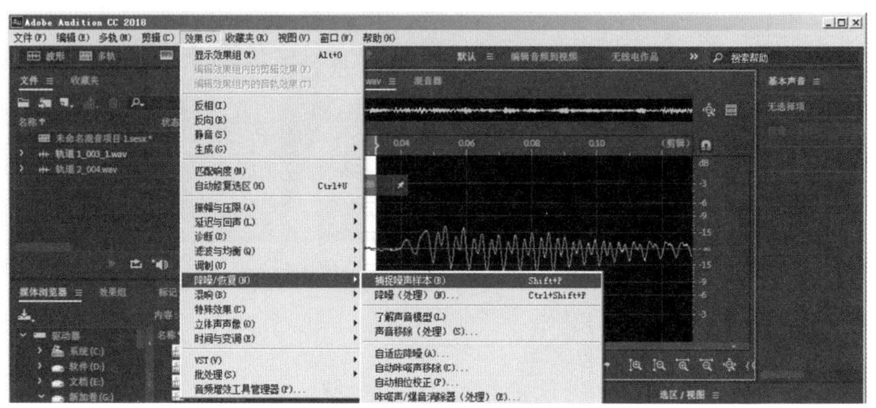

图1.3.36 捕捉噪声样本

（3）降噪处理

选择“效果”→“降噪 / 恢复”→“降噪（处理）”选项，弹出“效果 - 降噪”对话框。

绿色部分为噪声，我们可以对降噪幅度进行调节，通过“降噪”和“降噪幅度”调整降噪强度，因为现在做的是有损降噪，所以要控制好降噪强度，防止音质损伤过大，造成失真。

降噪只对“时间选择”工具框选的区域进行降噪，如果要对整段音频降噪，需要单击“选择完整文件”按钮或使用 Ctrl+A 组合键全选整段音频。

全部设置完成后单击“应用”按钮开始降噪，如图 1.3.37 所示。

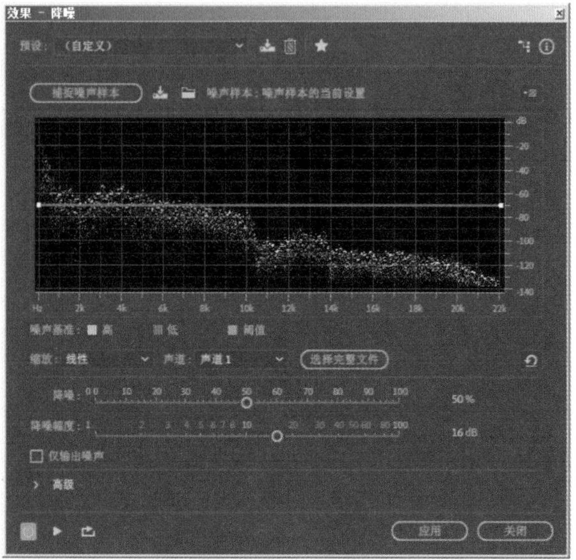

图1.3.37 降噪设置

实训练习1-3：录音并降噪

1）使用传声器录制一段声音。

2）对录制的声音进行降噪处理。

3）选择 3 种不同的降噪强度，分别输出并进行比较。

1.3.4 音频剪辑

Audition 软件的剪辑使用时间线的概念，时间线越往右，时间越靠后。时间指针所在位置为当前操作位置。

Audition 软件的剪辑主要用到菜单栏下方的 4 个工具，分别是“移动”、“剃刀”、“滑动”、“时间选择”，如图 1.3.38 所示。

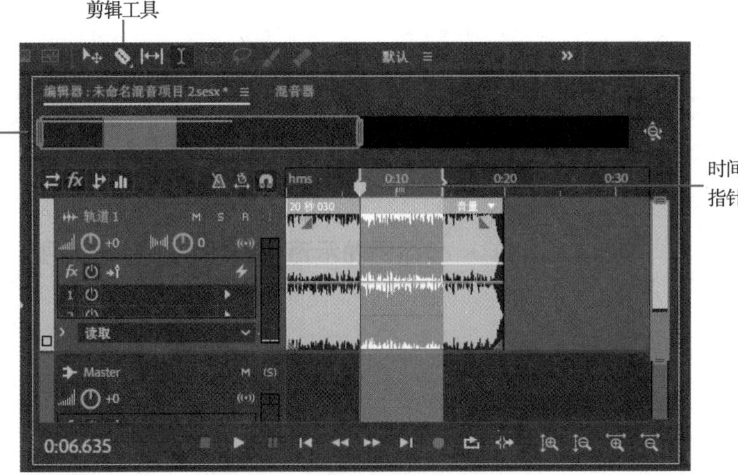

图1.3.38　剪辑工具

1.“移动”工具

建立多轨工程，在音轨上导入素材，使用“移动”工具，左右拖动鼠标可以改变素材在音轨中的位置，上下拖动鼠标可以将素材移动到其他轨道中。

当把 2 个音频拖到一起时，重叠部分会自动生成交叉过渡（前面的音乐由强变弱，后面的由弱变强），如图 1.3.39 所示。

2.“剃刀”工具

选择“剃刀”工具，会看到鼠标指针变为刀片形状，单击音频，可以切断音频素材，如图 1.3.40 所示。

选择“移动”工具，选择不需要的部分，按 Delete 键删除，如图 1.3.41 所示。

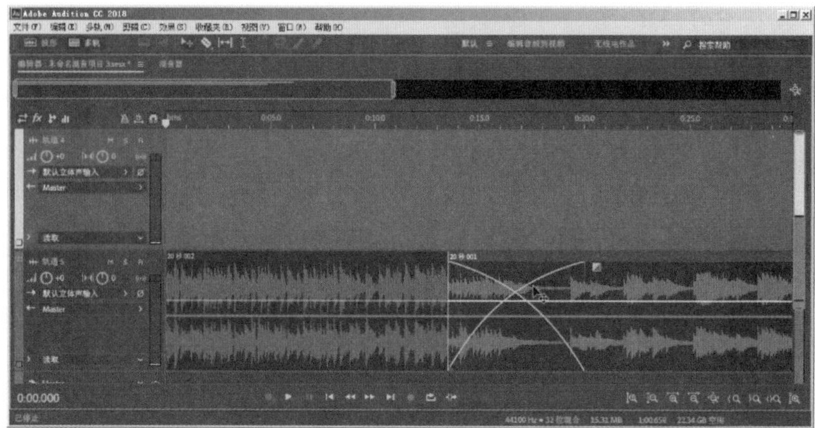

图1.3.39 音频过渡

图1.3.40 使用“剃刀”工具切断音频素材

图1.3.41 删除片段

使用 Ctrl+K 组合键，可以直接在指针位置切割。

3. “滑动”工具

如果发现剪辑位置不对，使用“滑动”工具左右拖动鼠标，可以在不改变片段长度的情况下，调整在素材中截取的位置，如图 1.3.42 所示。

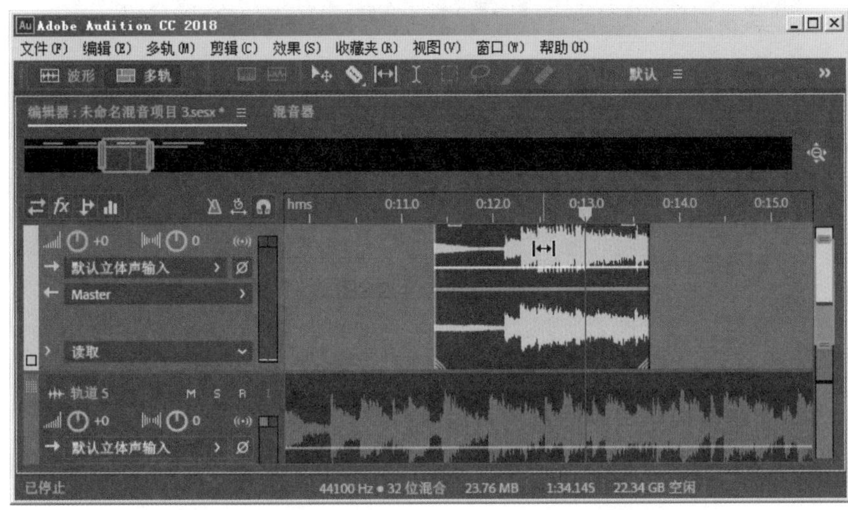

图1.3.42　使用“滑动”工具选择截取的音频范围

4. “时间选择”工具

“时间选择”工具是用得较多的一个工具。当指向音频片段上方标题位置时，鼠标指针会变为“移动”图标，这时可以使用鼠标左键拖动音频片段，如图 1.3.43 所示。

图1.3.43　使用“时间选择”工具拖动

使用“时间选择”工具在波形图位置拖动可以进行范围选择，如图1.3.44所示。此时按Delete键可以直接删除所选部分。

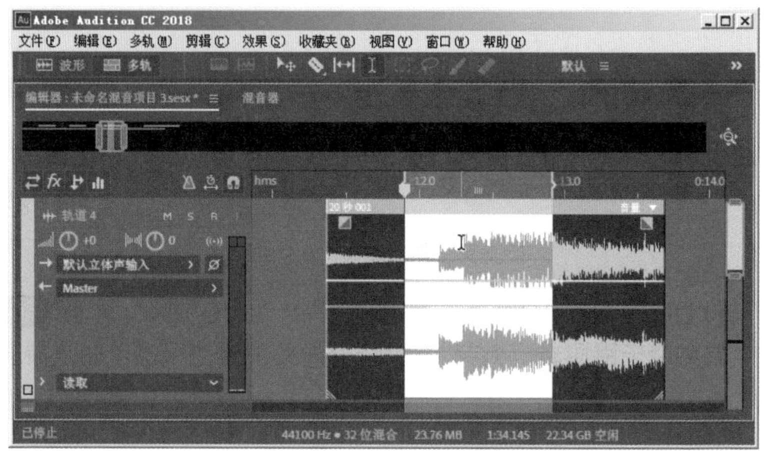

图1.3.44 使用“时间选择”工具进行范围选择

5. 拼接片段，组合成完整的音频

将需要的部分按时间顺序从左向右排列，将需要的片段拼接起来，就是音频剪辑，如图1.3.45所示。

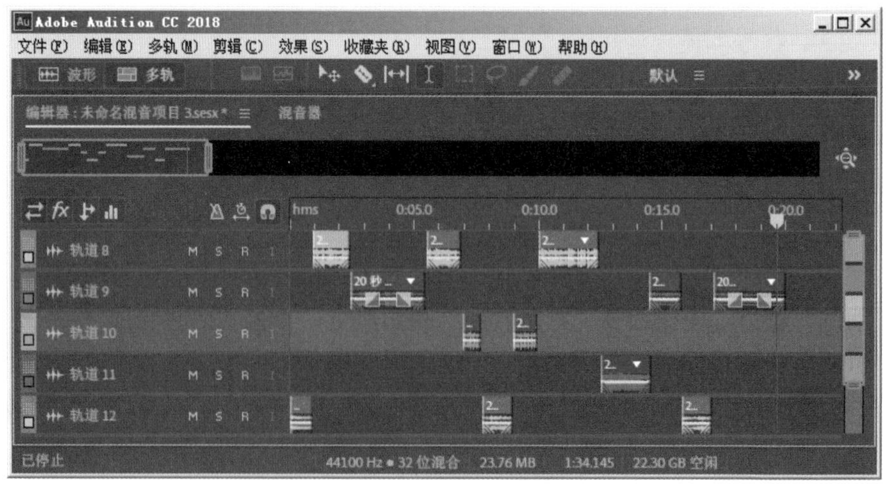

图1.3.45 音频剪辑

如果出现误操作，可以按Ctrl+Z组合键返回上一步，或者在左下方工作区中的“历史记录”面板中撤销操作，如图1.3.46所示。

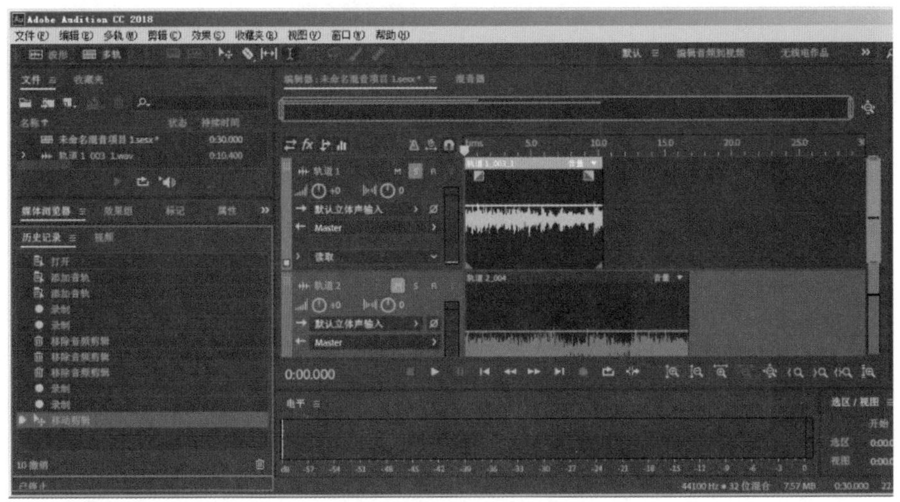

图1.3.46　“历史记录”面板

实训练习1-4：音频剪辑

使用提供的音频素材，选择需要的部分，剪辑一段 30s 的音频并输出。

1.3.5　效果器

Audition 有一个很常用的功能就是效果器，我们可以使用效果器对声音进行各种调试修改，得到各种音效，或者对不理想的部分进行修改。

1. 添加效果器

单击“编辑器”中的 fx 按钮切换到效果器机架，可以看到多个空白效果器，如图 1.3.47 所示。

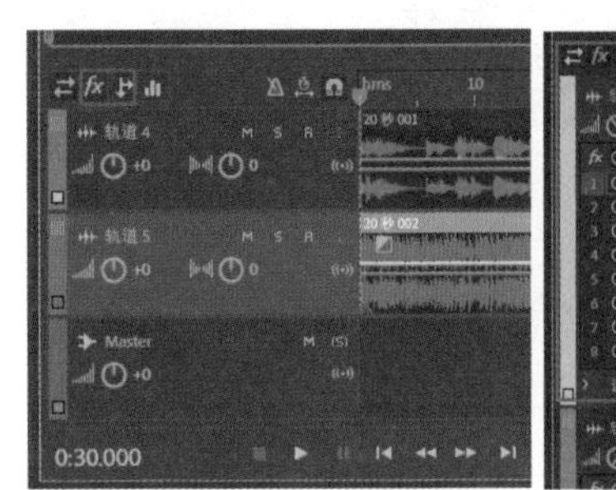

（a）切换到效果器

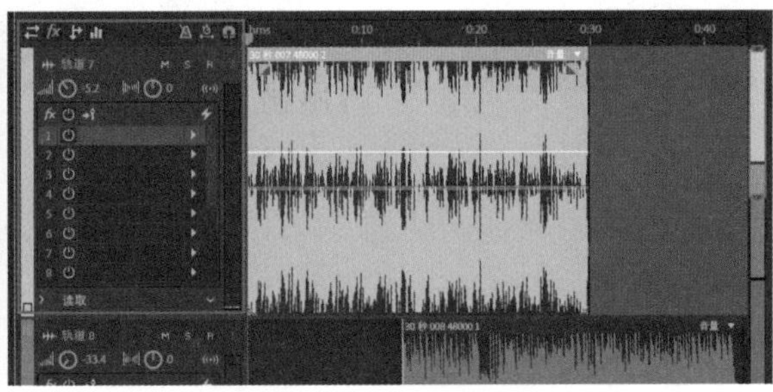

（b）效果器面板

图1.3.47　效果器

单击 ▶ 按钮，在弹出的下拉列表中选择添加效果器；单击每个效果器前面的 ⏻ 按钮，可以单独启用、关闭该效果器，如图 1.3.48 所示。

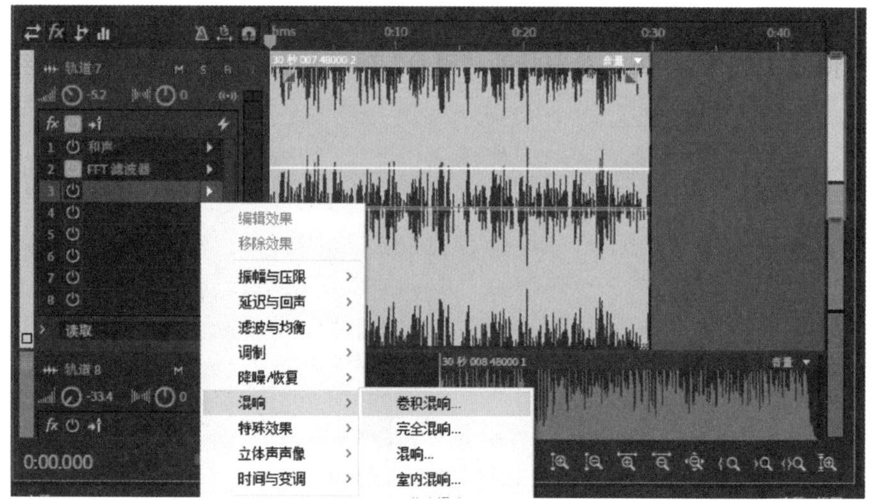

图1.3.48　添加启用效果器

在左下方的工作区中，切换到“效果组”面板，也可以看到效果器机架，也可以在此添加效果器，如图 1.3.49 所示。

图1.3.49　左侧面板中的效果器机架

2. 常用效果器：混响

混响效果是修饰音色常用的一种效果。选择“混响”→“卷积混响”选项，弹出设置对话框，如图 1.3.50 所示。

可以选择在“预设”和“脉冲”下拉列表中选择设置好的混响效果。

1）“混合”：调整混响强度。

2）“阻尼 LF”/“阻尼 HF”：LF 是低音，HF 是高音，阻尼值越大，衰减越大。

3）“预延迟”：设置混响出现的时间。

4）“增益”：调整音量。

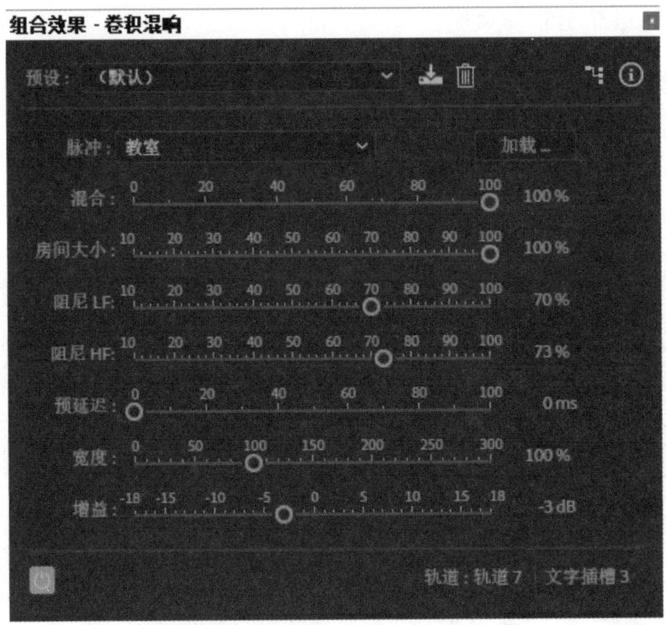

图1.3.50　卷积混响

3. 常用效果器：音高换档器

音高就是音调。在 Audition 软件中调整音高非常简单，选择“时间与音高”→“音高换档器”选项，在弹出的对话框中左右拖动“半音阶”滑块改变音高，向左滑动是降低音调，向右滑动是提升音调；也可以在右侧的文本框中直接输入数值。“音分”可以进行更细的调整，100 音分为 1 个半音阶，如图 1.3.51 所示。

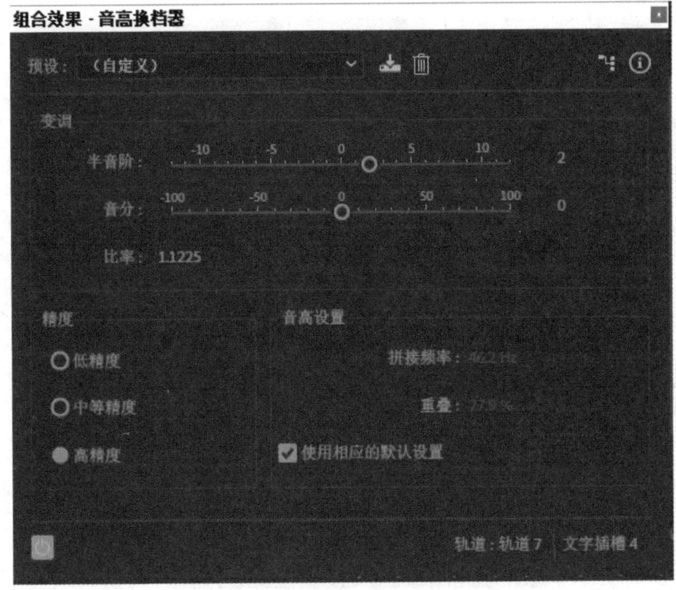

图1.3.51　调整音高

4. 常用效果器：扭曲

“扭曲”效果通常用于人声处理，模仿一些特殊效果，如演唱会现场。

选择效果器中的“特殊”→“扭曲”选项，在弹出的对话框中，左侧图形描述的是音频波峰，右侧图形描述的是音频波谷，可以手动调整，也可以在“预设”下拉列表中选择预设效果，如图 1.3.52 所示。

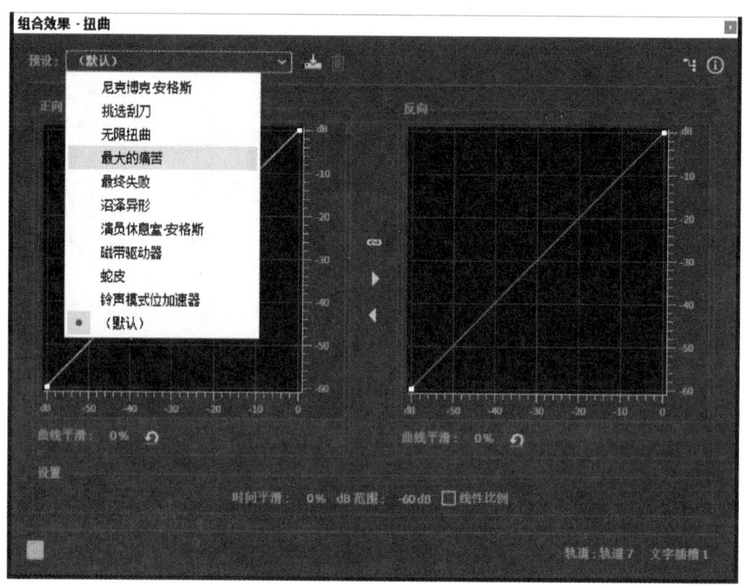

图1.3.52　选择预设扭曲效果

手动调整时，通过添加点、调整点的位置改变线条形状，播放预览时有相应波形显示，各个频段的声音会被限制在线条内，如图 1.3.53 所示。

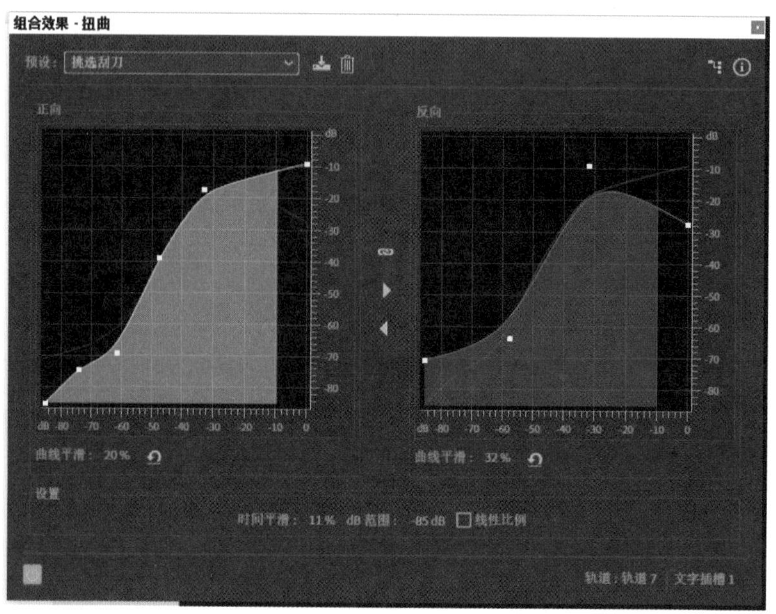

图1.3.53　手动调整扭曲效果

5. 常用效果器：限幅

素材的音量过大时会造成失真，产生杂音。这个时候就需要限幅，反映在波形图上就是压缩波峰的高度。

音量过强，在播放时均衡器会出现红色警示，如图 1.3.54 所示。

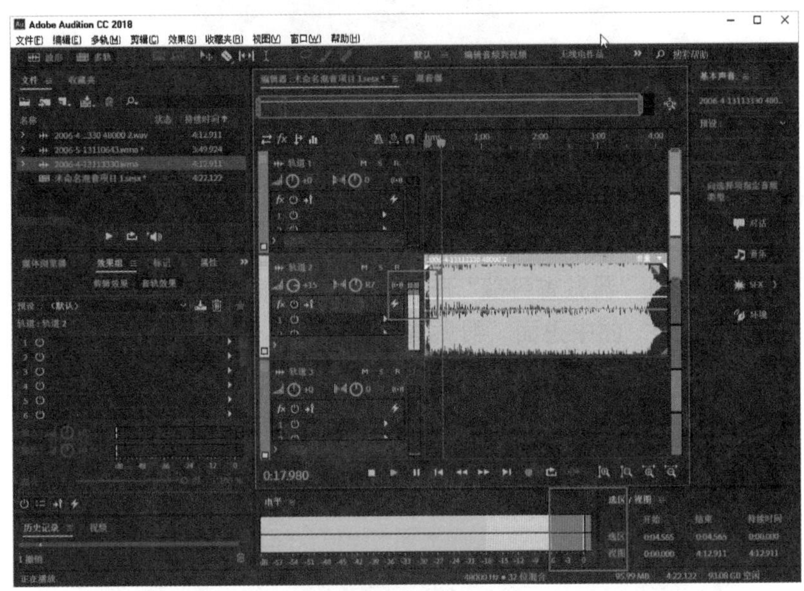

图1.3.54　音量过强示警

1）动态处理：选择“振幅与压限”→“动态处理”选项，在弹出的对话框中通过添加点来调整曲线形状，对各个频率声音的音量进行限制，如图 1.3.55 所示。

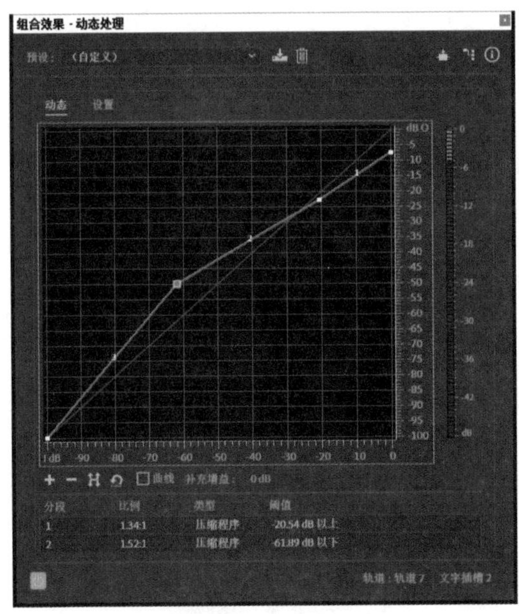

图1.3.55　动态处理

2）强制限幅：选择“振幅与压限”→“强制限幅”选项，在弹出的对话框中通过调整“最大振幅”进行限制，如图 1.3.56 所示。

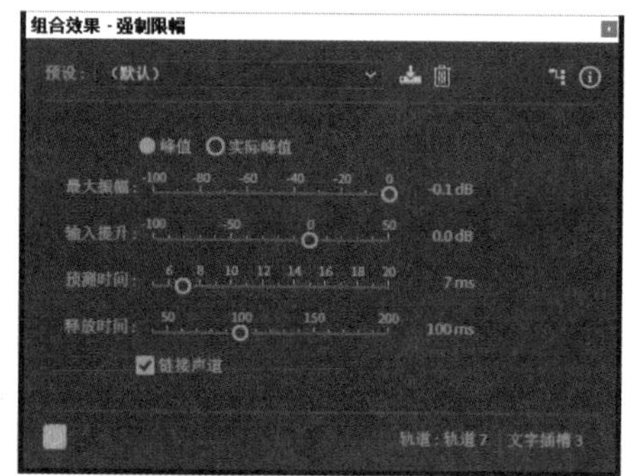

图1.3.56 强制限幅

小贴士

部分效果器采用即时渲染，播放时可以立即反映出调整效果；还有一些效果器使用时计算机负荷重，要单击“应用”按钮才能预览效果。

如果无法即时显示调整结果，添加效果器时会有提醒，如图 1.3.57 所示。

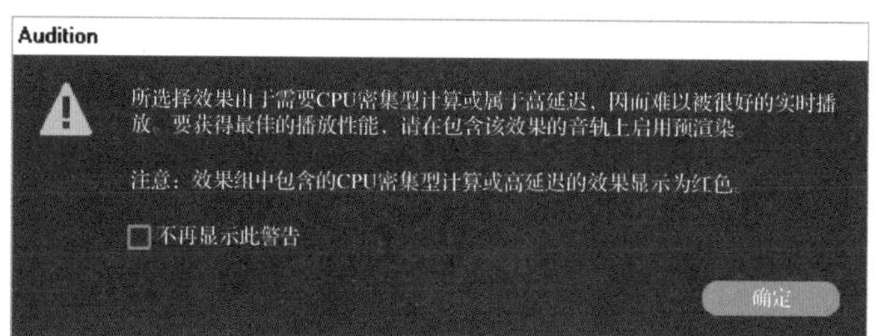

图1.3.57 强制限幅

实训练习1-5：使用效果器

1）对提供的音频素材添加混响效果。

2）对人声进行变调处理。

3）对音频进行限幅处理。

1.3.6 混音

1. 统一音量

出于各种原因，录制的声音可能会出现忽大忽小的情况，如图 1.3.58 所示，音频前后波形大小有明显区别，所以需要统一音频音量。

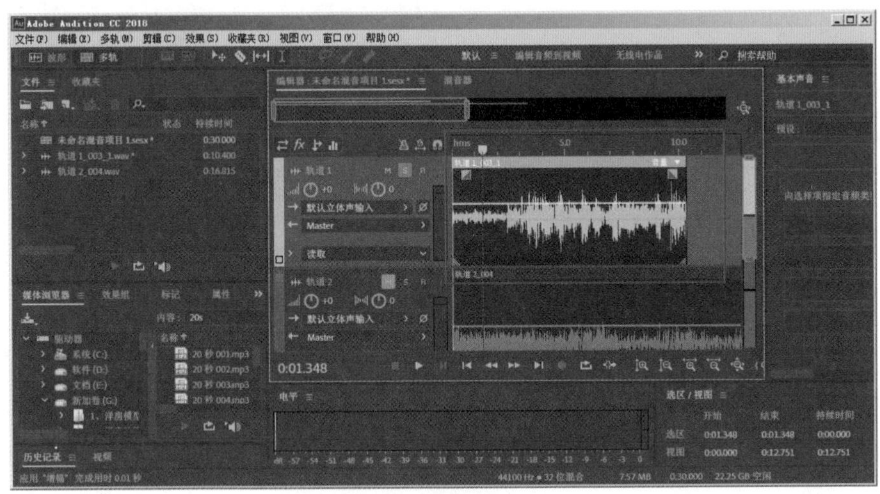

图1.3.58　音量不一致

01 单击“波形”按钮切换至单轨操作，使用“时间选择”工具选出需要调整的部分，如图 1.3.59 所示。

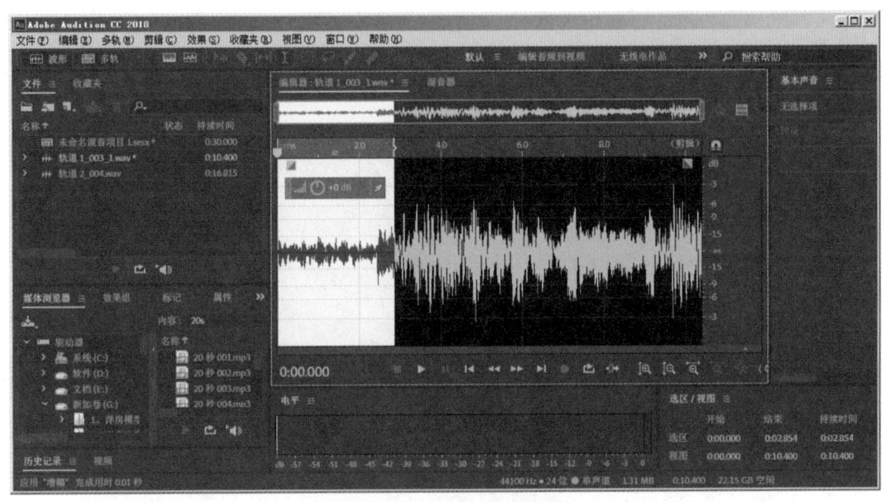

图1.3.59　选择调整范围

02 按住选区中的按钮左右拖动，可以改变所选部分的音量大小，将波形高度调整到基本相同，如图 1.3.60 所示。

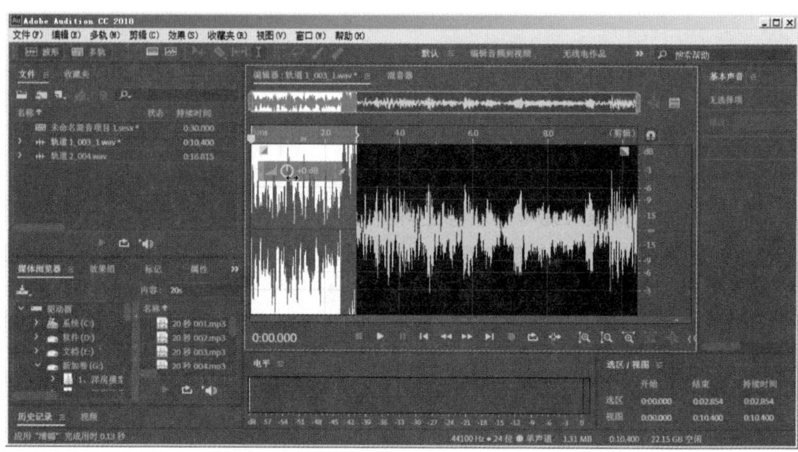

图1.3.60 统一音量

2. 混音器

选择“编辑器”所在工作区的“混音器”面板，上下拖动滑块调节每个声道的音量，最右侧是整体音量调节滑块和波形显示，如图 1.3.61 所示。主音量要高过背景音量，总音量不能过高。

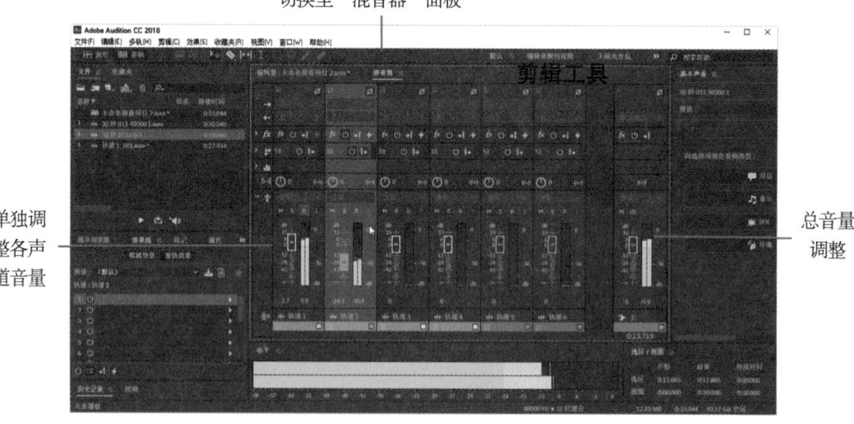

图1.3.61 通过混音器做多声道混音

实训练习1-6：多轨混音

1）录制一段干音，统一录制声音的音量。

2）对录制声音进行降噪处理。

3）使用效果器对声音进行修饰。

4）添加背景音乐，混音输出，以“实训练习 1-6”命名，MP3 格式保存。

学习评价☞

进行学习评价，由学生自我评价、小组互评、教师评价相结合。

<table>
<tr><td colspan="5">任务1.3：使用Adobe Audition编辑数字音频</td><td>日期</td><td></td></tr>
<tr><td rowspan="2">评价内容</td><td colspan="3">自我评价</td><td colspan="3">小组互评</td></tr>
<tr><td>完全掌握</td><td>基本掌握</td><td>未掌握</td><td>完全掌握</td><td>基本掌握</td><td>未掌握</td></tr>
<tr><td>了解Adobe Audition的主界面</td><td></td><td></td><td></td><td></td><td></td><td></td></tr>
<tr><td>了解音频剪辑的流程</td><td></td><td></td><td></td><td></td><td></td><td></td></tr>
<tr><td>能合理使用音频剪辑工具</td><td></td><td></td><td></td><td></td><td></td><td></td></tr>
<tr><td>能使用Adobe Audition录音并降噪</td><td></td><td></td><td></td><td></td><td></td><td></td></tr>
<tr><td>能使用效果器添加音频特效</td><td></td><td></td><td></td><td></td><td></td><td></td></tr>
<tr><td>能使用快捷键提高操作效率</td><td></td><td></td><td></td><td></td><td></td><td></td></tr>
<tr><td colspan="7">教师评价：</td></tr>
</table>

读书笔记

2

单元 图形绘制——Illustrator

单元导读

Adobe Illustrator 是集文字编辑、图形设计及高品质输出于一体的矢量软件，广泛应用于印刷出版、海报书籍排版、专业插画、多媒体图像处理和互联网页面的制作等众多领域。

本单元中，我们将学习 Adobe Illustrator 软件的相关知识和基本应用技巧。

学习目标

- 掌握 Illustrator 的基础界面和主要操作命令；
- 能使用 Illustrator 绘制简单的几何图形；
- 了解使用 Illustrator 绘制海报的流程；
- 掌握 Illustrator 排版的基本要求。

思政目标

- 树立正确的学习观、价值观，自觉践行行业道德规范；
- 培养尊重宽容、团结协作的团队精神；
- 发扬一丝不苟、精益求精的工匠精神。

任务2.1 制作几何元素图形海报

任务描述☞

AI功能强大，界面简洁实用。为了方便操作，AI更是提供了许多人性化设置，可以让用户根据自己的使用习惯和工作需要，任意调整界面布局。此外，通过调整首选项设置，可以确保AI能在不同配置的计算机上流畅运行。

通过本任务的学习，认识AI的大体界面布局和主要功能键，初步了解软件的基本操作和设置。

任务目标☞

1）认识各个工作区的功能，掌握调整界面的方法；
2）了解基本工具的用途；
3）掌握软件的基本操作；
4）能绘制简单的几何图形；
5）了解制作的基本流程。

本任务的要求是制作如图2.1.1所示的几何元素图形海报。

图2.1.1 几何元素图形海报

2.1.1 建立画布和画板

打开软件，在欢迎界面单击“新建”按钮，弹出“新建文档”对话框，如图 2.1.2 所示。在右侧区域设置画布参数：最上方的文本框用于输入画布名称；“宽度”“高度”选项用于设置画布的比例和大小，在“宽度”下拉列表中可选择单位；“画板”选项用于设置画板数量；“出血”选项是出版时为了保留有效画面，预留出来的裁剪区域；“高级选项”选项组中的参数一般不做修改。

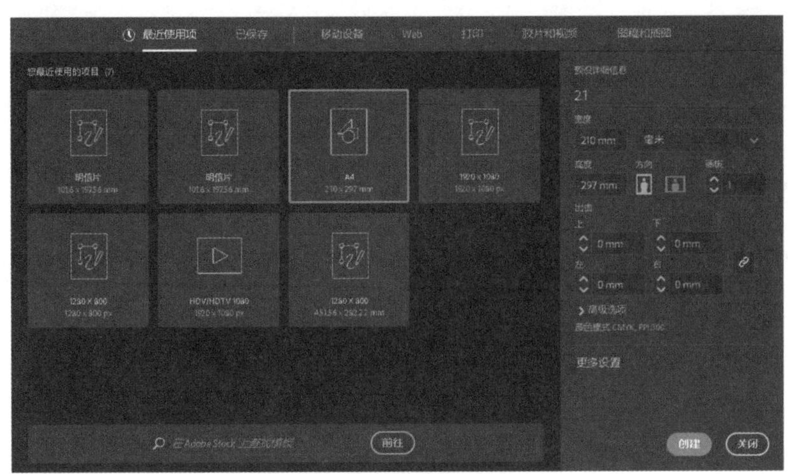

图2.1.2 设置画板参数

“更多设置”为早期版本的新建界面，如图 2.1.3 所示。用户通过左下方的“模板”按钮可以选择已有的模板样式（图 2.1.4），也可以自己创建模板方便以后使用。

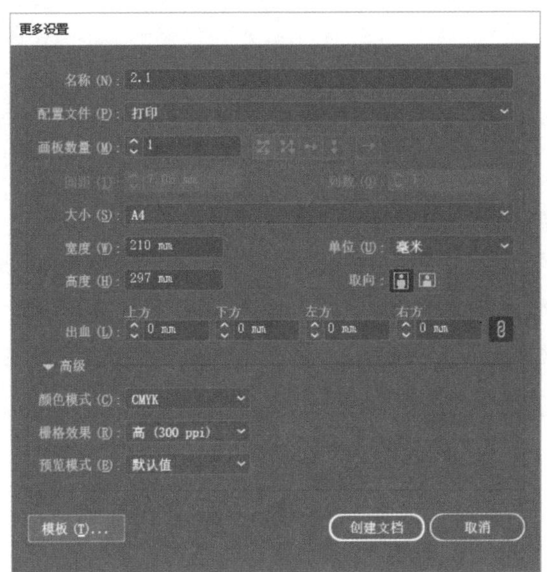

图2.1.3 “更多设置”对话框

图2.1.4　选择模版

切换“新建文档”界面上方的选项卡，可以看到不同类型的画面尺寸预设，如图 2.1.5 所示。选择“打印”选项卡中的“A4”选项，单击“创建”按钮，建立画布。

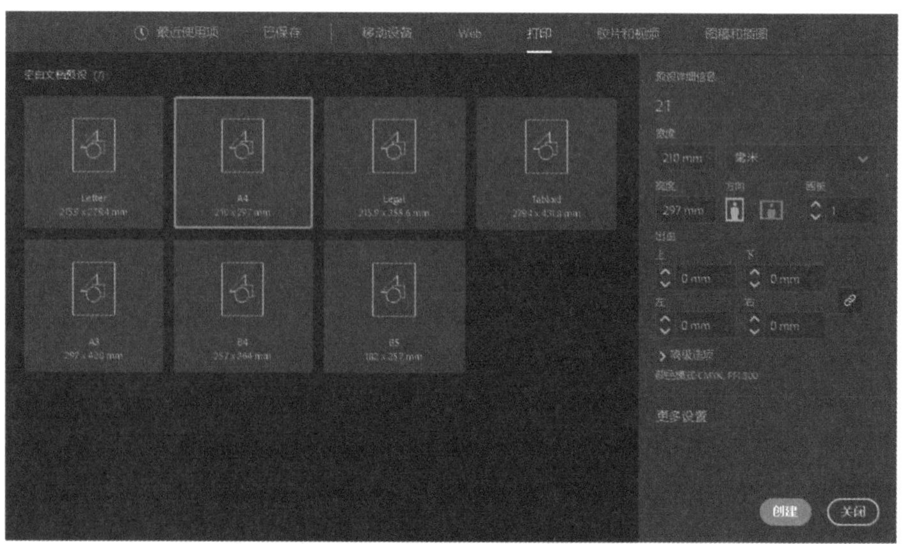

图2.1.5　新建A4大小的画布

进入软件主界面，如图 2.1.6 所示。

图2.1.6 Illustrator软件主界面

Illustrator 可以建立多个画布，选择菜单栏中的“文件”→“新建”选项或按 Ctrl+N 组合键建立新画布，每个画布可以建立多个画板，画布之间通过工作区上方的选项卡进行切换，如图 2.1.7 所示。

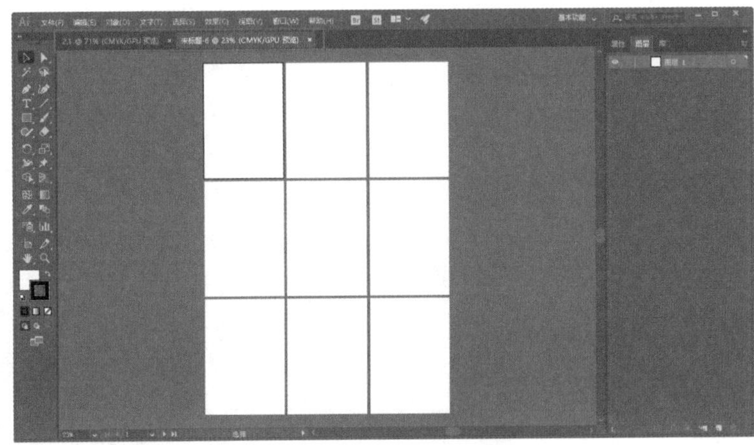

图2.1.7 通过选项卡进行切换

2.1.2 认识软件主界面

软件主界面的中央区域为工作区，是用户主要操作的位置，如果需要对画板进行缩放，可以选择界面左侧工具箱中的“缩放工具”，然后单击画板进行放大，使用 Alt+ 左键单击可以缩小画板，操作时鼠标指针会有相应的变化；使用 Alt+ 鼠标滚轮能以鼠标指针为中心点进行缩放；也可以直接在工作区下方选择缩放比例，如图 2.1.8 所示。

图2.1.8　选择缩放比例

使用界面左侧工具箱中的“抓手工具”可以调整画板的位置，也可以按住 Space 键，使用鼠标左键直接拖动，如图 2.1.9 所示。

图2.1.9　移动画板

软件主界面左侧是工具箱，常用工具都在其中，单击并拖动工具栏顶部，可以将工具栏变为浮动面板，方便调整位置，单击上方的按钮，可以切换单列 / 双列显示，如图 2.1.10 所示。

图2.1.10 切换单列显示

软件主界面右侧是“属性”面板，可以显示选择对象的基本属性，也可以切换到“图层”面板查看各个图层情况。“眼睛”图标表示开启显示，“小锁”图标表示锁定，对象锁定后无法选择、修改，可以在菜单栏中选择“对象”→“锁定”选项来进行锁定和解锁，也可以使用组合键 Ctrl+2 和 Ctrl+Alt+2 进行操作，如图 2.1.11 所示。

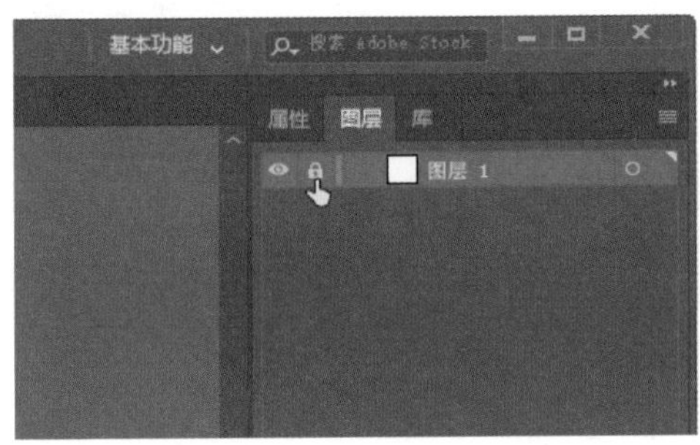

图2.1.11 显示与锁定

图层后面的小圆圈用于在“图层”面板中选择操作对象。“图层”面板底部有新建、删除图层的标识。

软件上方是菜单栏，集成了软件的所有功能。

因为 Illustrator 功能面板很多，无法全部显示，需要用户自行选择开启 / 关闭各个面板。用户可以选择预设布局，或在布局混乱时重置，如图 2.1.12 所示。

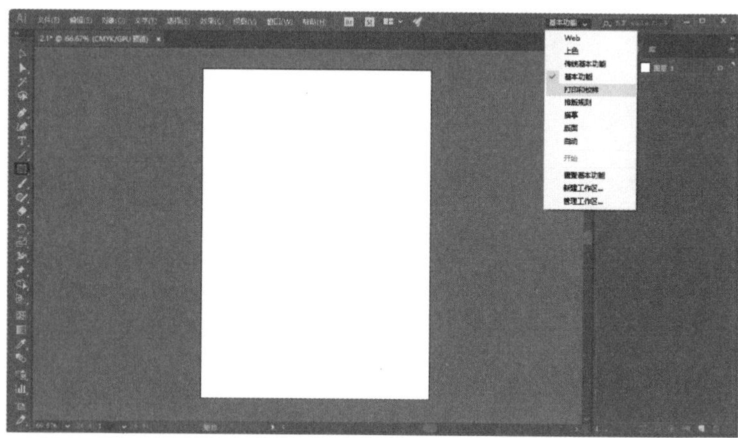

图2.1.12　选择预设布局

在菜单栏的“窗口”下拉列表中，可以选择需要打开的面板，如图 2.1.13 所示。

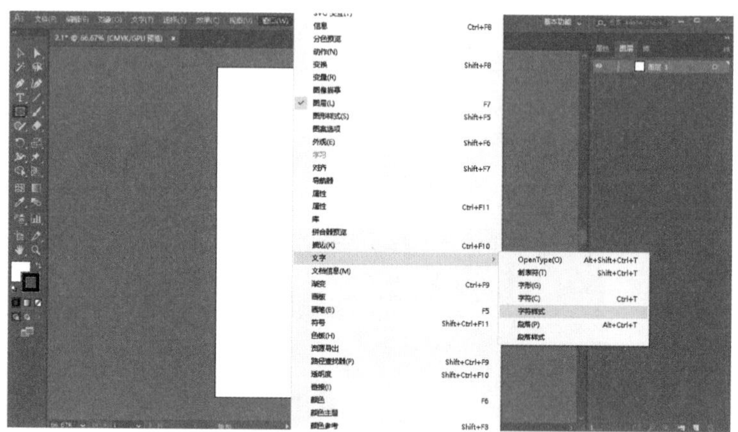

图2.1.13　打开面板

打开的面板均为浮动面板，用户可以自由摆放，或将其拖动拼接到一起，如图 2.1.14 所示。

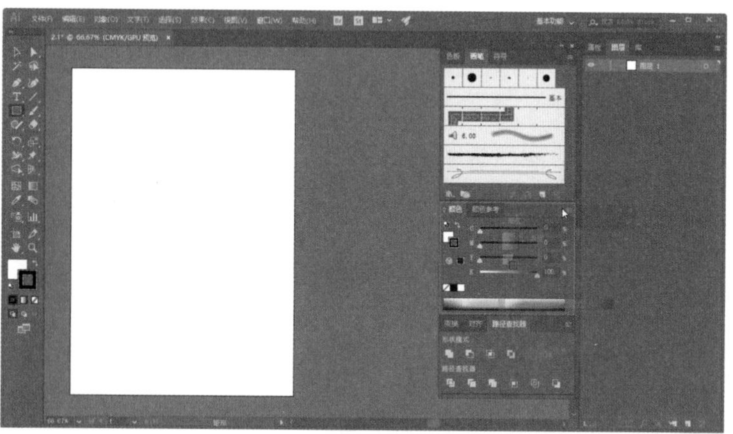

图2.1.14　调整面板的位置

2.1.3 绘制海报

1. 制作背景

01 选择工具箱中的“矩形工具”（快捷键为 M），绘制一个与画板相同大小的矩形作为背景，关闭描边，修改填充色，如图 2.1.15 所示。

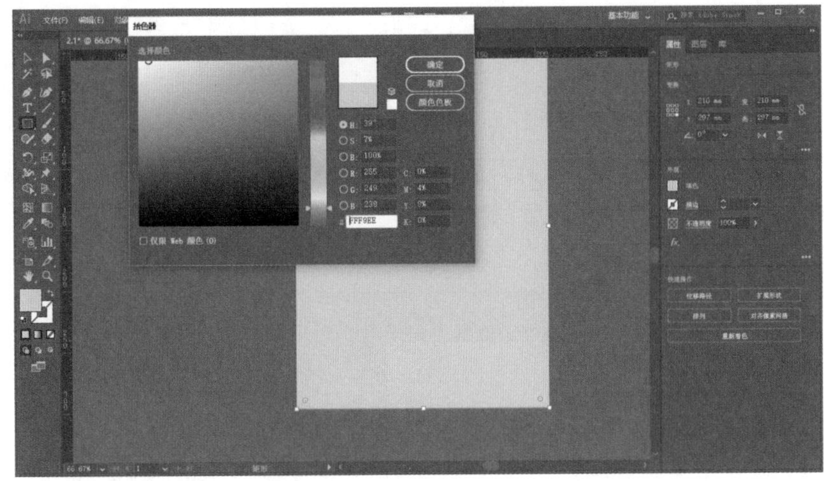

图2.1.15 修改填充色和描边

02 绘制矩形，填充颜色，长按“比例缩放工具”，在弹出的下拉列表中选择“倾斜工具”，如图 2.1.16 所示。

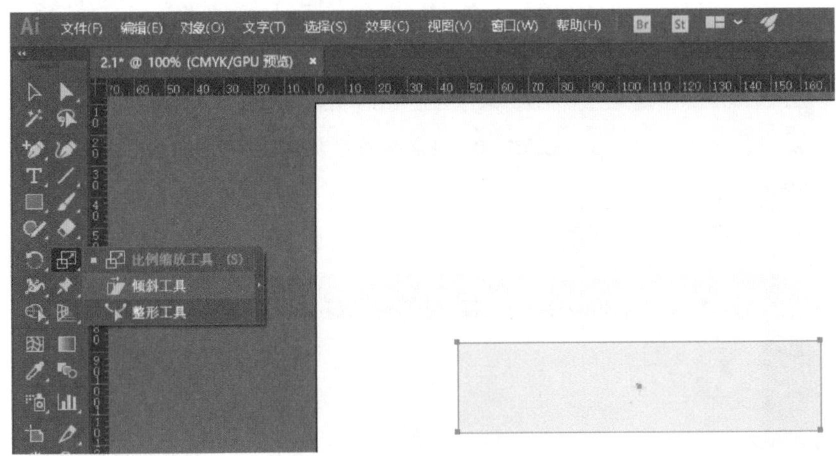

图2.1.16 选择“倾斜工具”

03 沿着矩形一边拖动，将矩形变为平行四边形，如图 2.1.17 所示，可以调整中心点后再拖动。

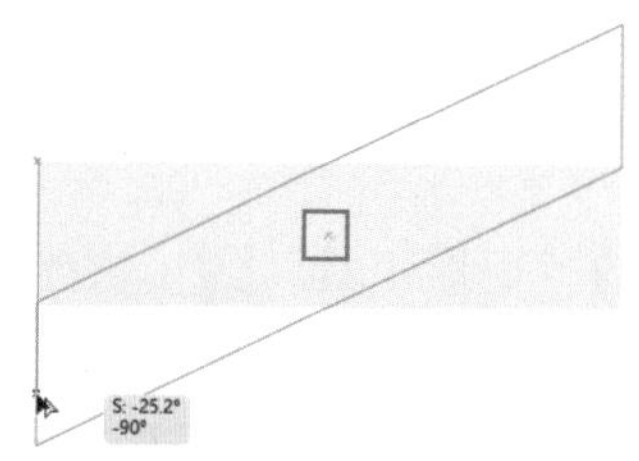

图2.1.17 调整变换中心点位置

04 切换到“选择工具”（快捷键为 V），选中图形并按住 Alt 键拖动鼠标，则会在拖动时进行复制，按住 Shift 键拖动图形边框顶点，可以进行等比例缩放，如图 2.1.18 所示。

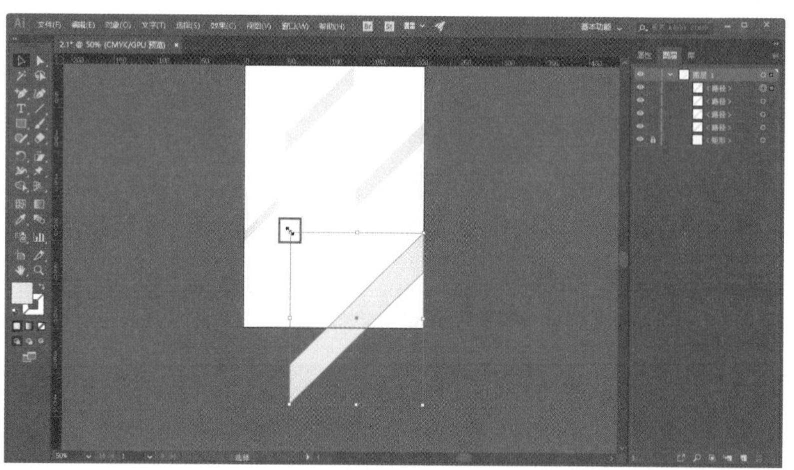

图2.1.18 复制并调整大小

05 切换到“直接选择工具”（快捷键为 A），选择并调整图形锚点位置，如图 2.1.19 所示。

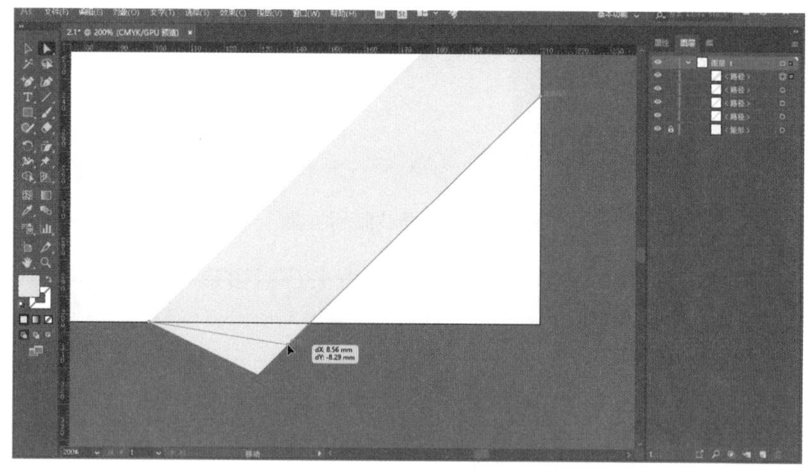

图2.1.19 调整锚点位置

06 复制平行四边形并修改填充色，如图 2.1.20 所示，绘制完成后，使用“选择工具”框选所有图形右击，在弹出的快捷菜单中选择“编组”选项。为了防止误操作，可以进行“锁定”。

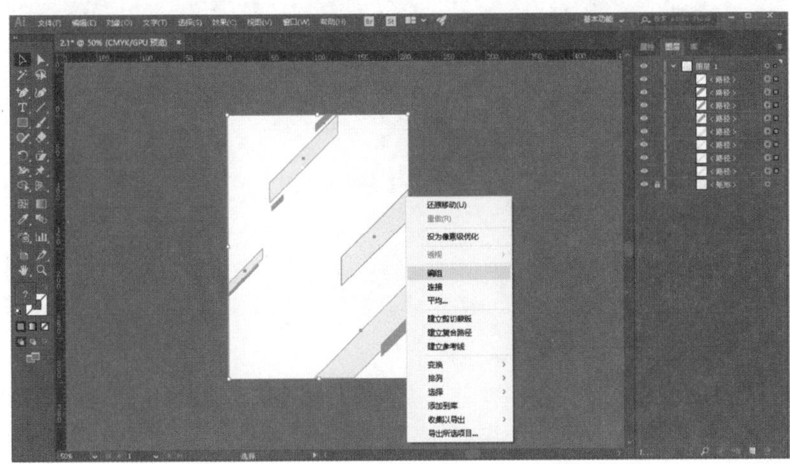

图2.1.20　编组后锁定

小贴士

“选择工具”用于调整对象整体;“直接选择工具”用于调整局部，如锚点和线段。

2. 绘制装饰性元素

01 使用“钢笔工具”（快捷键为 P）绘制一条横线，关闭填充，修改描边颜色和描边粗细;长按“钢笔工具”，在弹出的下拉列表中选择“添加锚点工具”（快捷键为 +），给直线添加锚点，如图 2.1.21 所示。

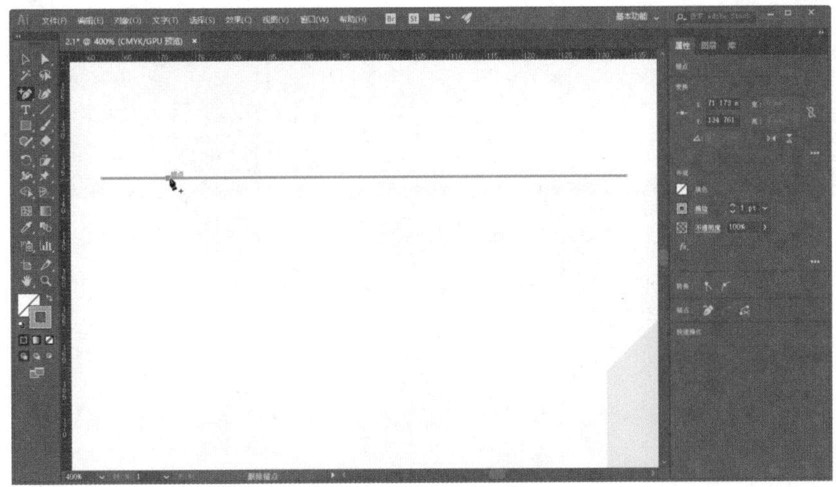

图2.1.21　添加锚点

02 切换到“直接选择工具”，按住 Shift 键间隔复制横线上的锚点，向上拖动，生成折线效果，如图 2.1.22 所示。

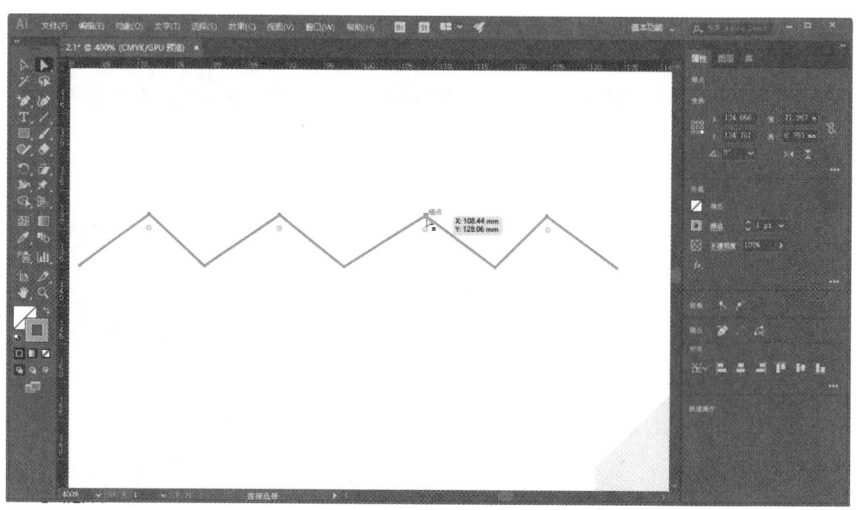

图2.1.22 绘制折线

03 使用 Alt+ 选择工具向下拖动复制一根折线，然后使用 Ctrl+D 组合键继续复制（Ctrl+D 组合键为重复上一步操作）。最后选择所有折线编组，统一调整折线颜色和粗细，如图 2.1.23 所示。

图2.1.23 绘制折线

04 绘制圆形，调整大小、颜色、不透明度，然后摆放好位置，如图 2.1.24 所示。

图 2.1.24　绘制气泡

05 长按“矩形工具”，在弹出的下拉列表中选择“星型工具”，按住鼠标左键时按上下键调整角的数量，按住 Ctrl 键上下拖动鼠标调整星星的形状。绘制几个星星并摆放好位置，如图 2.1.25 所示。

图2.1.25　绘制星星

3. 创建文字

使用左侧工具箱中的“文字工具”创建文字，在右侧“属性”面板中设置文字的参数，包括字体、颜色、大小等，可以建立不同的文字图层，方便调整位置，如图 2.1.26 所示。

如果需要准确对位，可以使用 Ctrl+R 组合键打开标尺，添加辅助线。

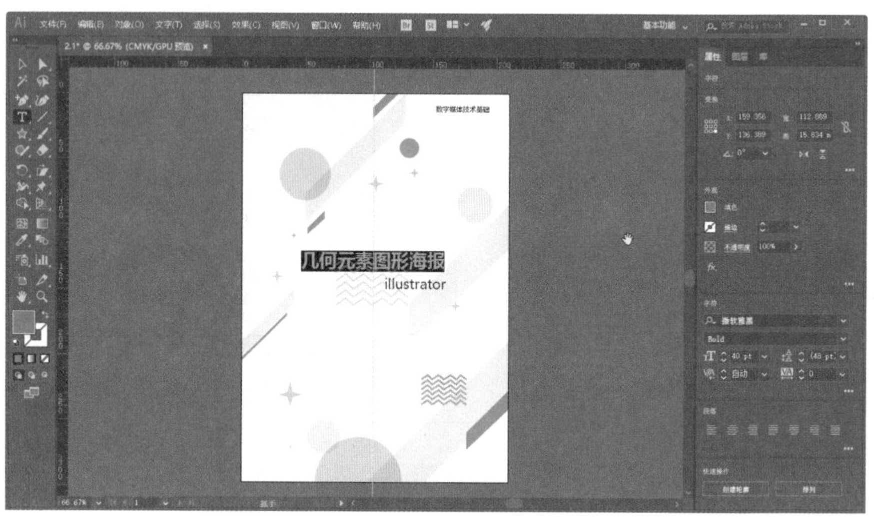

图2.1.26　创建文字

检查整体效果，按 Tab 键将关闭所有面板，只显示工作区，如图 2.1.27 所示；按 F 键可以全屏显示查看效果。

图2.1.27　查看效果

2.1.4　保存工程文件与导出图片

1. 保存工程文件

选择菜单栏中的“文件”→“存储”（组合键为 Ctrl+S）、“存储为”（组合键为 Shift+Ctrl+S）、“存储为副本”（组合键为 Alt+Ctrl+S）选项均可保存工程文件，如图 2.1.28 所示。

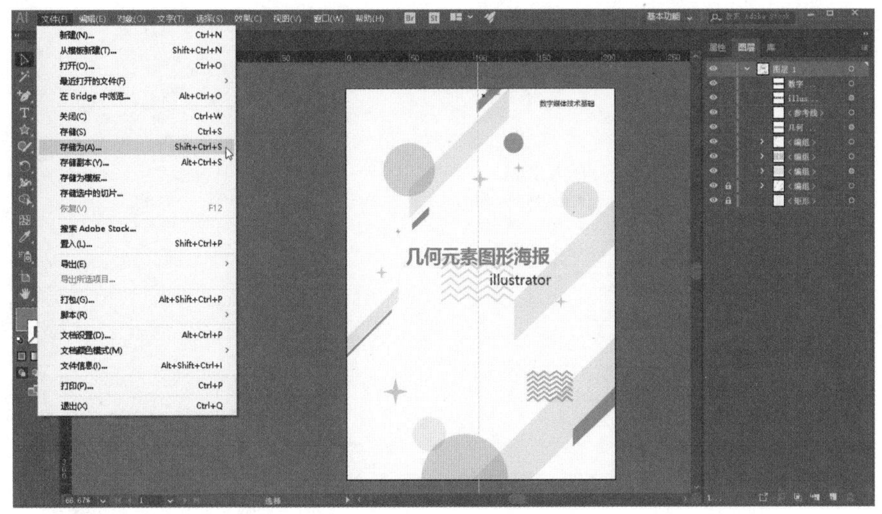

图2.1.28　选择存储方式

在弹出的“存储为”对话框中设置保存位置、名称，选择保存类型。其中 Adobe Illustrator（*.AI）为 AI 工程文件；若需要导入其他软件，通常会选择 Illustrator EPS（*.EPS）类型，如图 2.1.29 所示。

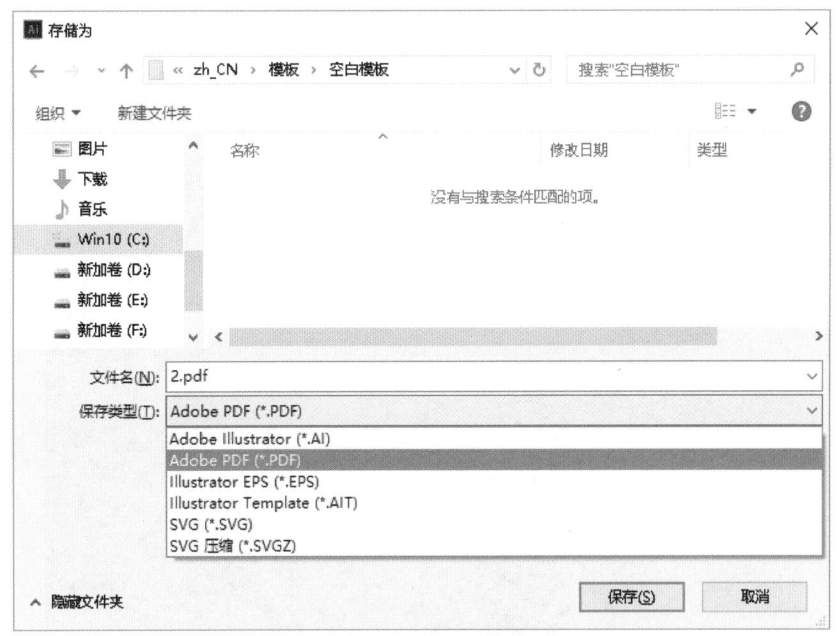

图2.1.29　选择保存类型

保存为 *.EPS 格式时，可以选择保存画板的数量，如图 2.1.30 所示。

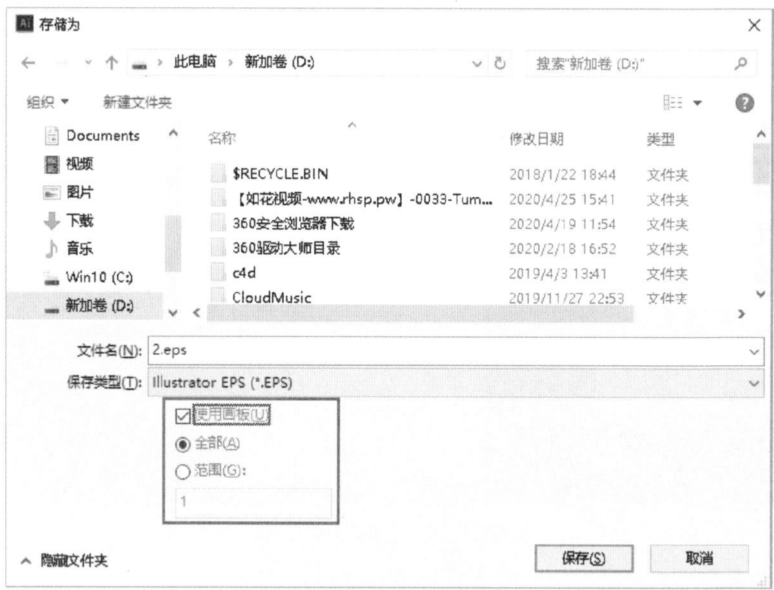

图2.1.30 选择保存面板

保存为 *.PDF 格式时，在弹出的对话框中的“常规”选项卡中取消选中“保留 Illustrator 编辑功能”复选框，如图 2.1.31 所示。在“安全性”选项卡中可以设置密码。

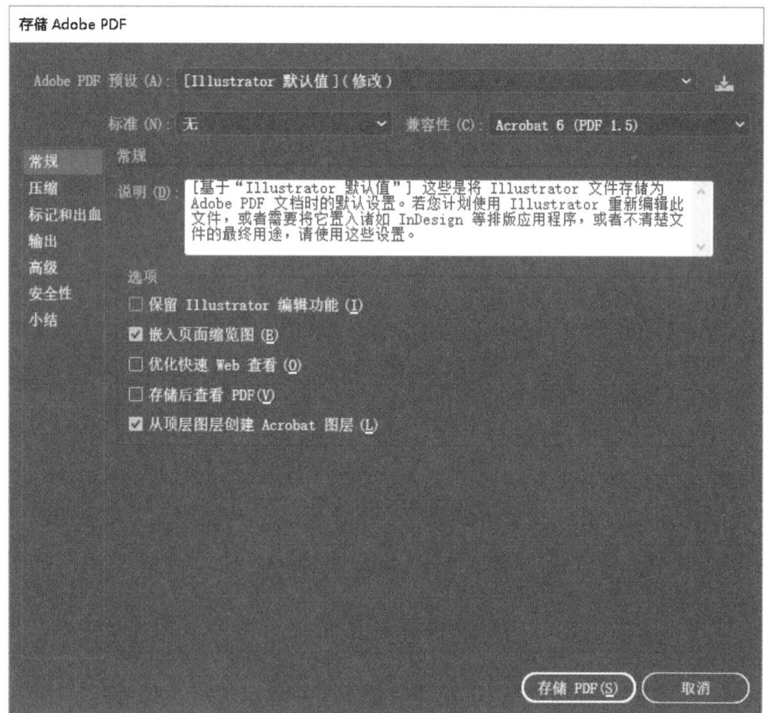

图2.1.31 取消选中“保留Illustrator编辑功能”复选框

2. 导出图片

01 选择菜单栏中的“文件”→“导出”→“导出为”选项，在弹出的“导出”对话框中设置保存位置和名称。导出图片通常选择 .jpg 或 .bmp 格式，如图 2.1.32 所示。

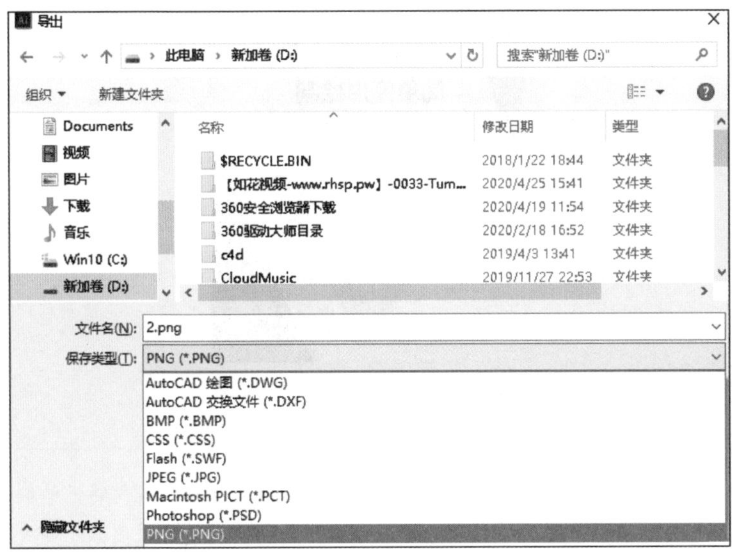

图2.1.32　选择导出格式

02 单击“导出”按钮，在弹出的“JPEG 选项”对话框中将“品质”和“分辨率”设为最高，如图 2.1.33 所示。完成设置后单击“确定”按钮输出图片。

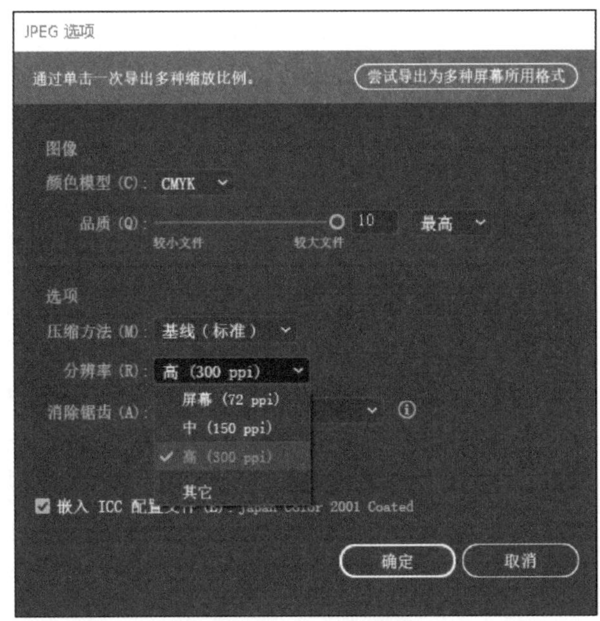

图2.1.33　输出设置

实训练习2-1：制作几何图形元素海报

制作如图 2.1.34 所示的几何图形元素海报。

图 2.1.34　几何图形元素海报

知识窗：矢量图与位图

矢量图也称为面向对象的图像或绘图图像，是根据图形的几何特性绘制的，只能靠软件生成，文件占用内在空间较小。矢量图的特点是放大后图像不会失真，和分辨率无关，常用于图案、标志、VI、文字等设计，常用的矢量图绘制软件有 CorelDraw、Illustrator、Freehand、XARA、CAD 等。

位图由一个一个的像素组成。将图案放大后，会看到构成图像的像素点。位图能够表现色彩的变化和颜色的细微过渡，达到逼真的效果；缺点是在保存时需要记录每一个像素的位置和颜色值，占用较大的存储空间。常用的位图处理软件有 Photoshop（同时也包含矢量功能）、Painter 和 Windows 操作系统自带的画图工具等。

学习评价

进行学习评价，由学生自我评价、小组互评、教师评价相结合。

任务2.1：制作几何元素图形海报				日期		
评价内容	自我评价			小组互评		
	完全掌握	基本掌握	未掌握	完全掌握	基本掌握	未掌握
认识各个工作区的功能						
了解基本工具的用途						
掌握软件的基本操作						
能绘制简单的几何图形						
了解制作的基本流程						
教师评价：						

任务 2.2 使用钢笔工具与渐变工具绘制简单图形

任务描述

钢笔工具属于矢量绘图工具，可以勾画出非常平滑的曲线，绘制的线条称为路径，分为开放路径和闭合路径，渐变工具用于制作色彩过渡，二者结合使用可以绘制出各种简单或复杂的图形。钢笔工具和渐变工具的使用并不复杂，更多是依靠使用者的美术基础。

任务目标

1）掌握钢笔工具的基本操作，能绘制简单的图形；
2）能添加、调整线性渐变和径向渐变；
3）了解混合工具的使用方法；
4）能分割、合并图形；
5）了解相关功能面板的调整选项的作用。

微课：钢笔工具与渐变工具

本任务的要求是绘制如图 2.2.1 所示的图形。

图2.2.1 简单的图形

2.2.1 建立画板

新建 1920×1080 像素的画板，如图 2.2.2 所示。

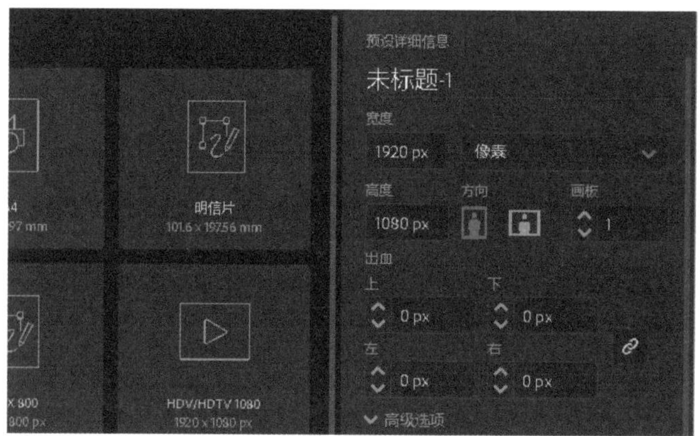

图2.2.2 新建画板

2.2.2 绘制背景线条

1. 绘制曲线

01 绘制一个浅灰色的矩形作为背景。

02 使用“钢笔工具”绘制 2 条曲线，关闭填充，选择描边颜色，在“属性”面板中将描边宽度设置为 2，如图 2.2.3 所示。

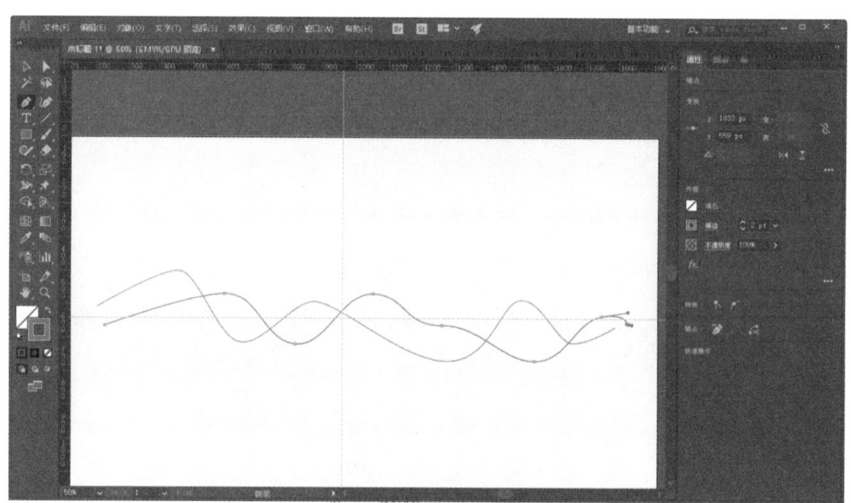
图2.2.3 绘制曲线

03 绘制时按住鼠标左键并左右拖动，会拉出锚点手柄，通过手柄可以修改曲线弯曲的幅度，如图 2.2.4 所示。

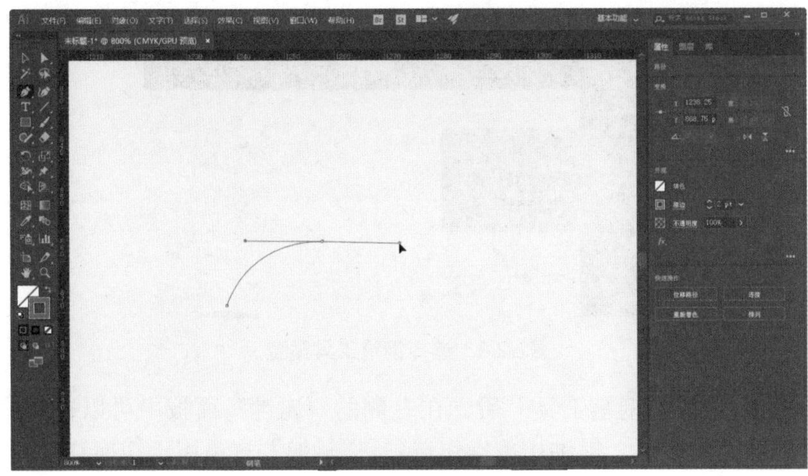

图2.2.4　锚点手柄

2. 调整曲线形状

01 使用“直接选择工具”选择锚点，拖动锚点手柄调整曲线形状，如图 2.2.5 所示。按住 Alt 键再拖动手柄，可以只调整一侧的手柄。

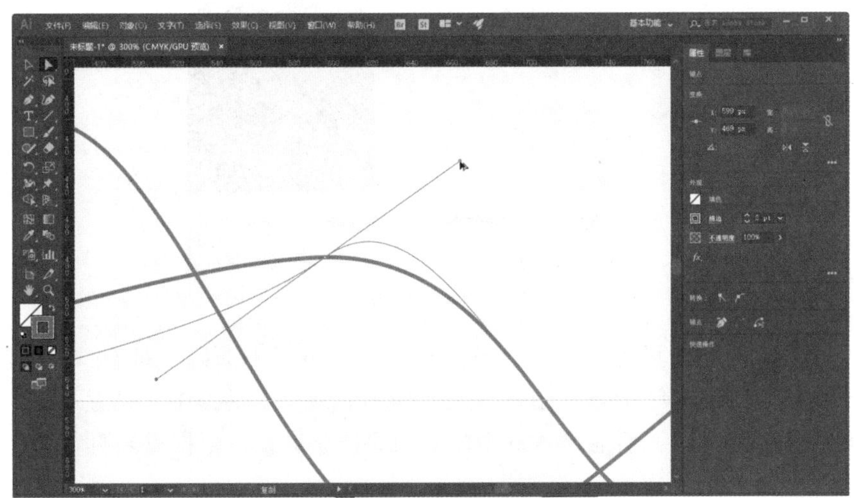

图2.2.5　调整形状

02 长按工具箱中的“钢笔工具”按钮，弹出的下拉列表如图 2.2.6 所示。其中，“锚点工具”用于控制锚点手柄，单击锚点可以关闭手柄，按住锚点不放左右拖动可以拉出手柄。

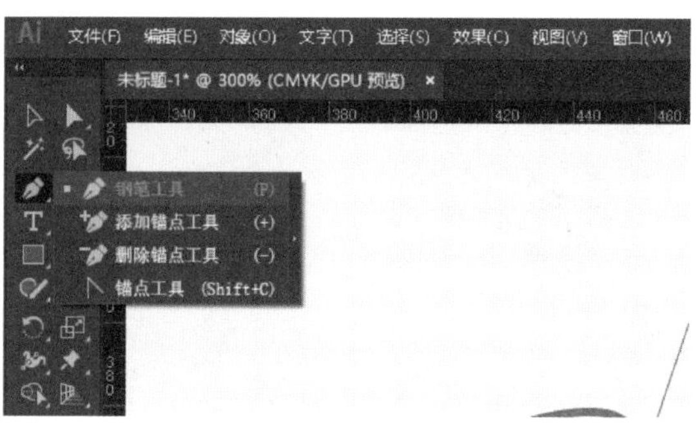

图2.2.6 选择钢笔工具类型

03 选择“钢笔工具”后，在右侧的“属性”面板中可以查看曲线和所选锚点的信息，提供相关操作选项。“转换”选项用于切换锚点状态，如图 2.2.7 所示。

图2.2.7 钢笔工具的“属性”面板

3. 混合工具

01 使用选择工具框选 2 条曲线，在菜单栏中选择“对象”→“混合”→“混合选项”选项，在弹出的“混合选项”对话框中，设置“间距”为“指定的步数”，后面文本框中的数值是线条数量，根据需要设置即可，如图 2.2.8 所示。

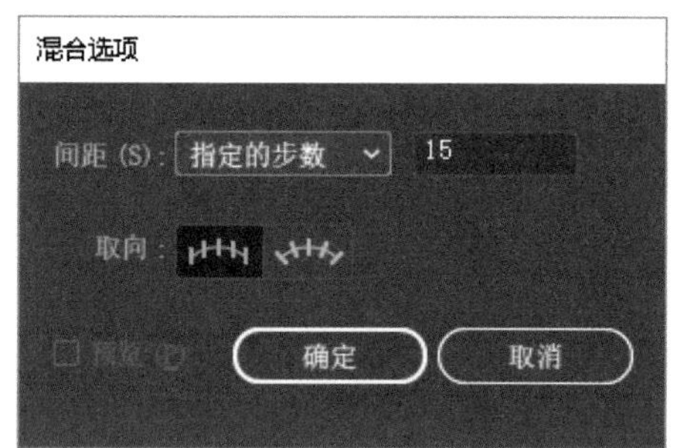

图2.2.8 设置混合参数

02 在菜单栏中选择“对象”→“混合”→“建立”选项，生成条纹，如图 2.2.9 所示。

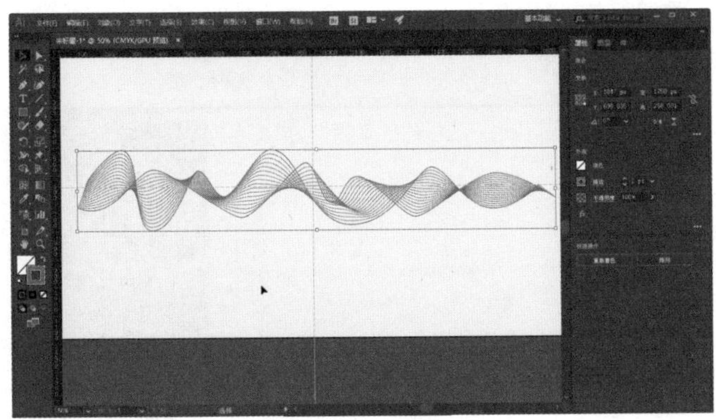

图2.2.9 生成条纹

03 软件的工具箱中提供了“混合工具”。双击“混合工具”也可以弹出“混合选项”对话框进行设置，单击“确定”按钮后鼠标指针会发生变化，让用户选择混合对象，如图 2.2.10 所示，选择的位置不同，最后得到的图形形状也会不同。

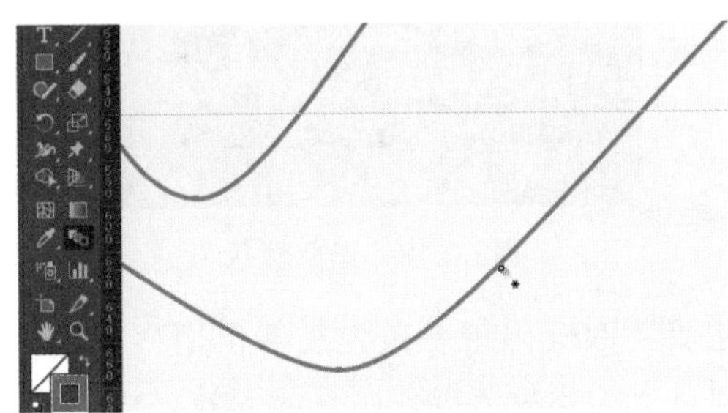

图2.2.10 选择混合对象

4. 制作渐变效果

01 选择曲线组，双击工具箱中的“渐变工具”，打开“渐变”面板，设置“类型”为“线性”，如图 2.2.11 所示。

图2.2.11 “渐变”面板

02 参数调整如图 2.2.12 所示，单击横条下方的建立节点，单击颜色节点选择颜色，有“颜色”和“色板”两种选色方式，如图 2.2.13 所示。往外拖动删除节点。

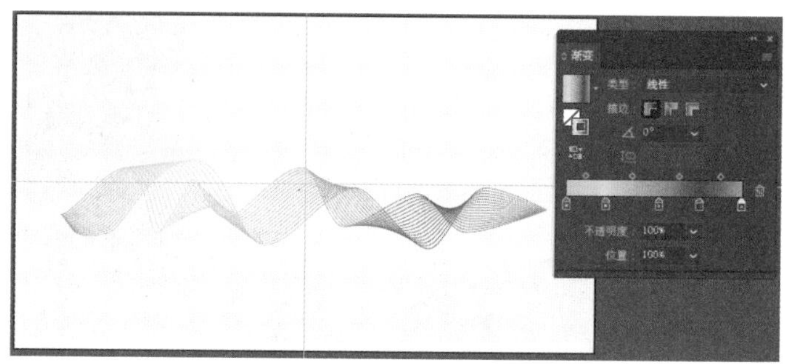

图2.2.12 添加渐变色

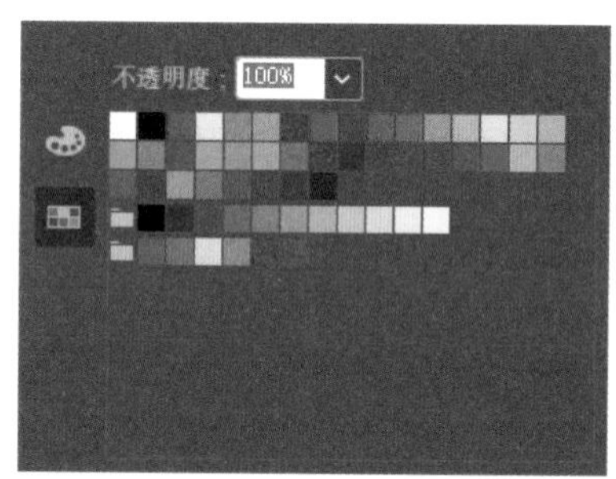

图2.2.13 选取颜色

使用“渐变工具”时会出现一条控制条供用户操作，通过拉伸、旋转控制条，拖动控制条上的颜色节点来调整渐变效果，如图 2.2.14 所示。

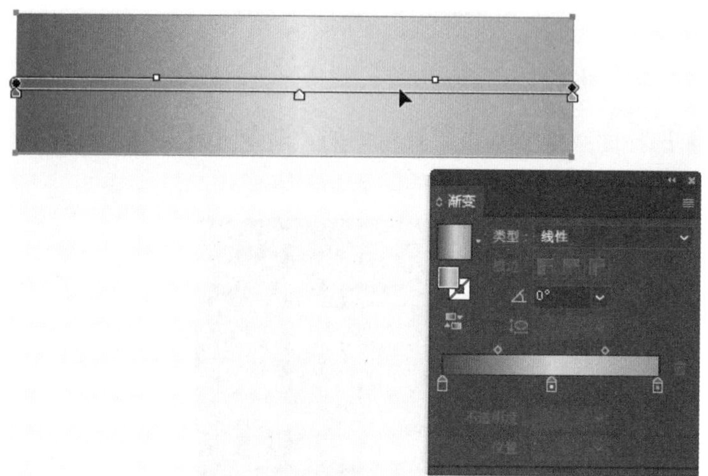

图2.2.14 渐变控制条

5. 制作阴影

01 使用“椭圆工具”（矩形工具组中）绘制椭圆，取消描边，添加渐变。渐变类型为“径向”，指示条两端为黑色，如图 2.2.15 所示。

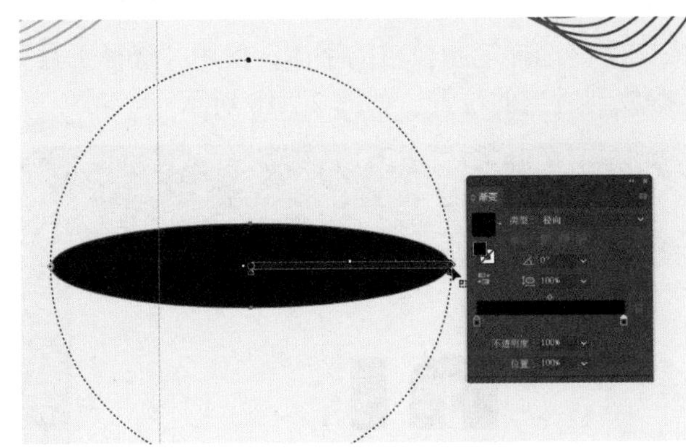

图2.2.15　添加中心渐变

02 将外端渐变滑块颜色的不透明度设为 0，调低长宽比，观察效果，最后调低渐变中心点的不透明度，如图 2.2.16 所示。

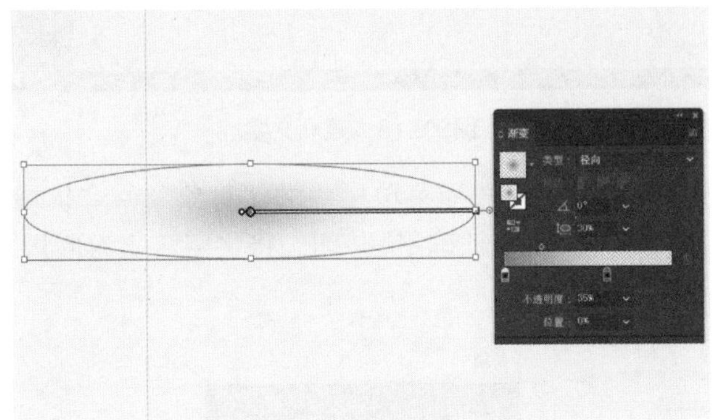

图2.2.16　通过不透明度制作阴影效果

03 复制并摆放好阴影位置，可以在“属性”面板中调整不透明度，修改阴影大小和强度，如图 2.2.17 所示。

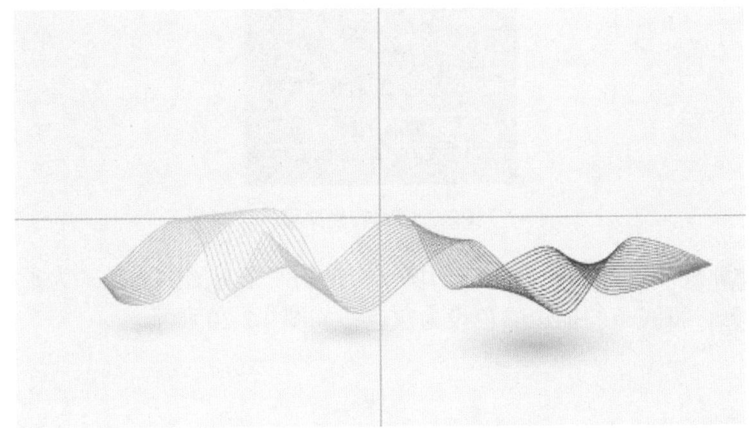

图2.2.17　调整阴影大小和强度

2.2.3 制作渐变文字

01 输入文字，选择笔画较粗的字体，使用“选择工具”调整大小和位置，将文字摆放到适当的位置，如图 2.2.18 所示。

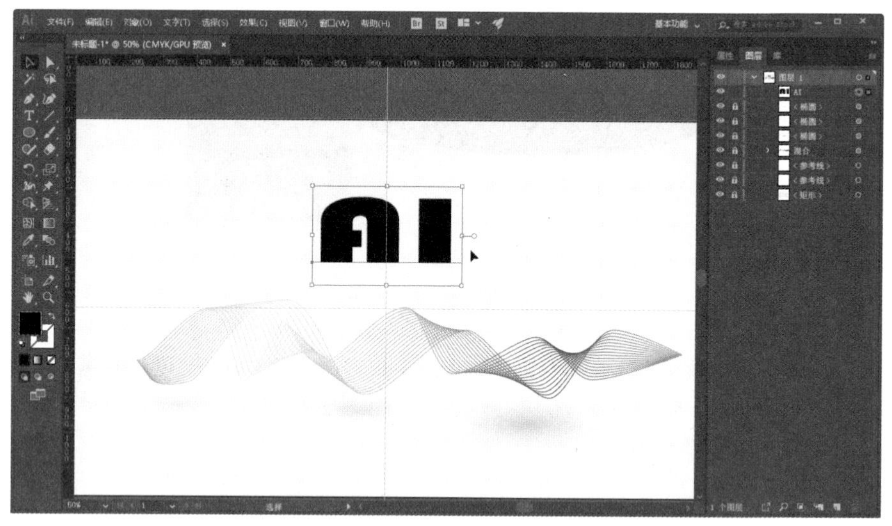

图2.2.18 建立文字

02 选中文字层，再选择菜单栏中的“对象”→“扩展”选项，在弹出的“扩展”对话框中单击“确定”按钮，将文字转化为形状，便于编辑，如图 2.2.19 所示。

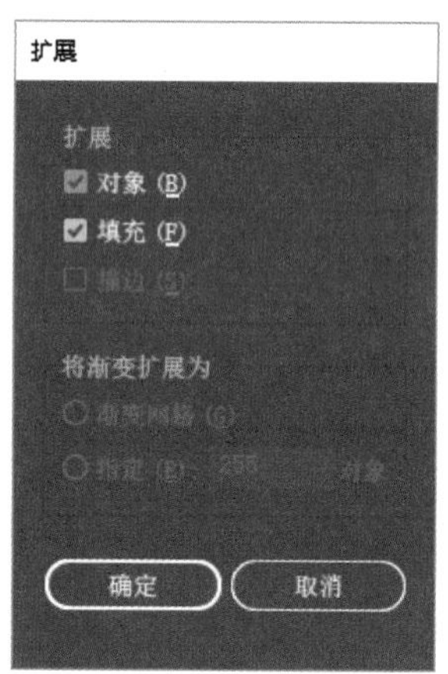

图2.2.19 转换文字

03 使用“画笔工具”取消填充，绘制两条封闭的线条，为了与文字图层区分，将线条的描边颜色设为灰色，如图 2.2.20 所示。

图2.2.20　绘制封闭线条

04 在菜单栏的“窗口”菜单中打开“路径查找器”面板，如图 2.2.21 所示。选择文字和线条，单击“路径查找器”面板中的“分割”按钮。

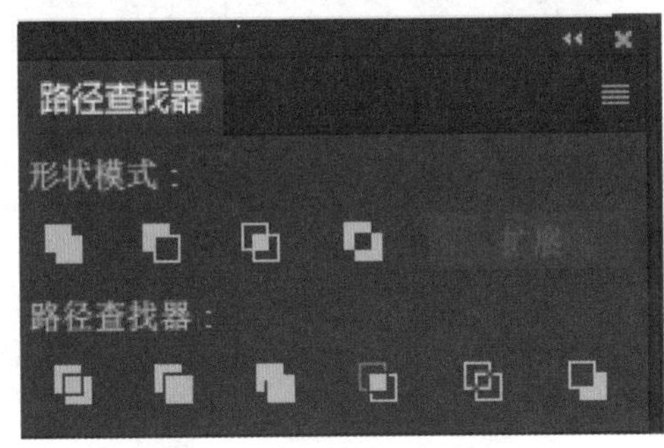

图2.2.21　“路径查找器”面板

05 右击文字，在弹出的快捷菜单中选择“取消编组”选项，此时文字被绘制的曲线切割成了几部分，选择不需要的线条，按 Delete 键删除，如图 2.2.22 所示。

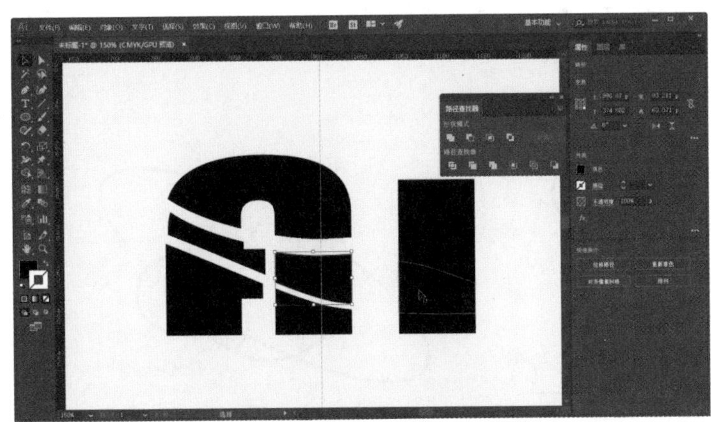

图2.2.22　切割图形效果

06 对需要放在一起添加渐变的部分，可以按住 Shift 键加选，再按住 Alt 键单击“路径查找器”面板中的“联集”按钮进行合并，如图 2.2.23

所示。将鼠标指针放在图标上会有相应的提示。

图2.2.23 合并操作

07 将切割出来的文字碎片合并成 3 部分，分别添加渐变，完成全部制作，如图 2.2.24 所示。

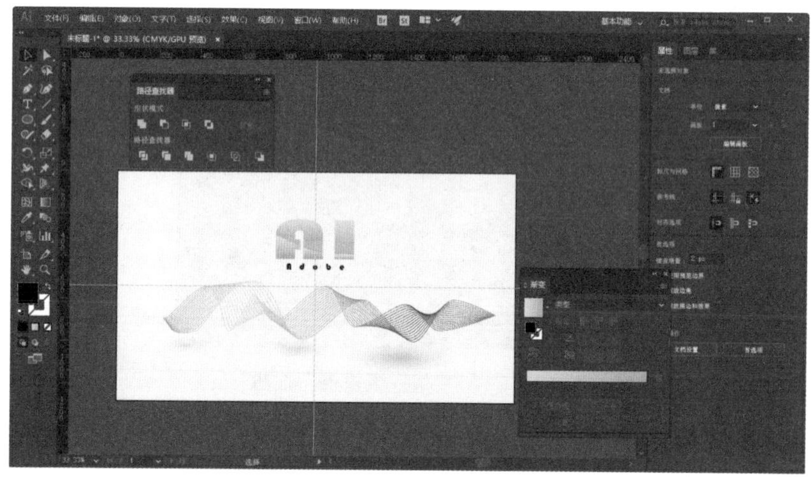

图2.2.24 完成制作

实训练习2-2：制作手绘卡通画

制作如图 2.2.25 所示的手绘卡通画。

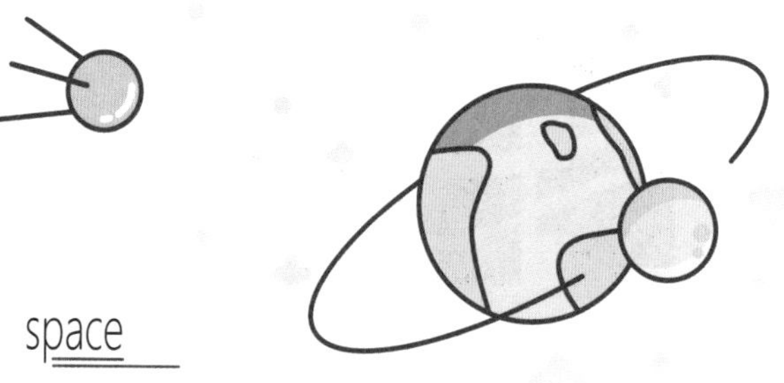

图2.2.25 手绘卡通画

学习评价☞

进行学习评价，由学生自我评价、小组互评、教师评价相结合。

<table>
<tr><td colspan="5">任务2.2：使用钢笔工具与渐变工具绘制简单图形</td><td>日期</td><td></td></tr>
<tr><td rowspan="2">评价内容</td><td colspan="3">自我评价</td><td colspan="3">小组互评</td></tr>
<tr><td>完全掌握</td><td>基本掌握</td><td>未掌握</td><td>完全掌握</td><td>基本掌握</td><td>未掌握</td></tr>
<tr><td>掌握钢笔工具的基本操作，能绘制简单图形</td><td></td><td></td><td></td><td></td><td></td><td></td></tr>
<tr><td>能添加、调整线性渐变和径向渐变</td><td></td><td></td><td></td><td></td><td></td><td></td></tr>
<tr><td>了解混合工具的使用方法</td><td></td><td></td><td></td><td></td><td></td><td></td></tr>
<tr><td>能分割、合并图形</td><td></td><td></td><td></td><td></td><td></td><td></td></tr>
<tr><td>了解相关功能面板的调整选项的作用</td><td></td><td></td><td></td><td></td><td></td><td></td></tr>
<tr><td colspan="7">教师评价：</td></tr>
</table>

任务2.3 绘制卡通画

任务描述☞

绘制一幅作品通常分为绘制素描稿和上色两个步骤。绘制素描稿主要使用形状工具、线条工具等造型工具，以及“路径查找器”面板；上色主要涉及颜色搭配，可以在配色网站上搜索一些比较好的配色方案作为参考，丰富自己的作品。

任务目标☞

1）掌握绘制作品的基本操作流程；
2）能灵活利用造型工具绘制基本形状；
3）能熟练操作鼠标绘制图形；
4）了解配色方案的选择；
5）能制作颜色组并给作品上色。

微课：绘制卡通画

本任务的要求是绘制如图 2.3.1 所示的卡通画。

图2.3.1 卡通画

2.3.1 制作颜色组

01 新建一个长、宽分别为 1000 像素的画布。

02 在画板边缘或画板外绘制一系列无边框矩形，填充色选择本案例中需要用到的颜色，如图 2.3.2 所示。颜色可以手动选取，也可以使用“混合工具”制作相同色系的渐变色。

图2.3.2　选取颜色

如果不熟悉色彩的搭配，可以在网络上搜索合适的配色方案，如图 2.3.3 所示。

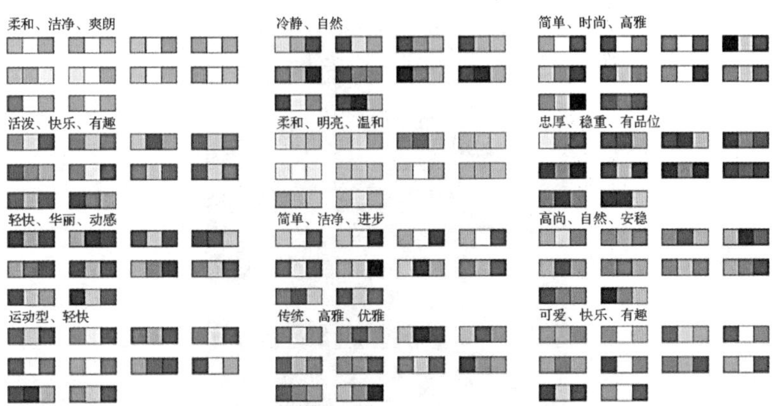

图2.3.3　配色方案

03 选择菜单栏中的“窗口”→“色板”选项，打开“色板”面板，如图 2.3.4 所示。

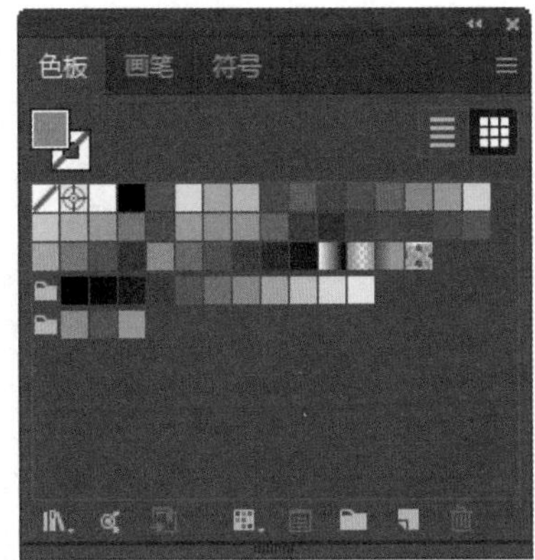

图2.3.4　“色板”面板

04 使用“选择工具”选中所有的色块，单击“色板”面板中的“新建颜色组”按钮，弹出“新建颜色组”对话框，如图 2.3.5 所示，用户可对该颜色组命名。

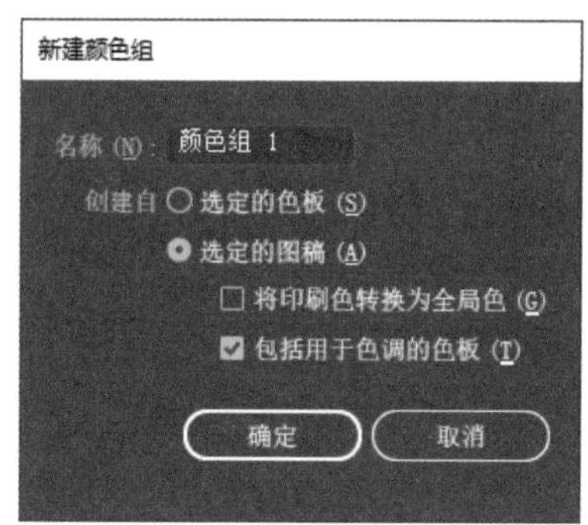

图2.3.5 “新建颜色组”对话框

05 在“色板”面板中生成新建的颜色组，如图 2.3.6 所示，在制作渐变色或填充颜色时可以方便快捷地选取颜色。

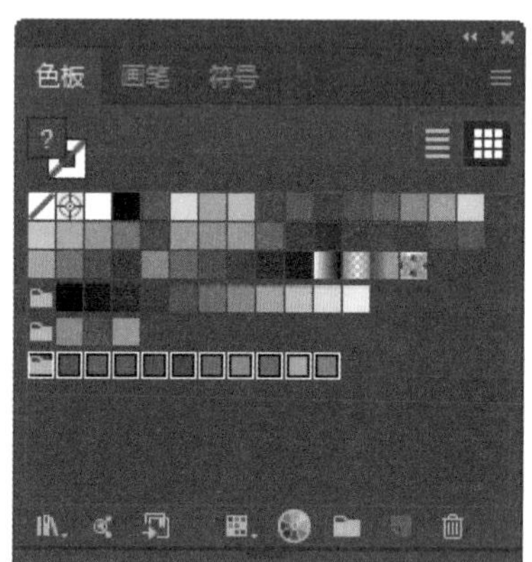

图2.3.6 新建立的颜色组

06 将主界面右侧的面板切换到“图层”面板，双击名称，将该图层命名为“颜色”，如图 2.3.7 所示。

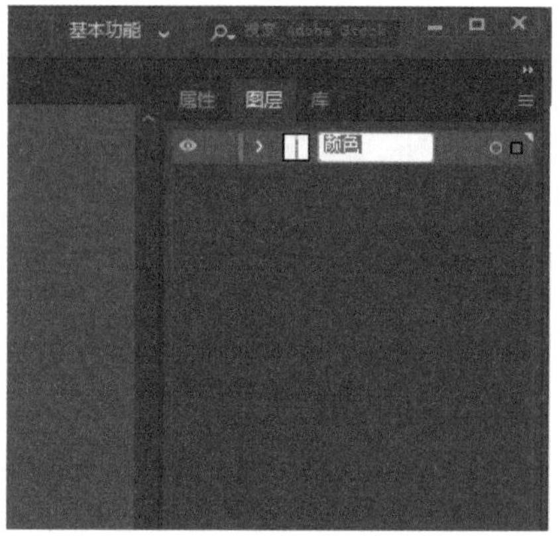

图2.3.7 修改图层名称

2.3.2 绘制太阳

1. 绘制圆形

01 单击“图层”面板中的“创建新图层”按钮，并将新建图层命名为“太阳”，如图 2.3.8 所示。

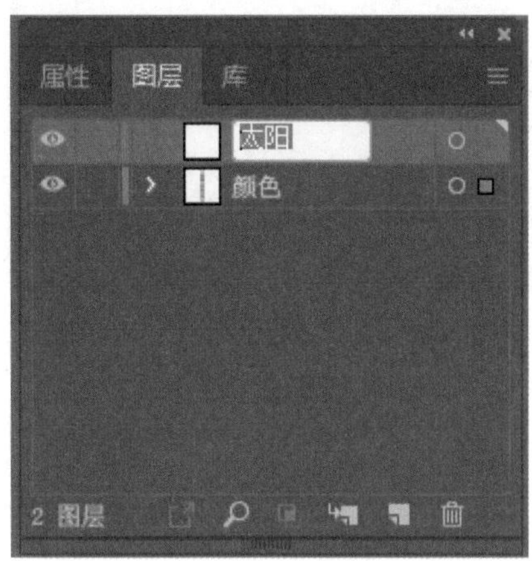

图2.3.8　新建图层

02 选择左侧工具箱中的“椭圆工具”，单击画布，在弹出的“椭圆”对话框中将宽度和高度设为 800，建立一个正圆，如图 2.3.9 所示，单击“确定”按钮。然后使用“选择工具”将圆放到画布正中。

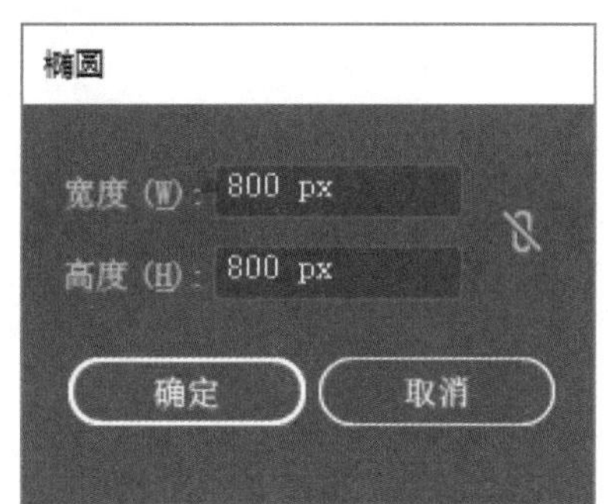

图2.3.9　“椭圆”对话框

03 若需要精确调整，可以在选择对象后，在“属性”面板中查看、设置参数，如图 2.3.10 所示。

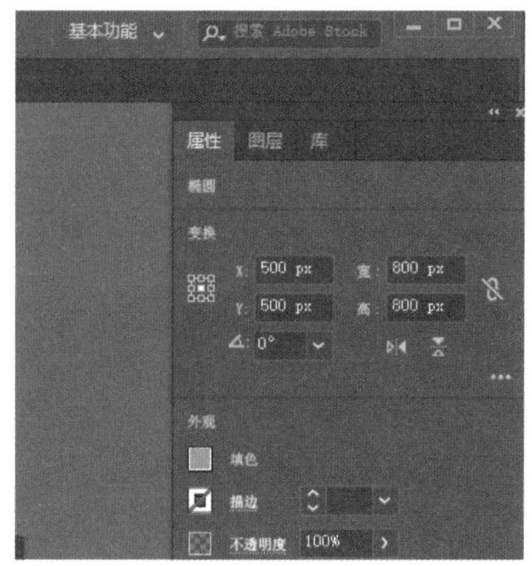

图2.3.10　在“属性”面板中查看参数

2. 制作渐变

01 选择圆形，在工具栏中将填色切换到“渐变”（快捷键为 >），如图 2.3.11 所示；双击渐变工具，打开“渐变”面板，如图 2.3.12 所示。

图2.3.11　切换渐变效果

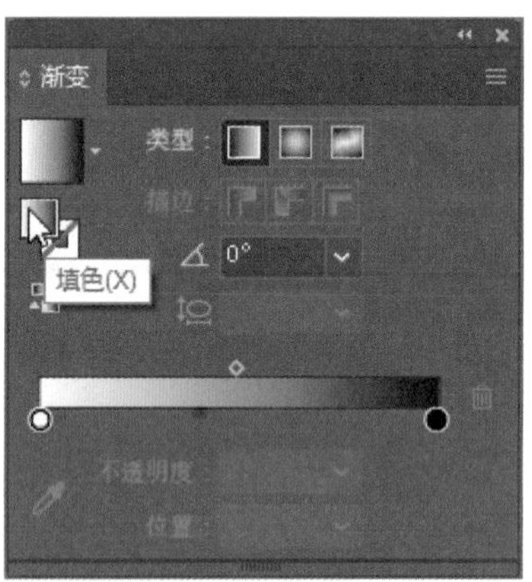

图2.3.12　“渐变”面板

02 渐变类型设为“径向渐变”，通过控制条调整渐变效果，双击“渐变”面板中的颜色滑块选择渐变颜色，选择颜色时切换到“色块”模式可以看到自定义生成的颜色组，效果如图 2.3.13 所示。

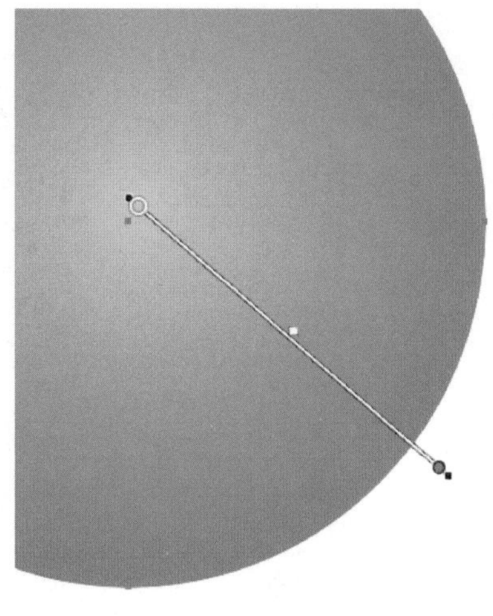

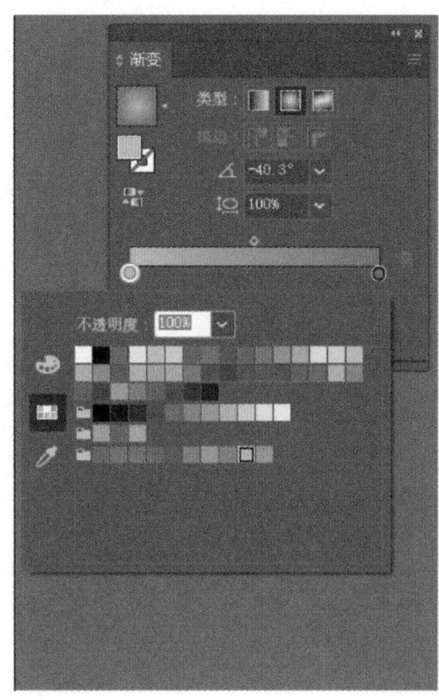

图2.3.13　调整渐变效果

3. 制作太阳光晕

01 选择圆形，使用 Ctrl+C 组合键复制图形，使用 Ctrl+F 组合键原位粘贴图形，在“属性”面板中将复制的圆的宽高修改为 650，如图 2.3.14 所示。使用同样的方法绘制 3 个同心圆，效果如图 2.3.15 所示。

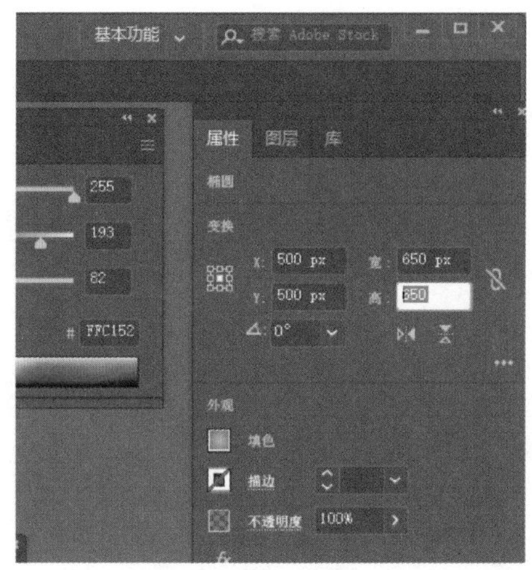

图2.3.14　绘制同心圆

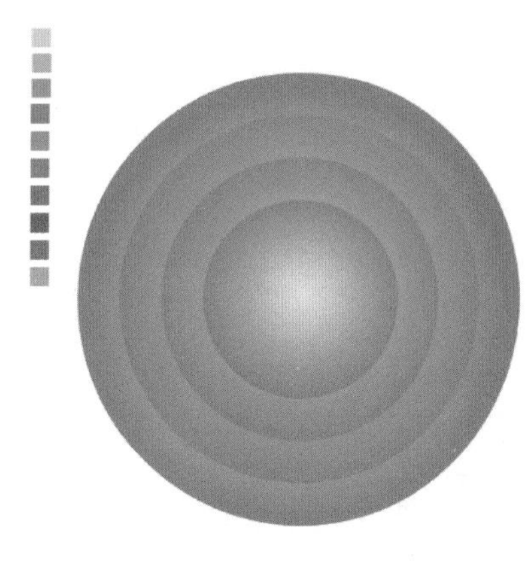

图2.3.15　调整效果

02 将中心的圆填充为红色，完成太阳的绘制，如图 2.3.16 所示。

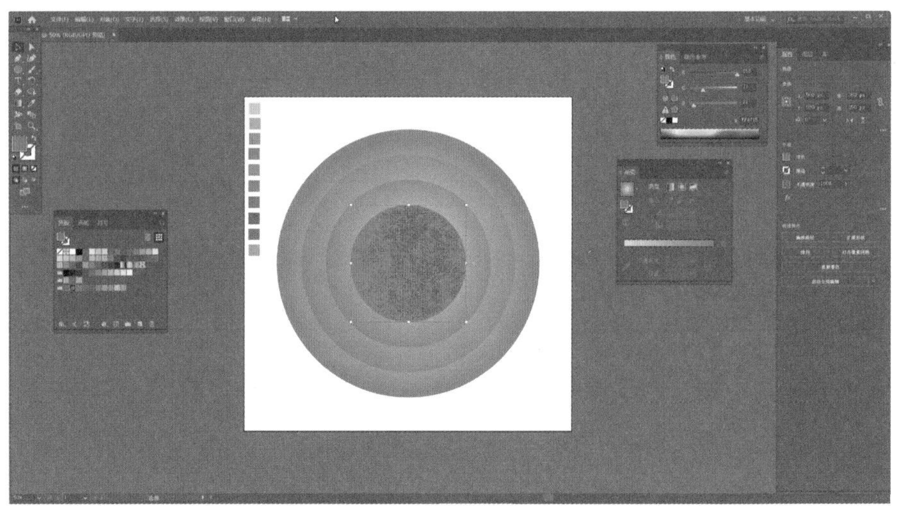

图2.3.16 完成太阳的绘制

2.3.3 绘制水面及波纹

1. 绘制水面

01 创建新图层，命名为“水面”，复制一个大圆，放到该图层中，填充为蓝色，如图 2.3.17 所示。为防止位置偏移，可在“太阳”图层中原位复制，再将复制的图层拖到“水面”图层中。

图2.3.17 复制圆形

02 选择左侧工具箱中的“直接选择工具”，选中圆形上方的锚点，按 Delete 键删除，生成半圆，如图 2.3.18 所示。也可以使用“路径查找器”面板绘制半圆。

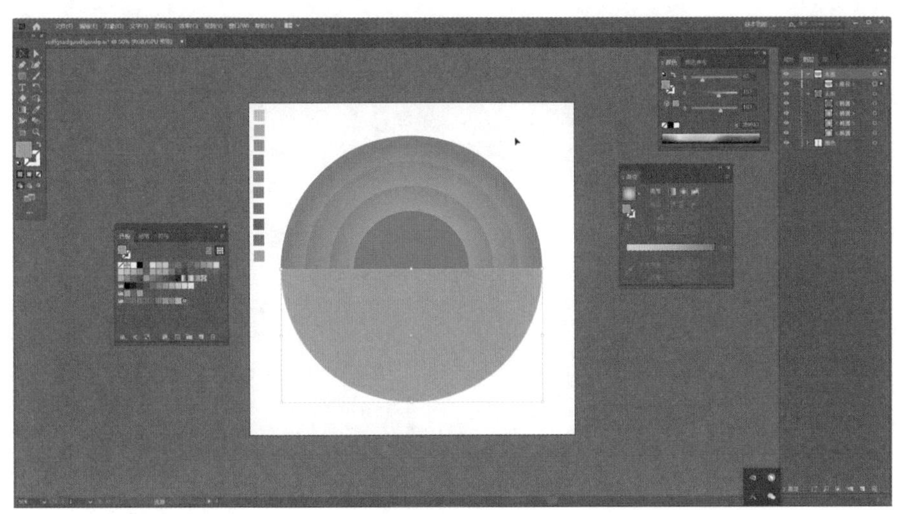

图2.3.18　绘制半圆

2. 绘制水面波纹

01 绘制一个长 350、宽 40 的无边框矩形，填充色选择白色，在两端绘制两个半径为 40 的圆形，放到太阳与水面相接处。选择矩形和两端的圆形，按住 Alt 键向下拖动复制一组，如图 2.3.19 所示。

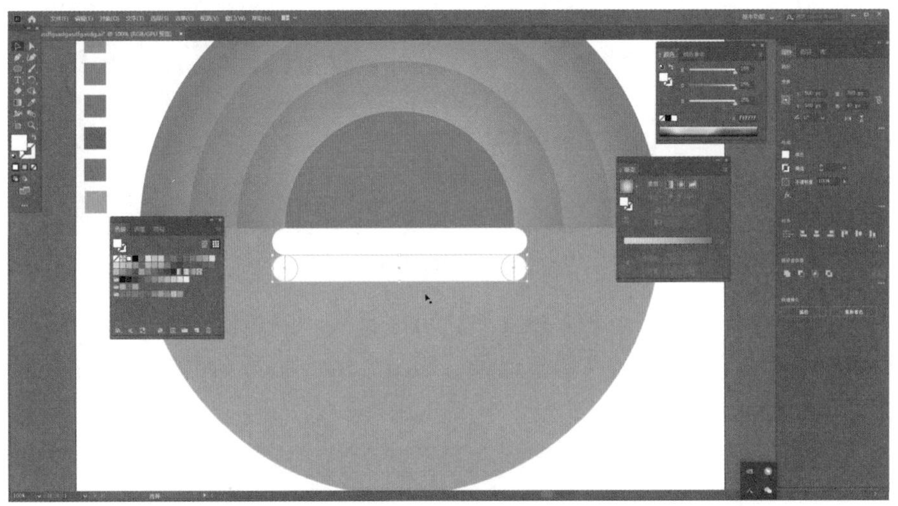

图2.3.19　绘制基本形状

02 打开“路径查找器”面板，选择第一组矩形和圆形，单击“路径查找器”面板中的“减去顶层”按钮，生成两端内凹的形状；选择第二组圆和矩形，单击“路径查找器”面板中的“联级”按钮，生成两端外凸的形状，最终形成水波的基本形状如图 2.3.20 所示。

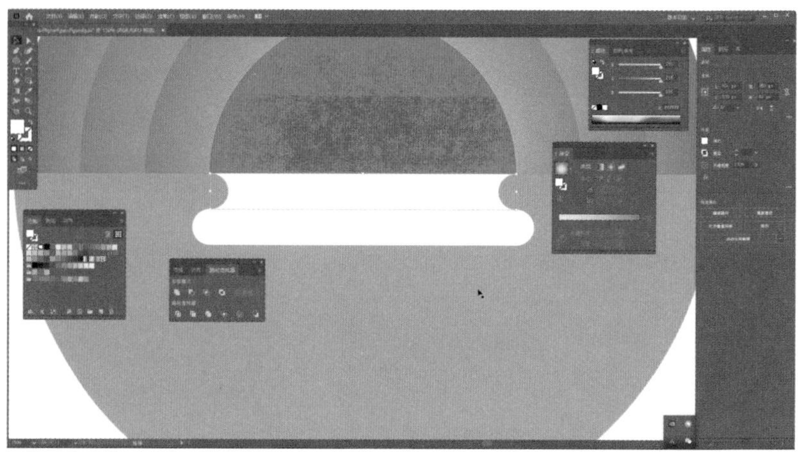

图2.3.20　生成水波的基本形状

03 复制粘贴两个基本形状，制作出倒影形状，如图 2.3.21 所示。

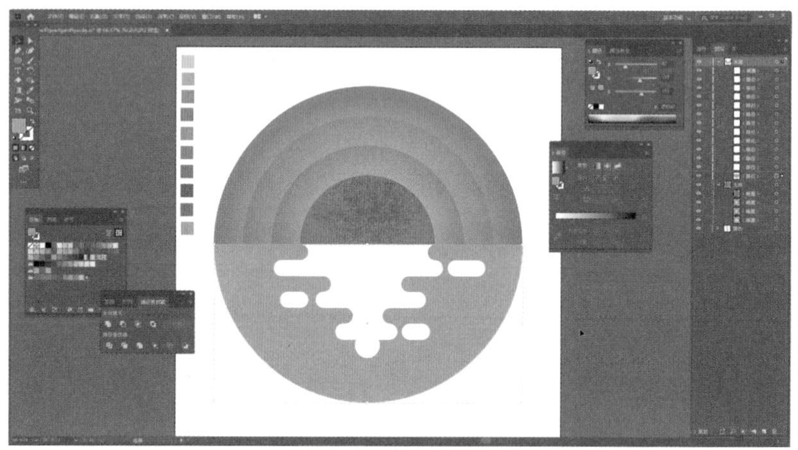

图2.3.21　完成倒影绘制

04 使用“选择工具”，双击可以进入“隔离模式”，再使用“直接选择工具”选择锚点调整形状，如图 2.3.22 所示，调整完成后按 Esc 键退出“隔离模式”。

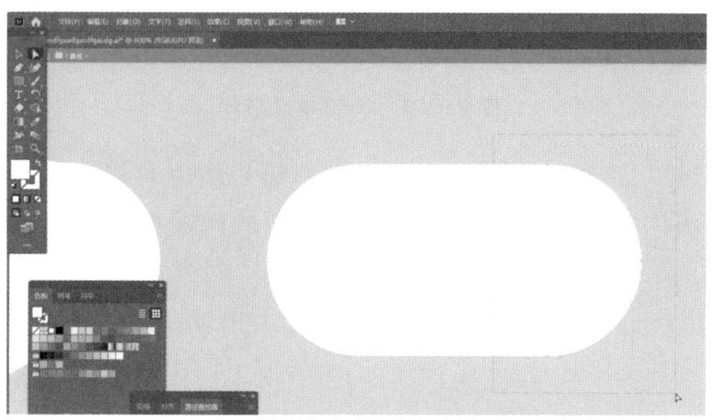

图2.3.22　隔离模式下调整形状

3. 制作渐变效果

01 选择所有条块，按住 Alt 键单击“路径查找器”面板中的“联级”按钮创建复合形状，如图 2.3.23 所示。

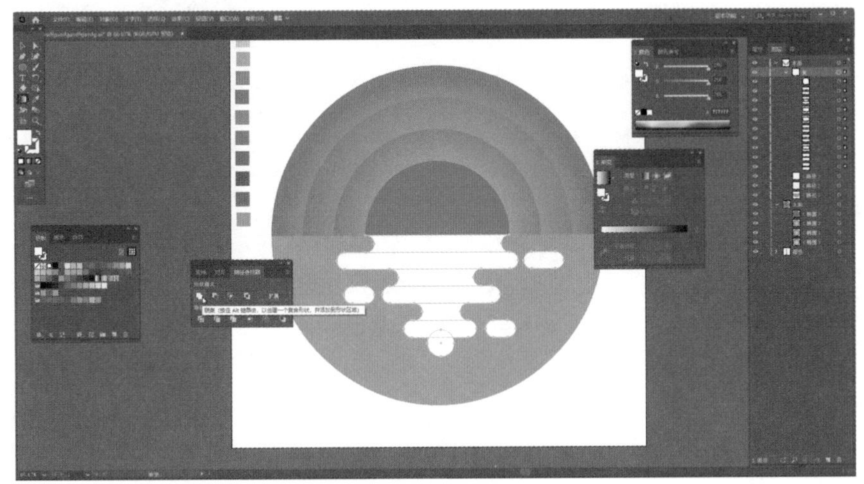

图2.3.23 生成复合形状

02 选择复合形状，将填充效果切换到渐变，使用“渐变工具”绘制出渐变效果，将渐变色都设置为白色，如图 2.3.24 所示。

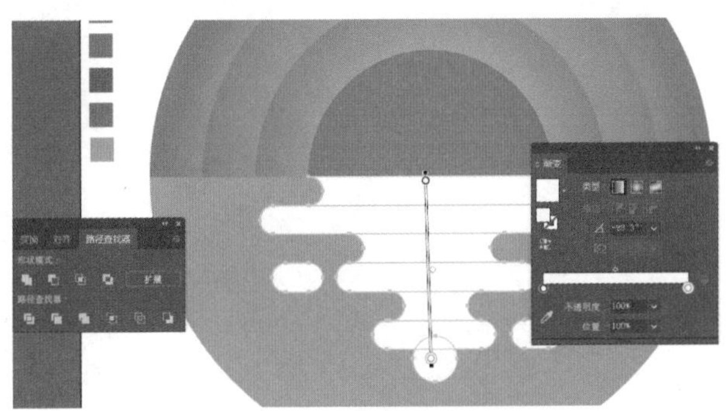

图2.3.24 添加渐变效果

03 选择上端的渐变滑块，将不透明度设为 50%；选择下端的渐变滑块，设置不透明度为 10%，如图 2.3.25 所示。

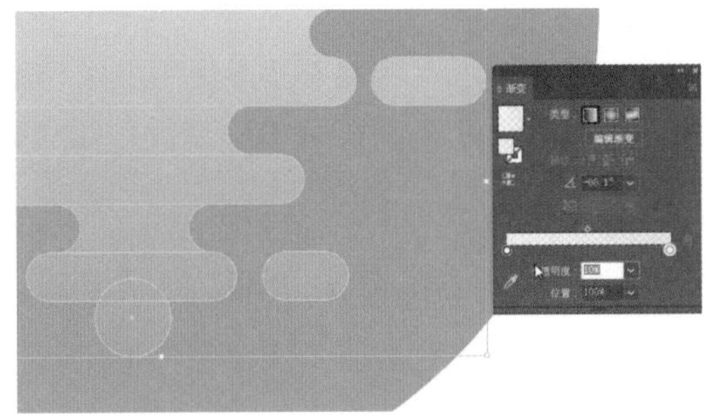

图2.3.25 调整不透明度

04 复制水波，调整大小，将其摆放在适当位置丰富水波层次，使用“直接选择工具”选取不需要的部分删除，结果如图 2.3.26 所示。

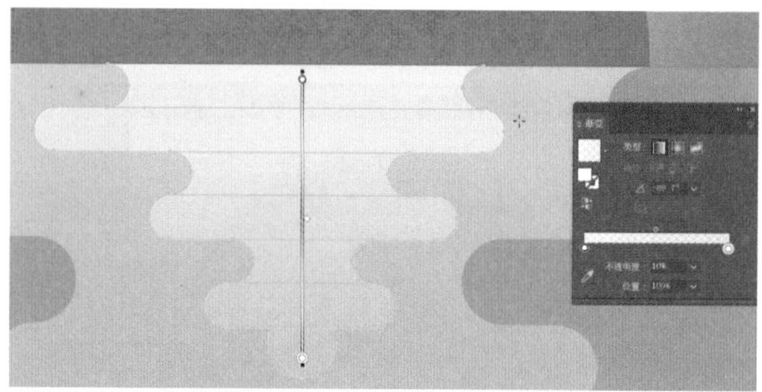

图2.3.26 制作倒影层次感

2.3.4 绘制小岛和小船

1. 绘制小岛

01 新建图层，命名为“小船和小岛”。

02 使用“钢笔工具”绘制小岛，使用不同的颜色填充，结果如图 2.3.27 所示。

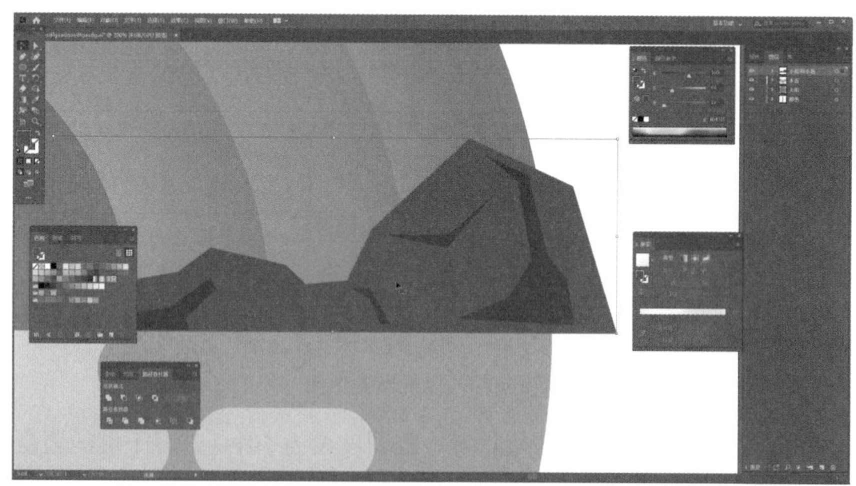

图2.3.27 绘制小岛

03 复制一个大圆，移动到“小船和小岛”图层中，选择“小船和小岛”图层中的所有元素右击，在弹出的快捷菜单中选择“建立剪切蒙版”选项，如图 2.3.28 所示。

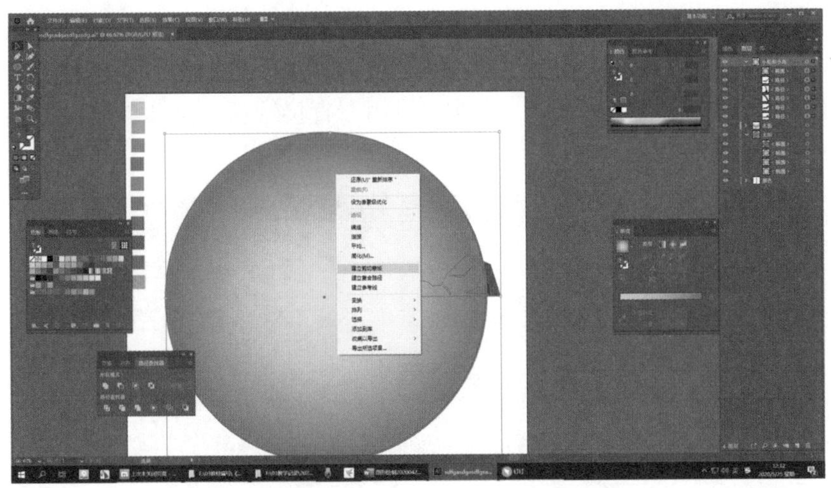

图2.3.28 选择“建立剪切蒙版”选项

04 使用剪切蒙版可以去掉多余的部分，结果如图 2.3.29 所示。

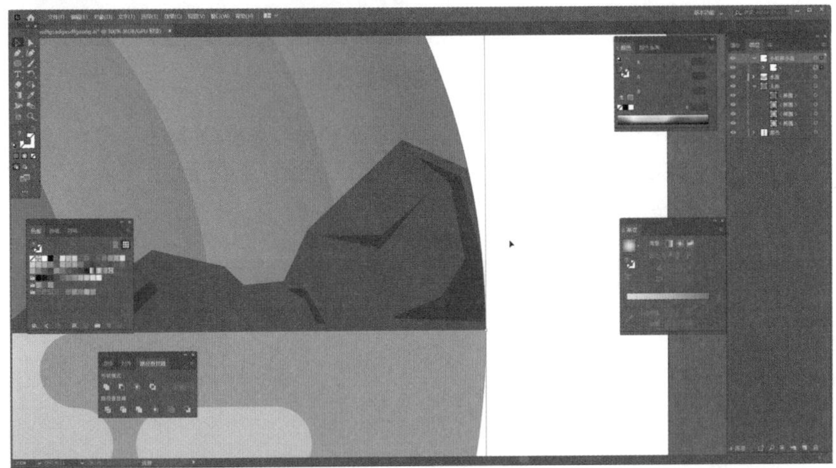

图2.3.29 去掉多余的部分

2. 绘制小船

01 使用“钢笔工具”绘制小船，绘制桅杆时需要调整圆角，可以通过拖动转角处的原点调整圆角幅度，如图 2.3.30 所示。

图2.3.30 调整圆角

02 选择左侧工具箱中的“钢笔工具”，按住鼠标左键并拖动可以拉出手柄调整弧线；按住 Alt 键，当鼠标指针变为▶形状时，可以单独调整一边的手柄，如图 2.3.31 所示。此外，使用“直接选择工具”也可以调整弧线的形状。

图2.3.31 绘制船帆的弧线

03 选择小船的所有组件右击，在弹出的快捷菜单中选择“编组”选项，或使用“路径查找器”面板合并图形，如图 2.3.32 所示。调整小船大小并摆放到适当的位置。

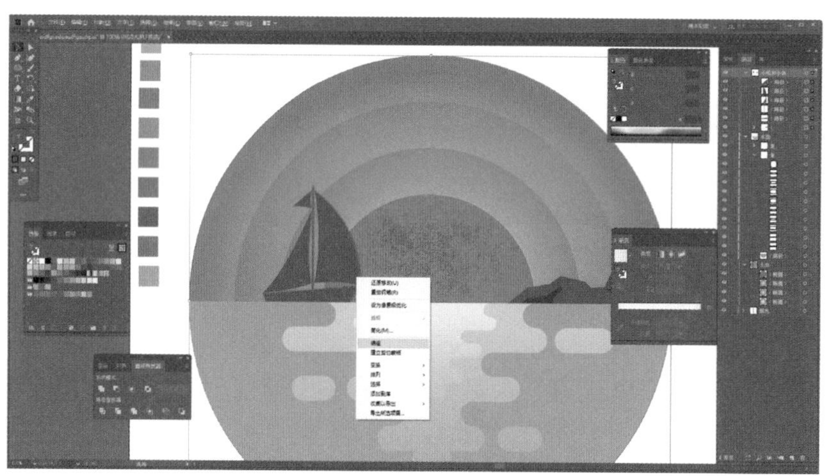

图2.3.32 完成小船绘制

2.3.5 绘制云层

01 新建图层，命名为“云层”。使用绘制水面波纹的方式绘制云层，如图 2.3.33 所示。

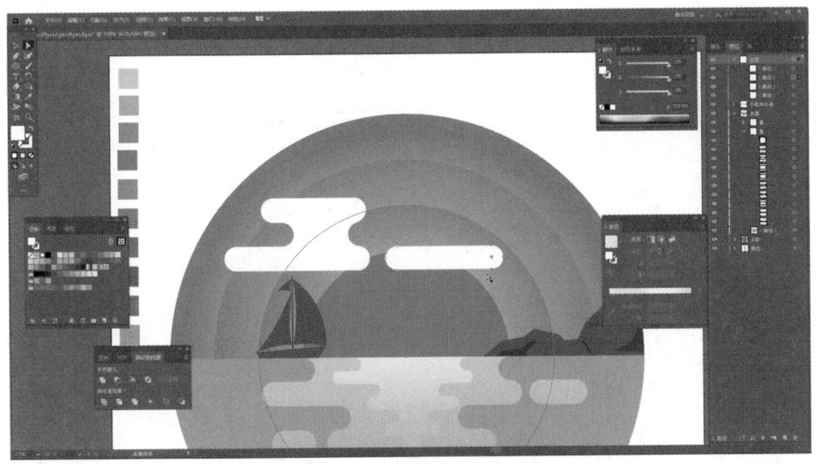

图2.3.33 绘制云层基本形状

02 绘制时可以复制“水面”图层中的元素，在“图层”面板中进行复制、移动更为方便，如图 2.3.34 所示。后方标注为◎■的对象表示已选中。

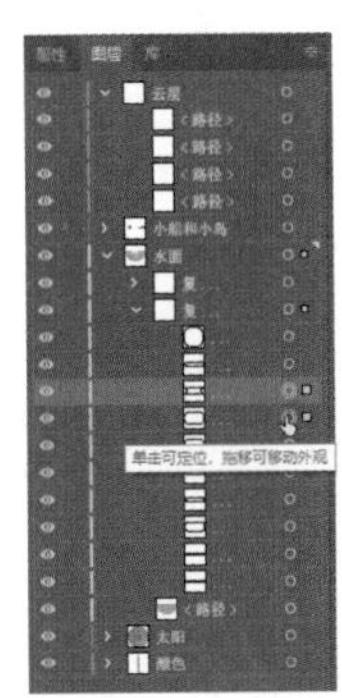

图2.3.34 选择、复制和移动对象

03 云层绘制好后按住 Alt 键单击“路径查找器”面板中的“联级”按钮生成复合形状，复制并调整好大小，摆放到合适的位置，如图 2.3.35 所示。

图2.3.35 绘制云层

04 给云层添加渐变效果，渐变滑块的不透明度分别调整为 0% 和 100%，如图 2.3.36 所示，完成本案例的制作。

图2.3.36 添加云层渐变

实训练习2-3：绘制卡通场景

绘制如图 2.3.37 所示的卡通场景。

图2.3.37 卡通场景

学习评价☞

进行学习评价，由学生自我评价、小组互评、教师评价相结合。

任务2.3：绘制卡通画					日期	
评价内容	自我评价			小组互评		
	完全掌握	基本掌握	未掌握	完全掌握	基本掌握	未掌握
掌握绘制作品的基本操作流程						
能灵活利用造型工具绘制基本形状						
进一步熟练鼠标绘图操作						
了解配色方案的选择						
能制作颜色组并给作品上色						
尝试独立设计、绘制作品						
教师评价：						

知识窗：数位板

数位板又称为绘图板、绘画板、手绘板，通常由一块带有磨砂感贴膜的触摸屏和一支压感笔组成，是模拟真实纸笔的便捷输入工具，可以用来绘图和写字。电子笔的笔头具有压力感应功能，根据受力的大小，可以模拟出用不同压力画出的图像效果，类似于画家的画板和画笔，主要面向设计、美术相关专业师生、广告公司与设计工作室，以及 Flash 矢量动画制作者，如图 2.3.38 所示。

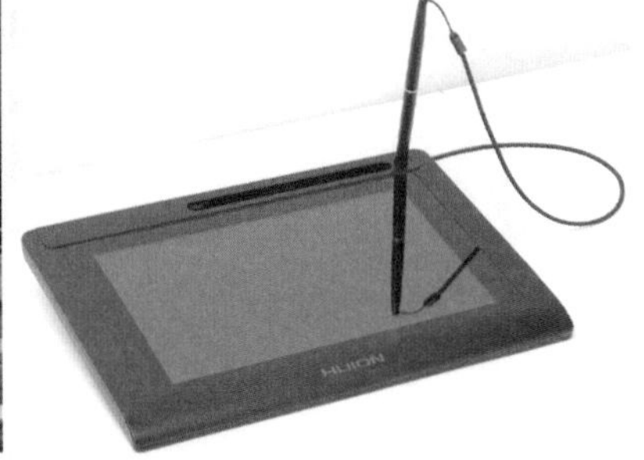

图2.3.38 用于设计的数位板

数位板绘图与鼠标绘图的差别在于压感，数位板的电子笔根据压力大小调节笔画粗细和颜色深浅，如图 2.3.39 所示。

（a）无压感　　（b）有压感

图2.3.39　鼠标和数位板画线的对照

购买数位板通常需要考虑压感级别、响应速度、分辨率、屏幕尺寸等，移动办公用户还要考虑便携性，有的数位屏和计算机一体，可以在屏幕上素描、绘画和设计，还可以作为计算机使用，如图 2.3.40 所示。

图2.3.40　Kamvas Studio 22 数位一体计算机

数位屏作为一种辅助工具可以提高绘图效率，带来更好的用户体验，但是数位屏的好坏和使用者的绘图水平没有直接关系，对于想学习绘画设计的同学应该将注意力放到追求绘画技术和创新的进步上。

3

单元

三维表现——CINEMA 4D

单元导读

三维表现是建立在平面和二维设计的基础上的一种更立体化、更形象化的表现方式。使用三维软件可以制作富有立体感的场景和动画，在影视制作、游戏制作、广告设计等领域都有非常出色的表现。目前，市面上比较流行的三维软件有 3D Studio Max（3D MAX）、MAYA、CINEMA 4D，此外，还有主要用于电影后期特效的 NUKE、HOUDINI 等。

学习目标

- 了解通过 CINEMA 4D 制作三维模型的基本流程；
- 熟悉软件主界面，掌握 CINEMA 4D 的基础操作；
- 了解基础建模流程；
- 了解布光原则，能使用 CINEMA 4D 的灯光系统进行简单布光；
- 能进行简单的材质编辑；
- 能制作简单的三维动画。

思政目标

- 树立正确的学习观、价值观，自觉践行行业道德规范；
- 培养尊重宽容、团结协作的团队精神；
- 发扬一丝不苟、精益求精的工匠精神。

任务3.1 制作立体字母

任务描述☞

CINEMA 4D功能强大，但是和其他三维软件一样，操作较为复杂，本任务中，我们将通过实际案例认识CINEMA 4D的大体界面布局，初步了解软件的基本工作流程。

任务目标☞

1）了解软件主界面的基本组成，能灵活切换四视图；
2）会使用基础几何体工具进行简单的几何体制作；
3）能灵活使用基础快捷键辅助操作；
4）掌握保存工程的方法，了解渲染输出的设置。

微课：制作立体字母

本任务的要求是制作带有釉质感的字母 a，如图 3.1.1 所示。

图3.1.1 立体字母

3.1.1 软件主界面

打开软件，会看到 CINEMA 4D 的主界面由多个工作区组成，其中最大的区域就是透视图区域，如图 3.1.2 所示，使用快捷键 F1 ～ F5 可以切换视图。

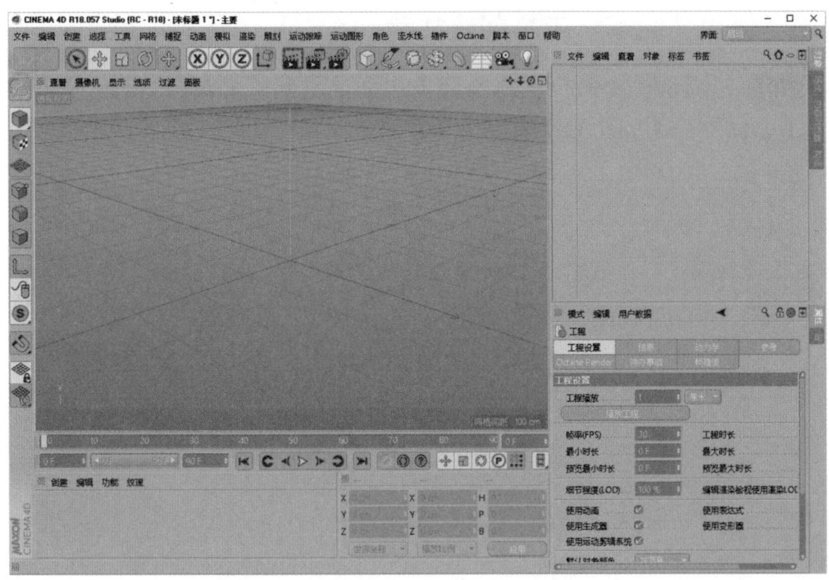

图3.1.2　CINEMA 4D的主界面

单击该区域右上方的按钮，可以切换至四视图（三视图＋透视图），如图 3.1.3 所示，使用鼠标中键单击可以最大化视图。

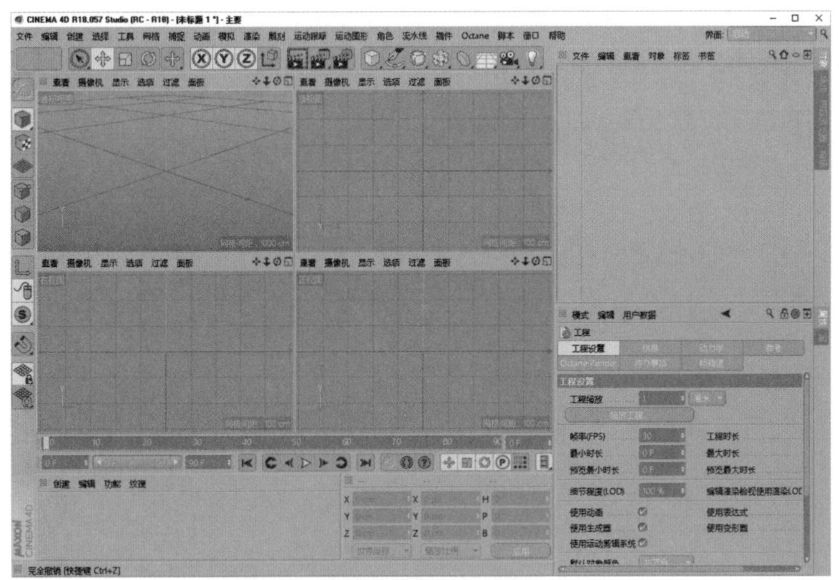

图3.1.3　四视图界面

小贴士

透视图虽然直观，但是不能完整、清晰地表达和确定形体的形状和结构，所以任何三维软件都需要三视图，从上面、左面、正面 3 个不同的角度观察同一个三维物体，结合透视图和三视图正确反映物体的长、宽、高比例及物体间的距离关系。

3.1.2 使用“画笔”工具创建文字

01 切换至透视图，长按界面上方的“画笔”按钮，在弹出的下拉列表中选择“文本”工具，如图 3.1.4 所示。

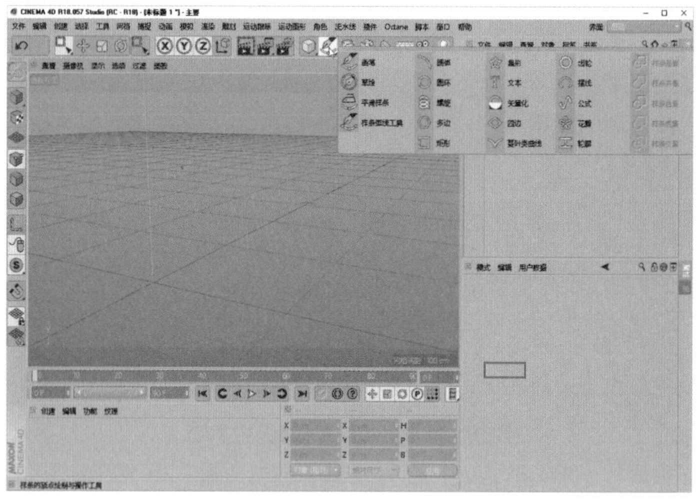

图3.1.4 选择“文本”工具

02 在界面右侧“对象属性”中的“文本”文本框中输入文字，并切换到透视图，就可以看到输入的内容，如图 3.1.5 所示。

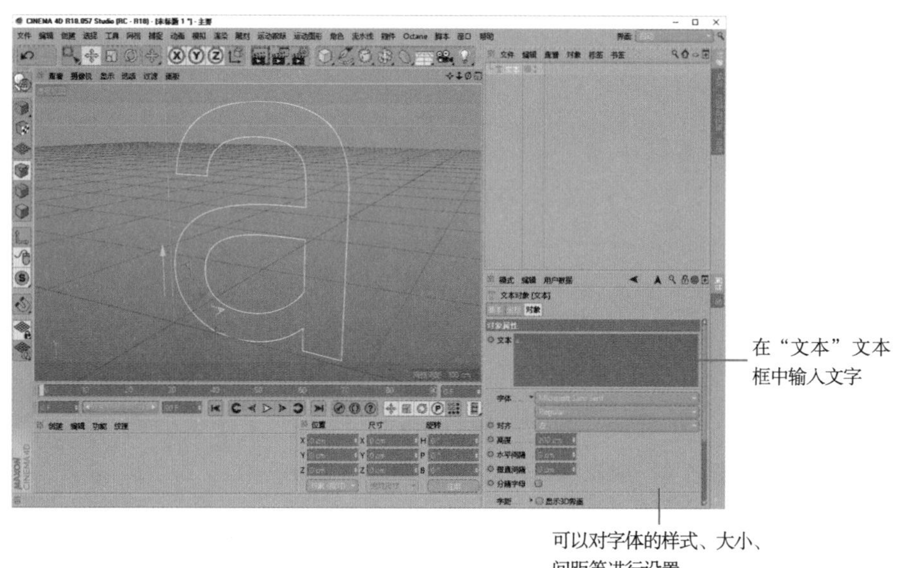

图3.1.5 输入文字并设置字体

通过改变视角观察文字的大小、位置、角度。调整视角必须使用组合键：Alt+ 鼠标左键可进行旋转；Alt+ 鼠标中键可进行移动；Alt+ 鼠标右键可拨动滚轮进行缩放。

3.1.3 新建立方体并转为可编辑对象

01 长按“立方体”按钮，在弹出的下拉列表中选择“立方体”选项，如图 3.1.6 所示，使用此工具创建的立方体是一个整体，我们可以对它进行移动、缩放、旋转，但是不能对构成立方体的点线面进行操作。

图3.1.6 选择“立方体”工具

02 在右侧选择立方体，可以看到 CINEMA 4D 以层的方式显示建立的对象，如图 3.1.7 所示。

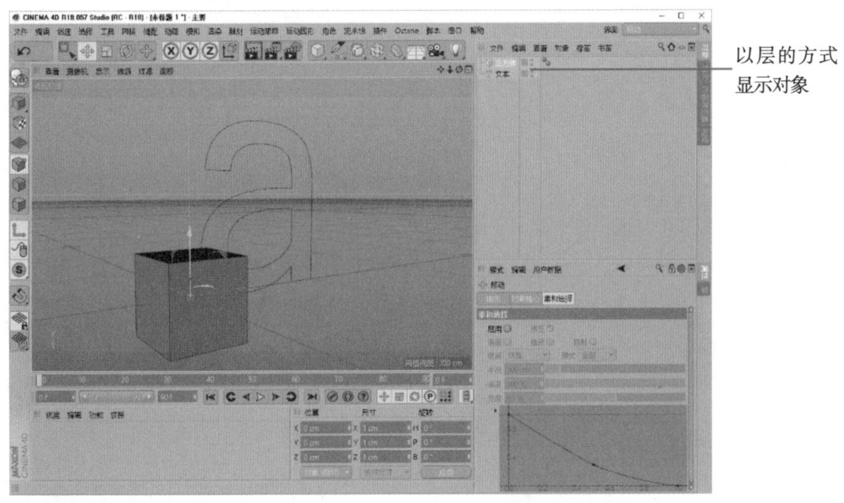

图3.1.7 以层的方式显示对象

03 将立方体缩放到合适大小并摆放在适当位置。使用“移动”工具（快捷键为 E）移动对象，使用“缩放”工具（快捷键为 T）改变其大小，如果有需要，可以使用“旋转”工具（快捷键为 R）将其进行旋转，如图 3.1.8 所示。

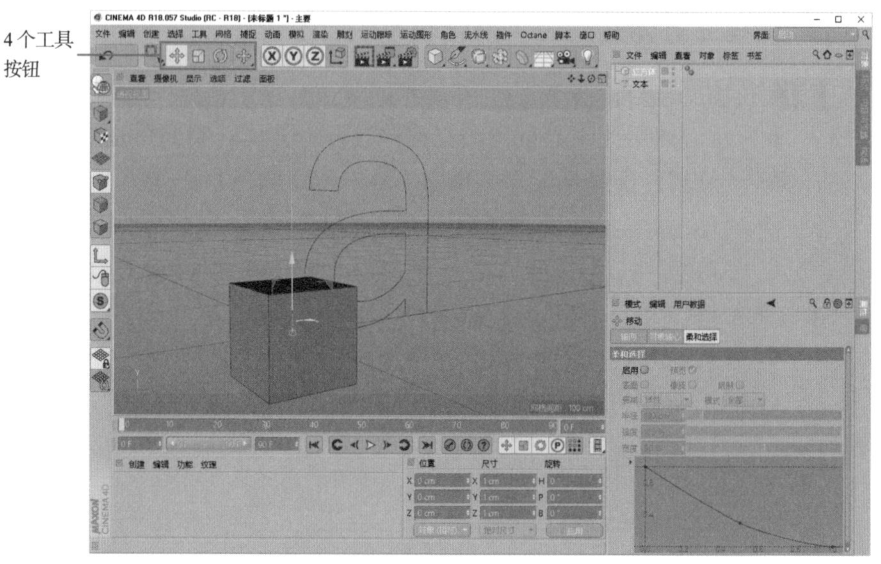

图3.1.8 调整立方体的位置

04 将立方体移动到字母下方，为了精确对位，可以在正视图中操作，为了便于操作，可以最大化正视图，如图 3.1.9 所示。

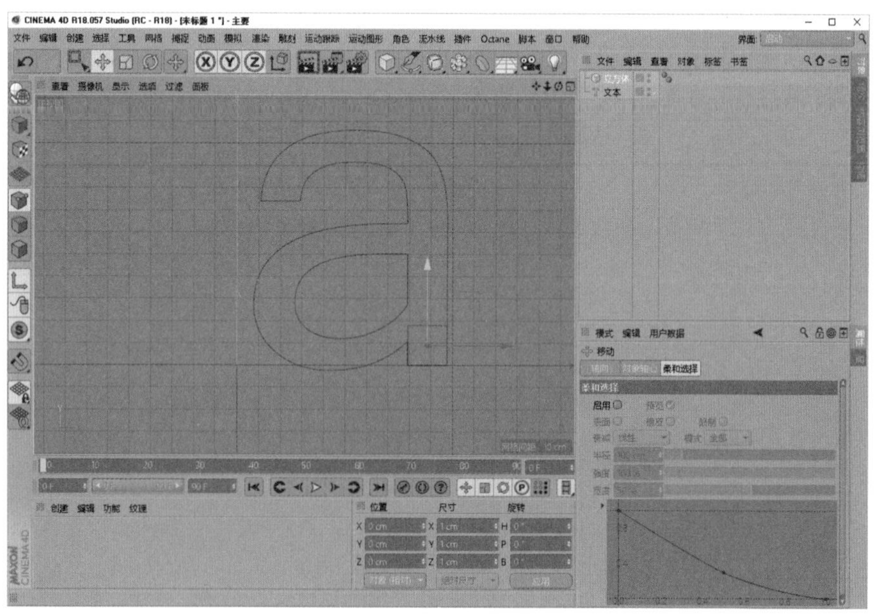

图3.1.9 最大化正视图

05 单击左侧的按钮或按快捷键 C，将立方体转为可编辑对象，转为可编辑对象后就可以对立体图形的点、线、面进行单独操作，如图 3.1.10 所示。

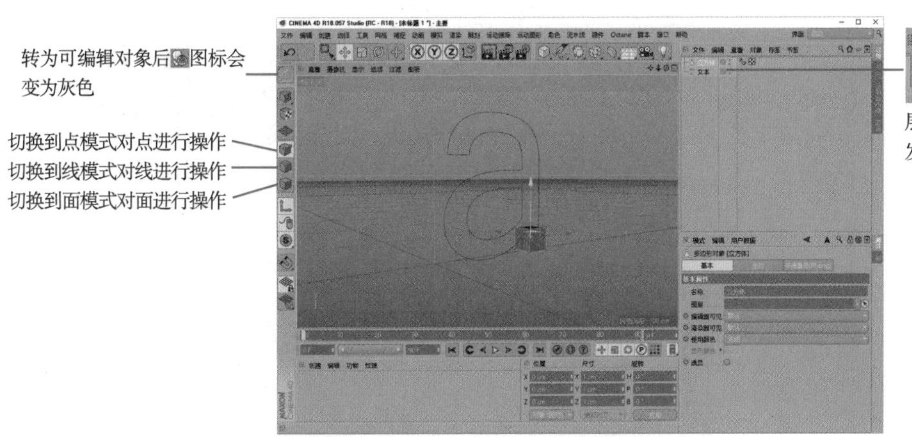

图3.1.10　在正视图中进行操作

3.1.4　绘制立体字母

01 切换到四视图，长按“选择”工具，在弹出的下拉列表中选择“框选”工具或“实时选择”工具，如图 3.1.11 所示。

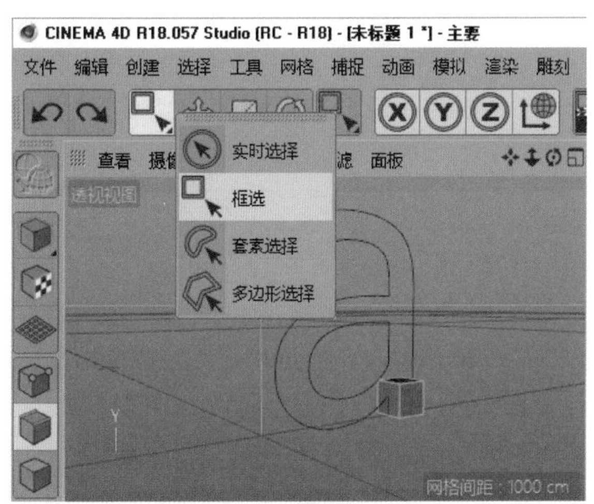

图3.1.11　切换选择方式

02 切换到“面”模式，选择立方体正上方的面，按住 Ctrl 键的同时沿 Y 轴拖动选择的面，此时会复制出新的面，如图 3.1.12 所示。

03 绘制到弯曲位置时，移动面的位置，按住拖动可以同时调整 X 轴和 Y 轴的方向，如图 3.1.13 所示。

04 选择“旋转”工具，将所选面沿 Y 轴旋转到合适角度，如图 3.1.14 所示。

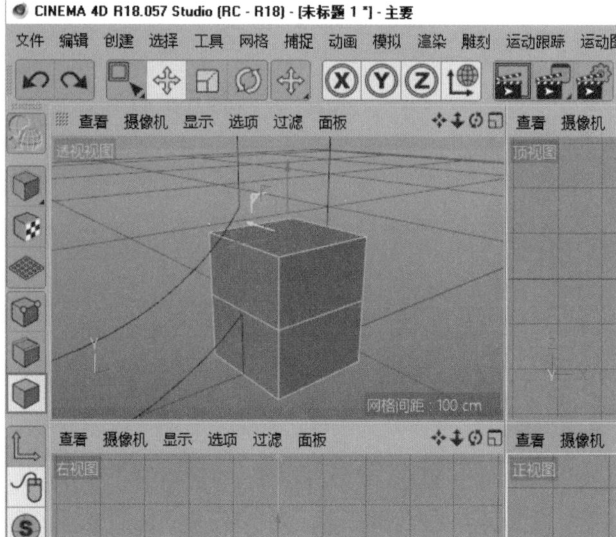

图3.1.12 复制出新的面

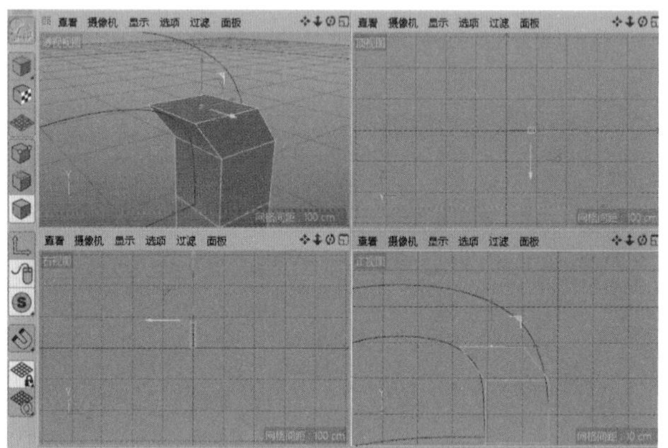

图3.1.13 绘制弯曲部分

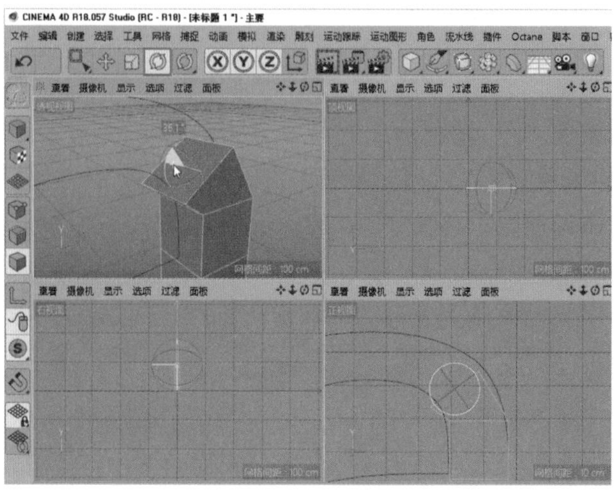

图3.1.14 旋转面

05 此时如果使用“移动”工具继续调整位置，会发现面的轴向也发生了旋转，可以单击按钮（快捷键为 W）切换到全局坐标进行操作，如图 3.1.15 所示。

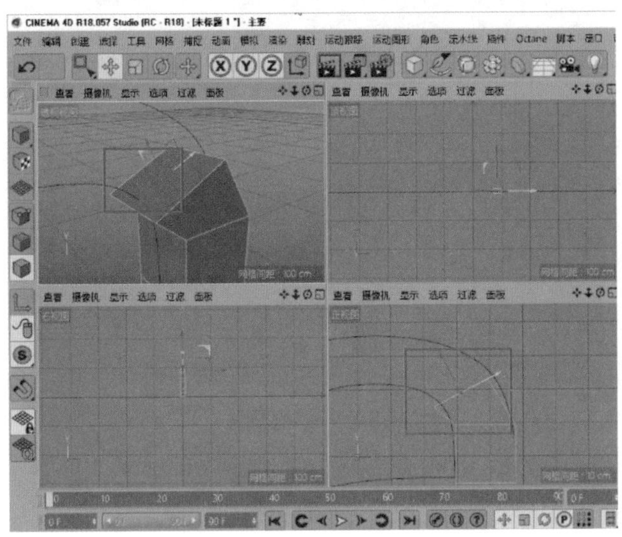

（a） 轴向发生改变

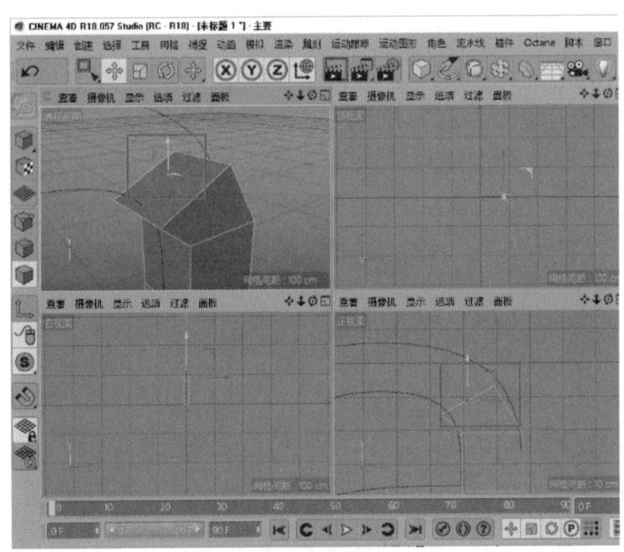

（b） 切换全局坐标

图3.1.15 切换到全局坐标进行操作

06 选择如图 3.1.16 所示的面，在面模式下使用“移动”工具可以直接进行选择；也可以使用“框选”或“实时选择”工具进行选择。

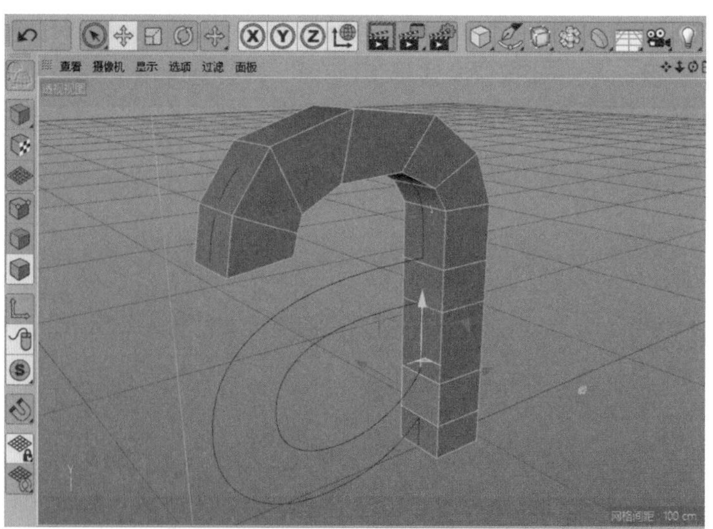

图3.1.16 选择面

07 使用前面的方法制作剩余部分，完成大体绘制。注意：此时还有一个缺口，如图 3.1.17 所示。

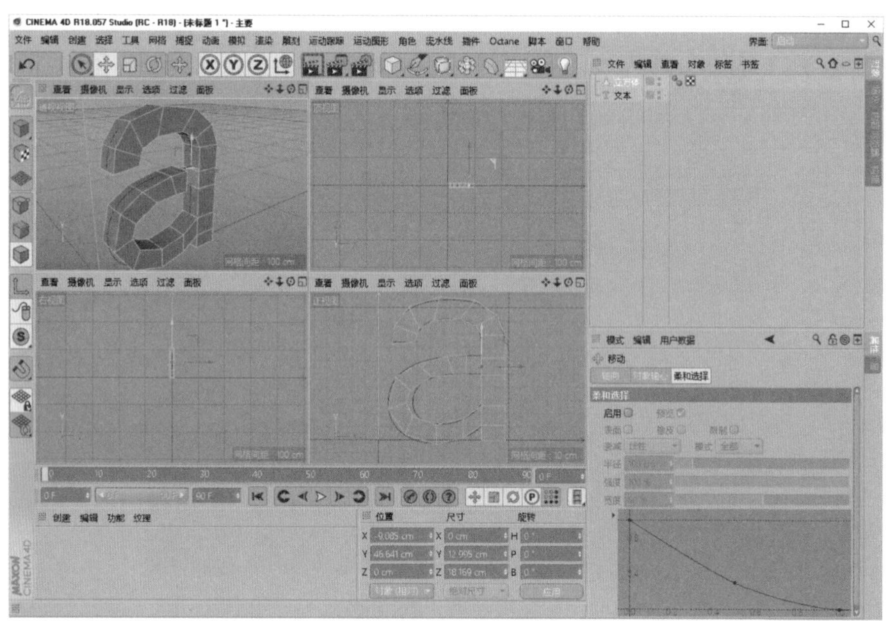

图3.1.17 完成大体绘制

3.1.5 封闭缺口

01 在面模式下，选中缺口部分相对的2个面，按Delete键进行删除，如图 3.1.18 所示。

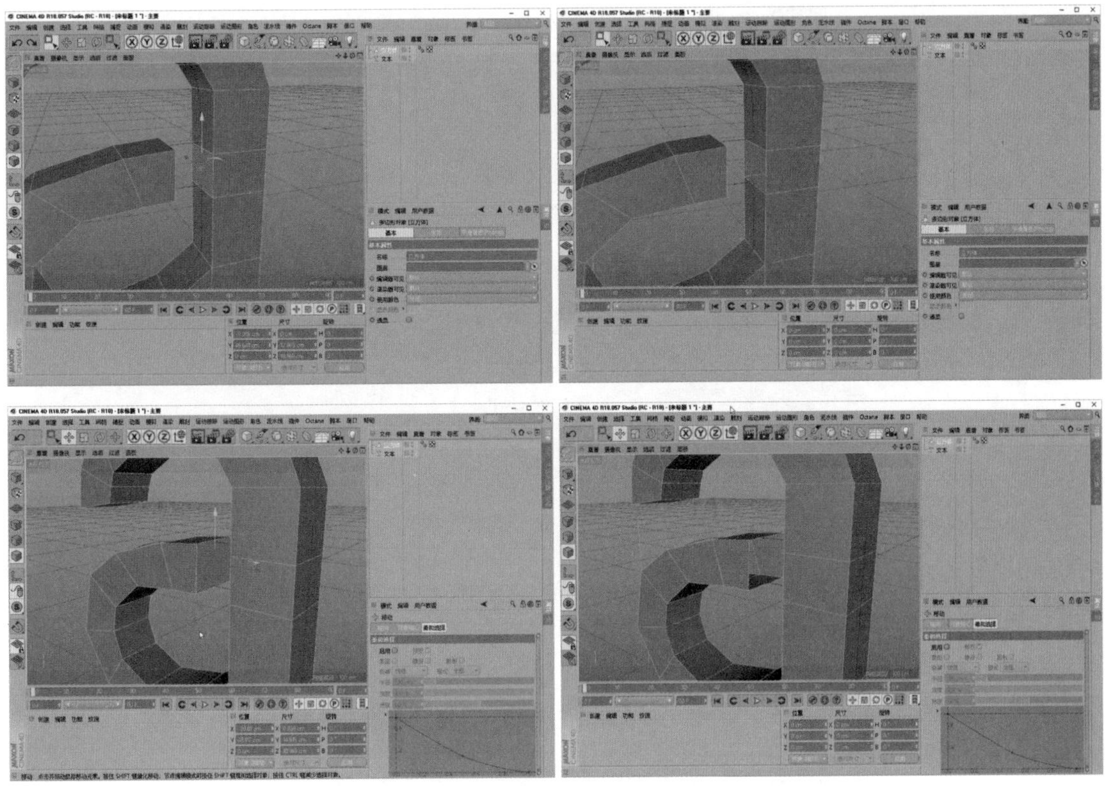

图3.1.18　删除需要连接部分的面

02 切换到点模式，选择需要连接的 2 个点，可以使用“框选”工具框选其中的一个，再按住 Shift 键框选另一个；也可使用“实时选择”工具，如图 3.1.19 所示。按住 Shift 键选择表示加选。

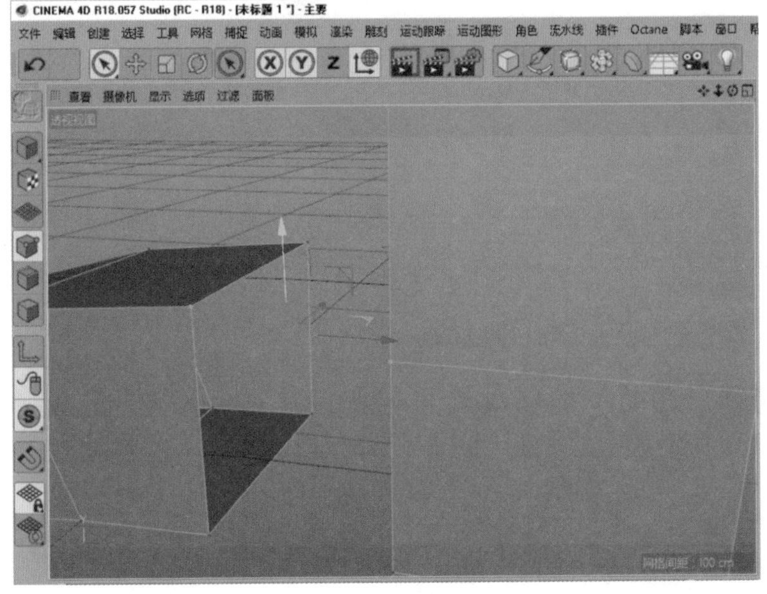

图3.1.19　选择需要连接的点

03 右击，在弹出的快捷菜单中选择“焊接”选项，如图 3.1.20 所示。

图3.1.20 选择“焊接”选项

04 此时会出现一根连线，上面有 3 个焊接点，分别是两端和中间，单击其中一个焊点实现焊接操作，如图 3.1.21 所示。

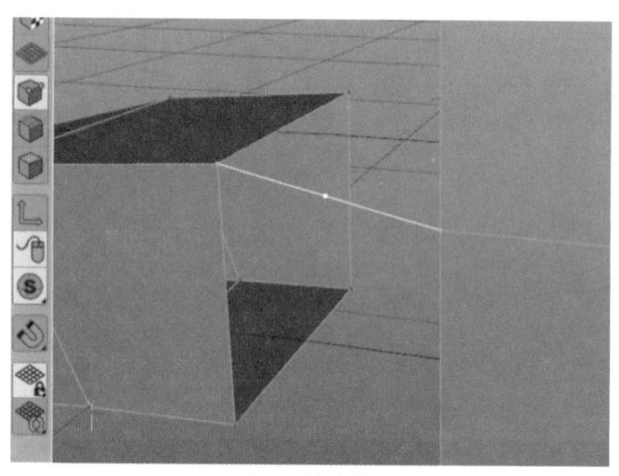

（a）选择焊接

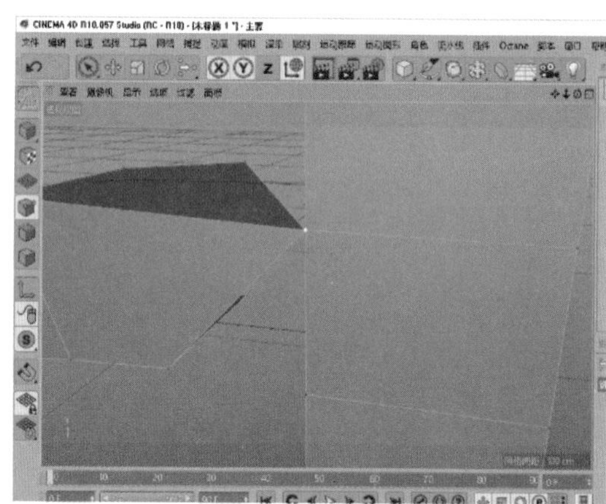

（b）完成焊接操作

图3.1.21 实现焊接操作

05 使用同样的操作焊接其余 3 组点，完成基本形状的制作，如图 3.1.22 所示。

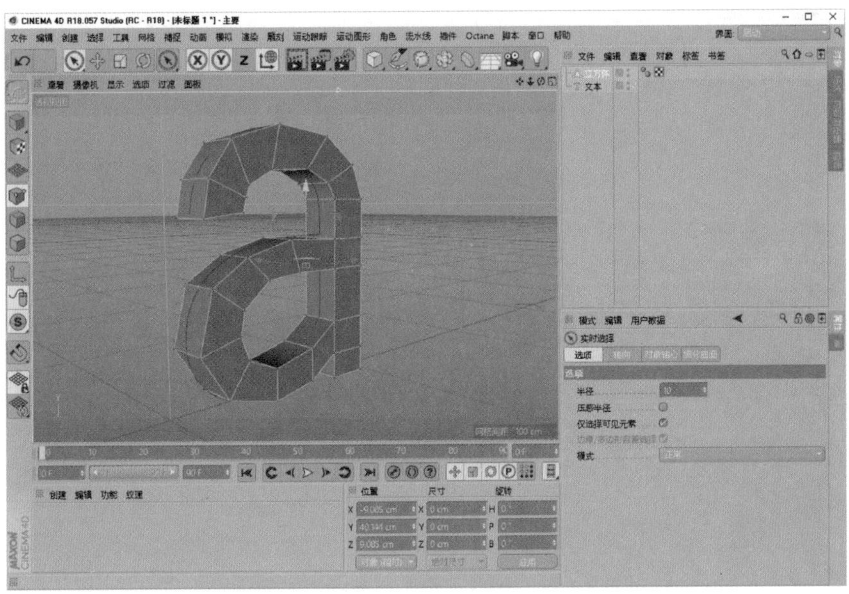

图3.1.22　基本形状

3.1.6　调整模型

1. 调整形状

切换到边模式，框选需要调整的边，做一些微调，如图 3.1.23 和图 3.1.24 所示。

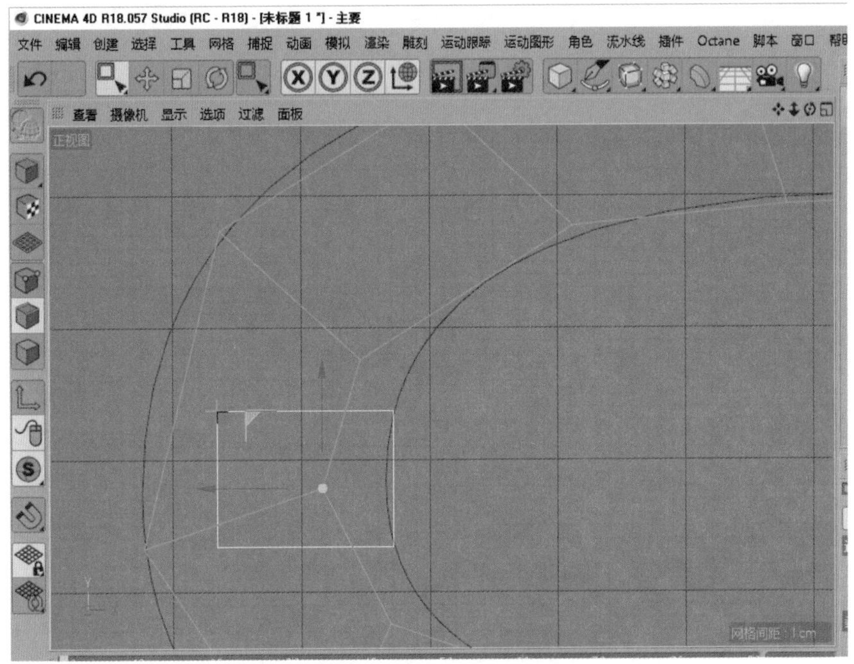

图3.1.23　选择需要调整的边

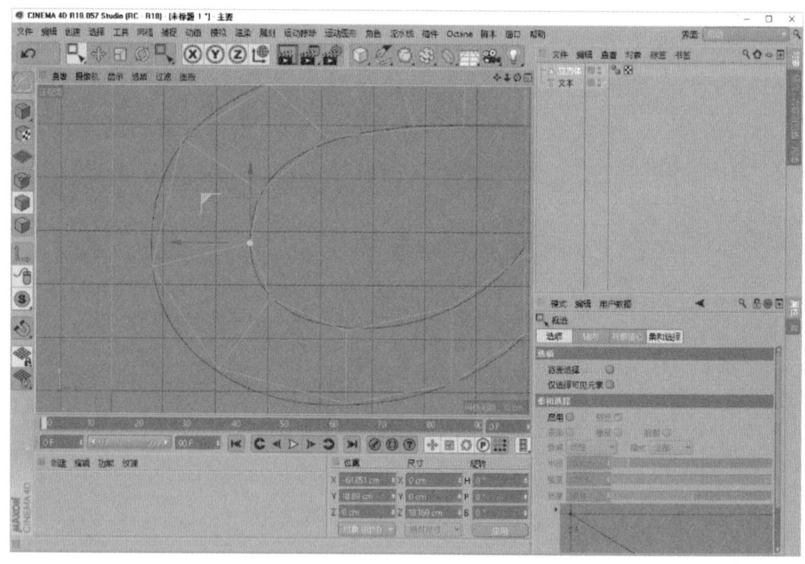

图3.1.24 形状尽可能与参考文本接近

2. 循环切割

如果边太少不利于调整，可以在边模式下右击，在弹出的快捷菜单中选择“循环 / 路径切割”选项划分出新的边，如图 3.1.25 所示。如果有多余的边，可以选择后按 Delete 键删除。

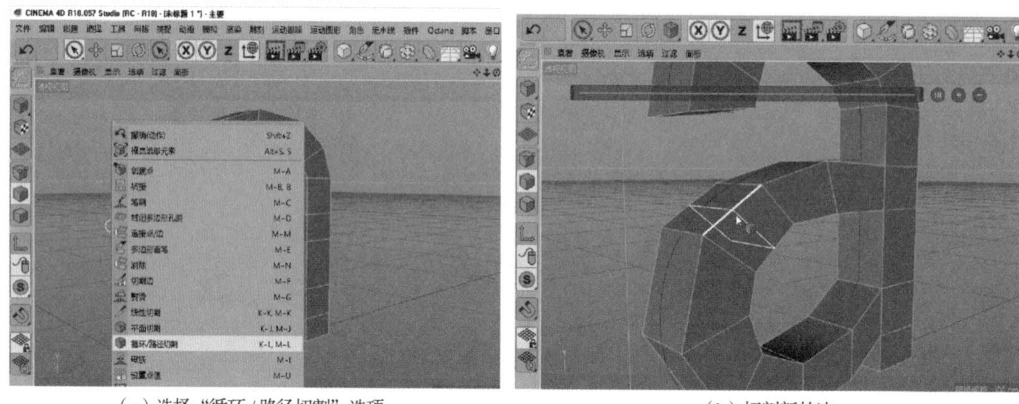

（a）选择“循环 / 路径切割”选项 （b）切割新的边

图3.1.25 切割边

大致形状做好之后，单击层显示位置文本后面的“√”，将参考文本关掉不再显示，如图 3.1.26 所示。

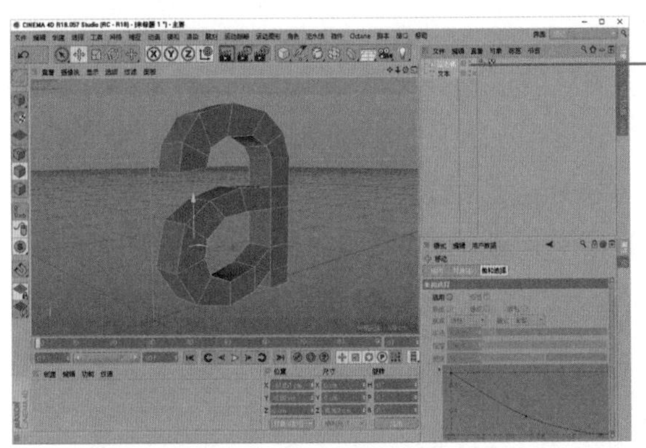

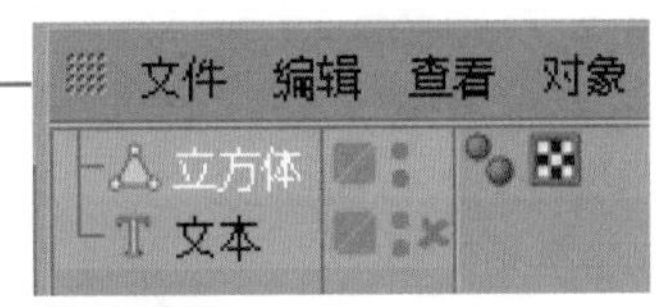

关闭后显示

图3.1.26 关闭参考文本

3. 细分曲面

01 长按“细分曲面”按钮，在弹出的下拉列表中选择“细分曲面”选项，如图 3.1.27 所示。

图3.1.27 选择“细分曲面”选项

02 将制作好的模型拖放到“细分曲面”下，将模型作为“细分曲面”的子级，使模型产生平滑效果，如图 3.1.28 所示。

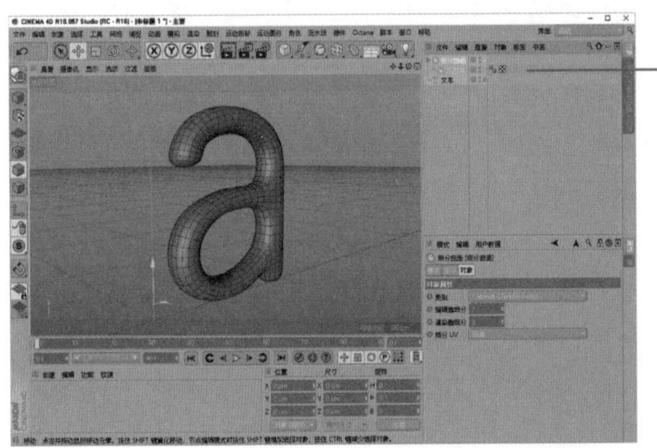

“细分曲面”为父级、“立方体”为子级才能有效果

图3.1.28 模型作为“细分曲面”的子级

3.1.7 编辑材质

1. 添加材质球

双击下方的材质栏，生成一个材质球；双击材质球，弹出“材质编辑器”对话框，如图 3.1.29 所示，编辑器中有多个调整项目，后方有“√”的表示已启用。

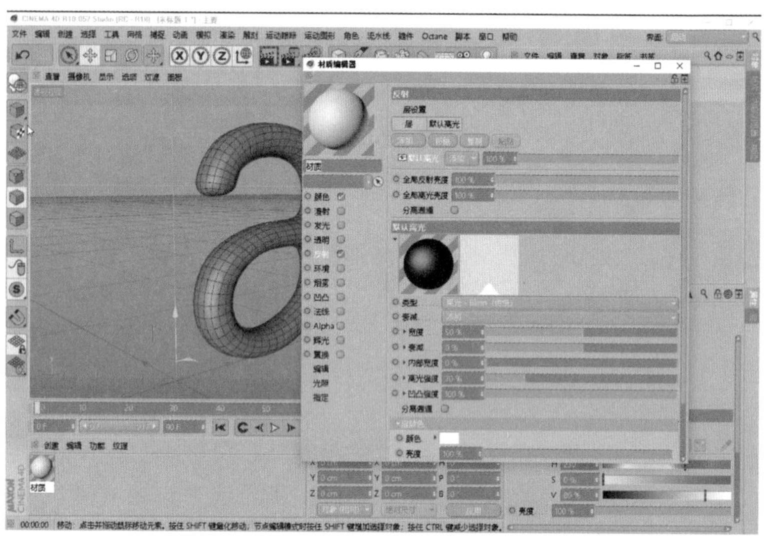

图3.1.29 “材质编辑器”对话框

2. “颜色”通道

选中左侧的“颜色”选项后面的复选框进入颜色通道调整界面，设置“颜色”为蓝色，“材质编辑器”对话框左上方的小球可以即时显示材质效果，如图 3.1.30 所示。

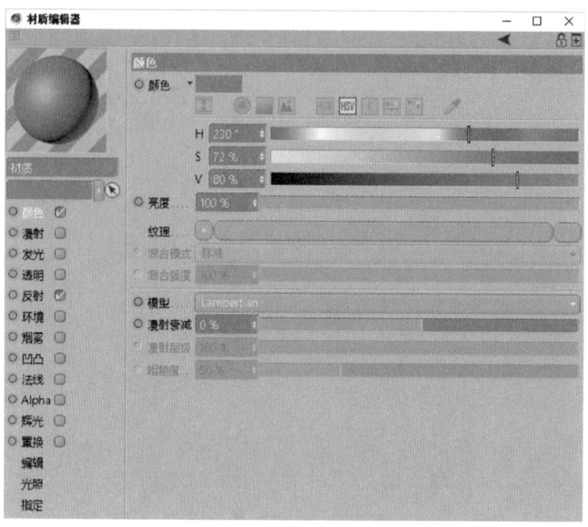

图3.1.30 添加颜色

3. “反射”通道

选中“反射”选项后面的复选框，进入“反射”通道调整界面，在“类型”下拉列表中选择“反射（传统）”选项，如图 3.1.31 所示。

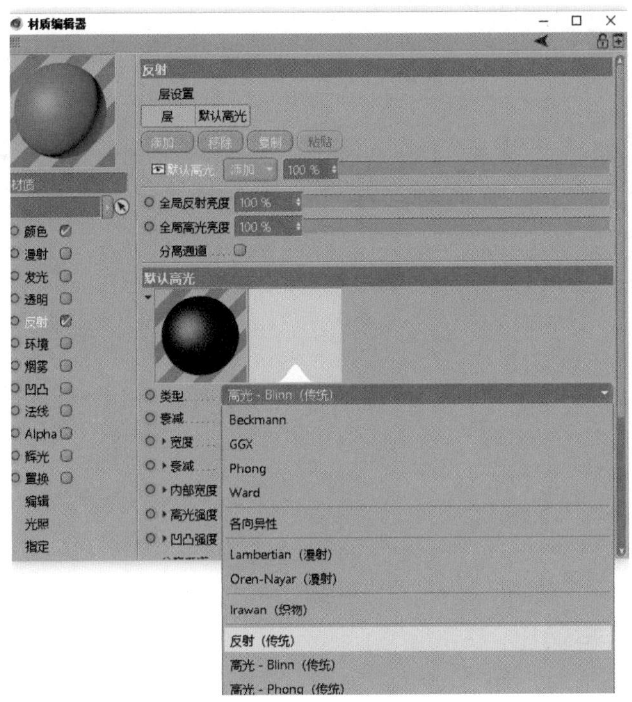

图3.1.31 选择高光类型

按照图 3.1.32 的设置调整反射参数。

图3.1.32 设置反射参数

4. 添加材质

将材质球拖动到“细分曲面”上添加材质，结果如图 3.1.33 所示。

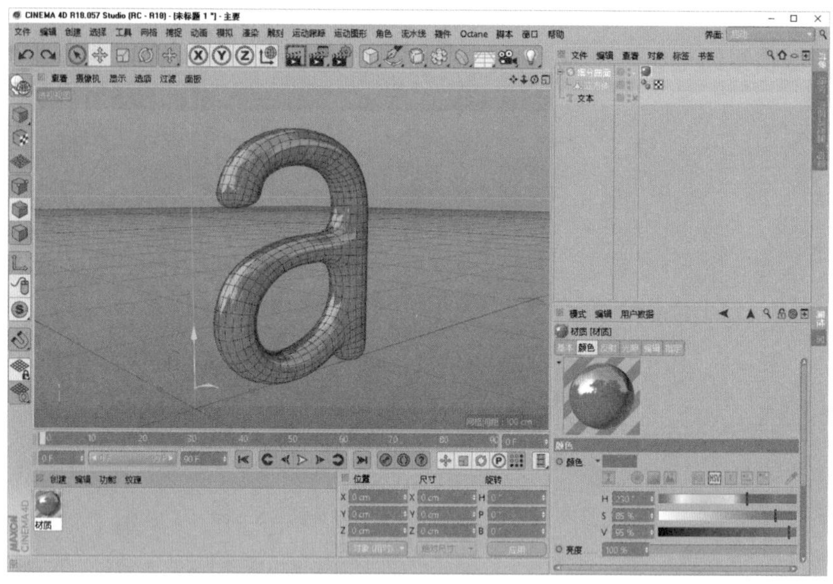

图3.1.33　添加材质

3.1.8　保存与输出

1. 保存工程

选择菜单栏中的“文件”→“保存”或“另存为”选项，如图 3.1.34 所示，保存工程文件，工程文件扩展名为 .c4d。

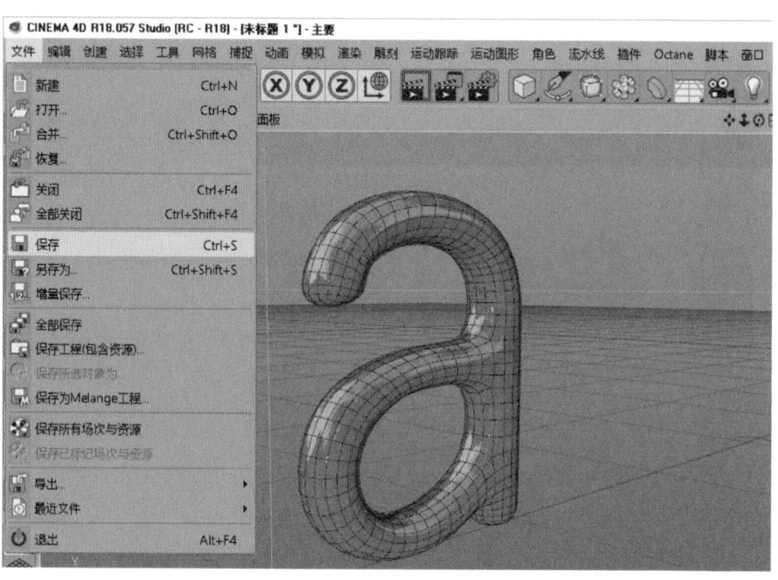

图3.1.34　保存工程文件

2. 渲染设置

01 单击"编辑渲染设置"按钮（组合键为Ctrl+B），弹出"渲染设置"对话框，在"输出"选项卡中设置尺寸和分辨率，如图 3.1.35 所示。

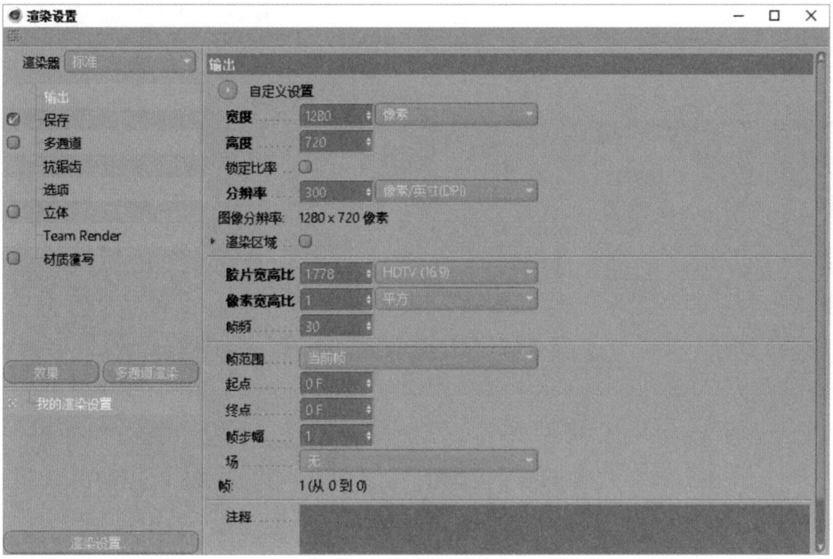

图3.1.35　设置分辨率

02 在"保存"选项卡中设置保存位置和保存格式，一般输出为PNG格式并开启Alpha通道，如图 3.1.36 所示。如果需要输出清晰度高的图片，还需要在"抗锯齿"选项卡中将"抗锯齿"级别设置为最佳。

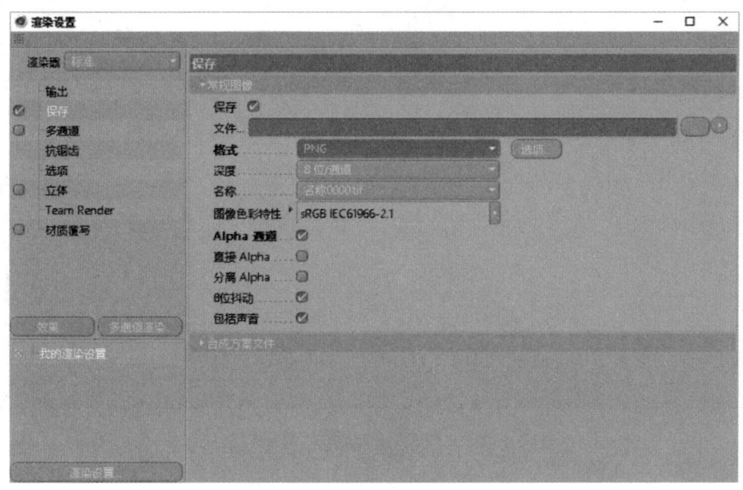

图3.1.36　选择保存方式

3. 渲染输出

单击"渲染到图片查看器"按钮（组合键为 Shift+R）进行渲染，如图 3.1.37 所示，渲染完成后单击"另存为"按钮，在弹出的"保存"

对话框中可以再次修改部分保存参数，完成后单击“确定”按钮输出，如图 3.1.38 所示。

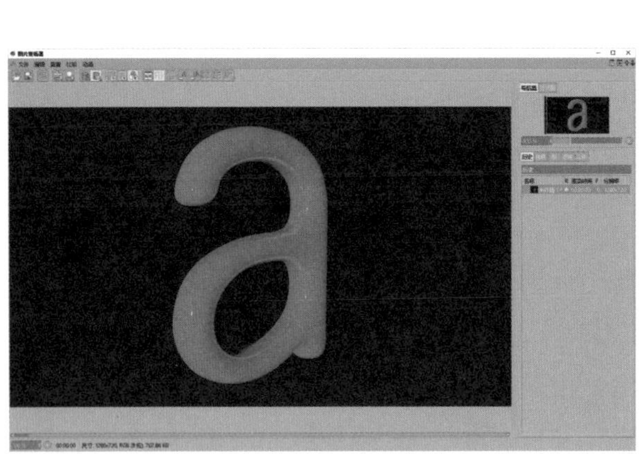

图3.1.37　渲染到图片查看器

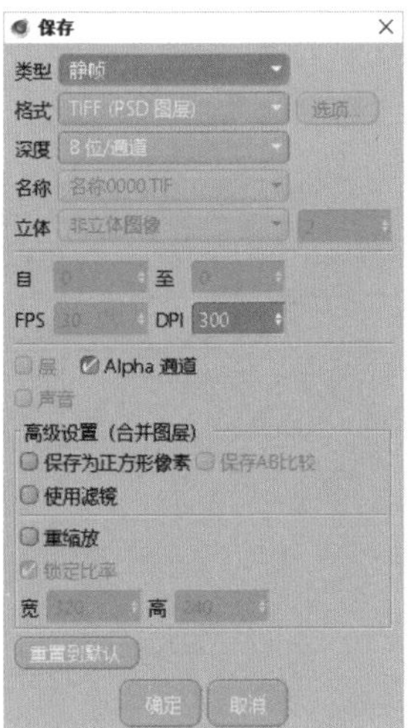

图3.1.38　“保存”对话框

实训练习3-1：模仿制作☞

制作带有釉质感的字母“m”，如图 3.1.39 所示。

图3.1.39　带有釉质感的字母“m”

学习评价

进行学习评价，由学生自我评价、小组互评、教师评价相结合。

任务3.1：制作立体字母				日期		
评价内容	自我评价			小组互评		
	完全掌握	基本掌握	未掌握	完全掌握	基本掌握	未掌握
能灵活切换四视图，灵活调整视角						
能建立几何形体，了解点、线、面的基本操作						
了解如何赋予几何模型材质						
了解焊接点操作、循环切割操作						
了解如何设置输出格式						
能保存工程文件，输出图片						
能使用快捷键辅助操作						
教师评价：						

知识窗：界面

1. CINEMA 4D 的主界面

CINEMA 4D 的界面布局相对其他三维软件简洁许多，不会给初学者带来很大的学习压力，如图 3.1.40 所示。

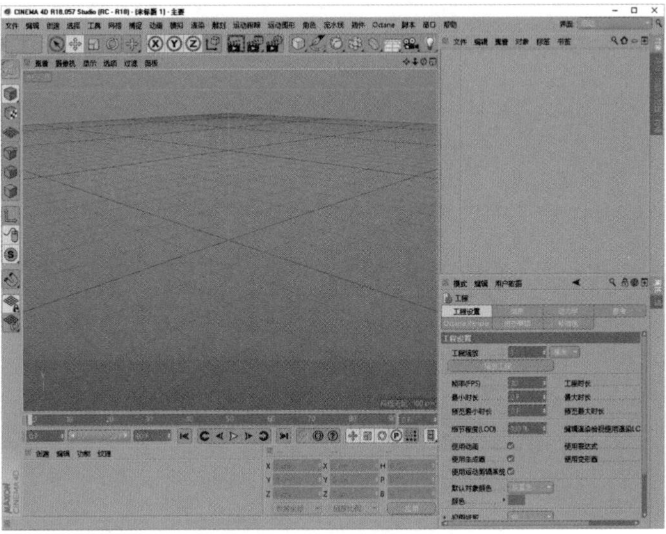

图3.1.40　软件主界面

（1）菜单栏

软件最上方是菜单栏，大部分操作命令可以在菜单中找到，如图3.1.41所示。

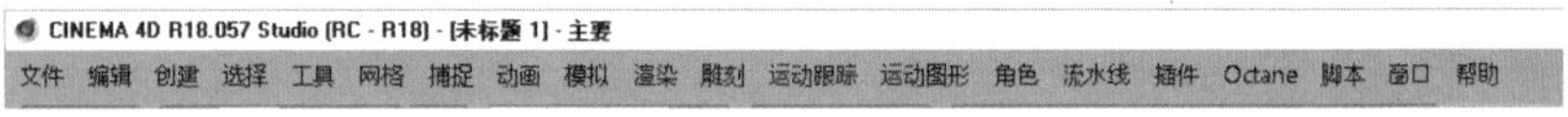

CINEMA 4D R18.057 Studio (RC - R18) - [未标题 1] - 主要
文件 编辑 创建 选择 工具 网格 捕捉 动画 模拟 渲染 雕刻 运动跟踪 运动图形 角色 流水线 插件 Octane 脚本 窗口 帮助

图3.1.41 菜单栏

（2）工具栏和工作模式栏

菜单栏下方是工具栏，如图3.1.42所示，CINEMA 4D将使用最频繁的命令单独拿出来制作成按钮方便调用。界面最左侧的是工作模式栏，可以切换到点、线、面的模式下进行操作。

基本操作
建模工具
文件 编辑 创建 选择 工具 网格 捕捉 动画 模拟 渲染 雕刻 运动跟踪 运动图形 角色 流水线 插件 Octane 脚本 窗口
预览、渲染和渲染设置

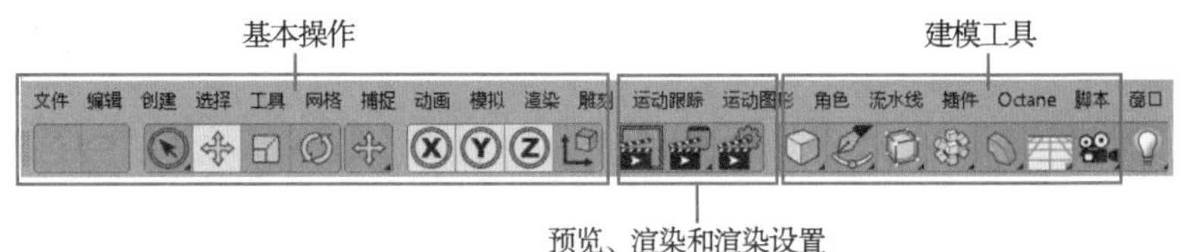

图3.1.42 工具栏

（3）主工作区

中间最大的区域是视图窗口，显示制作的模型和场景，也是主要的操作区域。

右侧上方是对象窗口，用层的方式排列管理创建的几何体、灯光、摄像机等对象；属性窗口在对象窗口下方，选择一个对象或工具时，对象或工具的属性会在属性窗口中显示，如果属性较多，会用标签的方式分类，如图3.1.43所示。

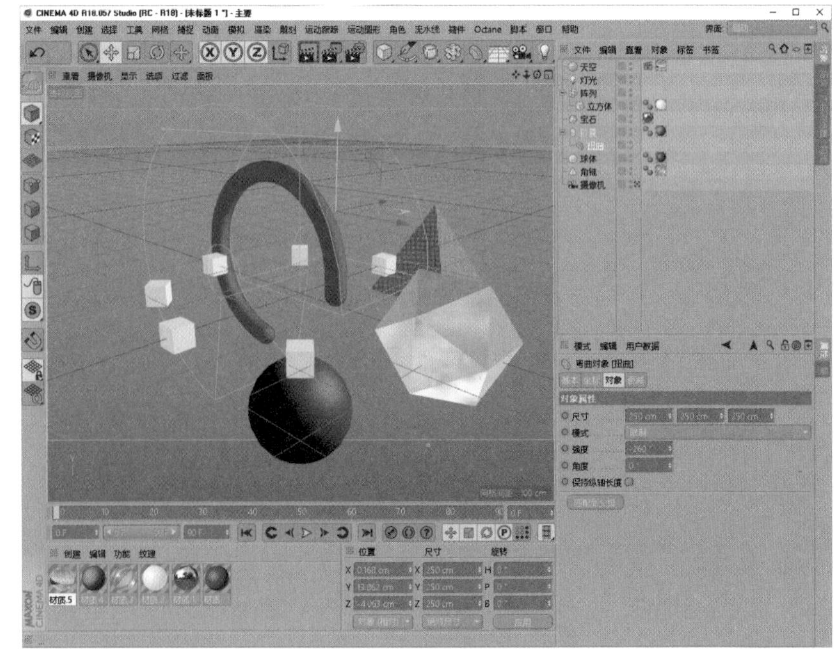

图3.1.43 操作界面

(4) 动画窗口与材质窗口

动画窗口与材质窗口在视图窗口的下方。CINEMA 4D 有时间线，如图 3.1.44 所示，通过设置关键帧，可以制作动画效果。

图3.1.44 动画窗口

时间线下方是材质窗口，在材质窗口中可以创建不同的材质，赋予模型不同的质感，如图 3.1.45 所示。

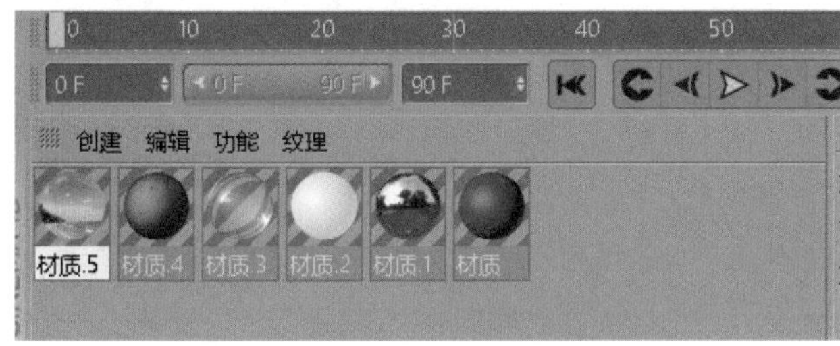

图3.1.45 材质窗口

2. 使用快捷键

三维软件的操作量普遍较大而且操作较为复杂，特别是建模时，必须大量使用快捷键来辅助操作。

运行于 Windows 操作系统上的 CINEMA 4D 版本也可以使用 Windows 的部分快捷键，如 Ctrl+C（复制）、Ctrl+V（粘贴）、Ctrl+Z（撤销）等。此外，CINEMA 4D 还提供了大量快捷键供用户使用，通过菜单栏可以查看，当鼠标指针停留在按钮上时，也会出现相应的提示，如图 3.1.46 所示。

图3.1.46 查看快捷键

任务3.2　制作卡通小场景

任务描述☞

制作一个完整的作品，首先需要建模、搭建场景，然后添加材质、灯光，最后输出。建模是最基础的一步，通常也是操作量最大的一步，CINEMA 4D提供了大量的建模工具和方法供用户选择使用。

本任务中只介绍最基础的应用，需要详细了解建模操作的同学可以在课后自行查找资料学习。

任务目标☞

1）能灵活操作点线面，修改几何体形状；
2）掌握克隆工具和倒角工具的使用方法；
3）会搭建简单的三维场景；
4）了解构建简单的光照环境的方法。

微课：制作卡通小场景

本任务的要求是制作如图3.2.1所示的卡通小场景。

图3.2.1　卡通小场景

3.2.1　制作遮阳伞

1. 制作伞面

01 长按“立方体”按钮，在弹出的下拉列表中选择“圆锥”选项，在视图窗口的菜单栏中选择“显示”→“光影着色（线条）”选项（快捷键为N～B），如图3.2.2所示，即可看到物体的分段线条。

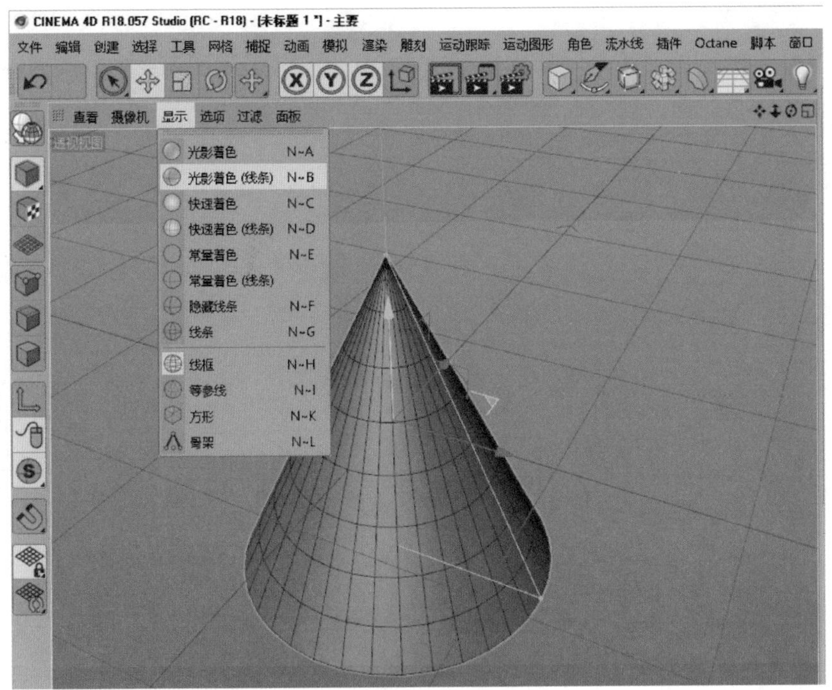

图3.2.2 开启分段线条显示

02 在右侧属性窗口设置圆锥参数：扩大底部半径、降低高度，将“高度分段”设为 1，“旋转分段”设为 10，降低圆锥面数，制作出伞面的大致形状，如图 3.2.3 所示。完成后按 C 键或单击按钮将伞面转为可编辑对象。

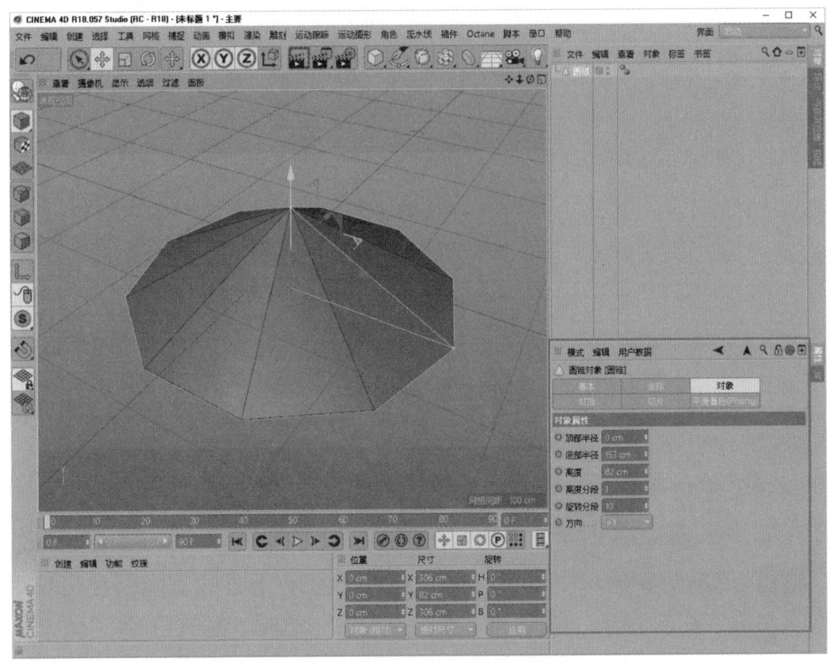

图3.2.3 制作出伞面大致形状

03 旋转到伞面底部，切换到面模式，使用“实时选择”工具，按住鼠标左键不放，拖动选择底部所有的面，如图 3.2.4 所示；按 Delete 键删除底部所有的面，如图 3.2.5 所示。

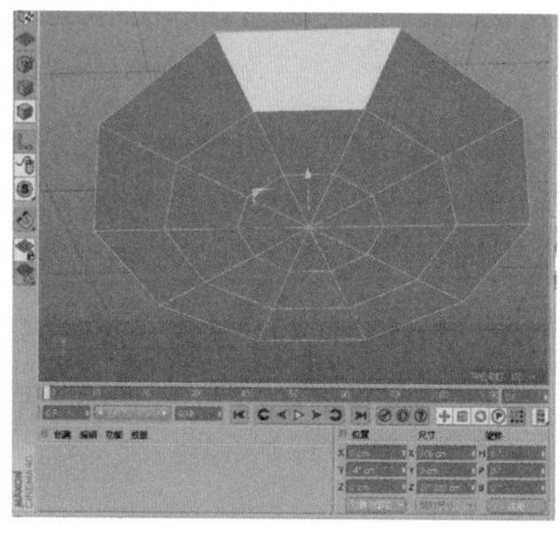

图3.2.4 选择底部所有的面

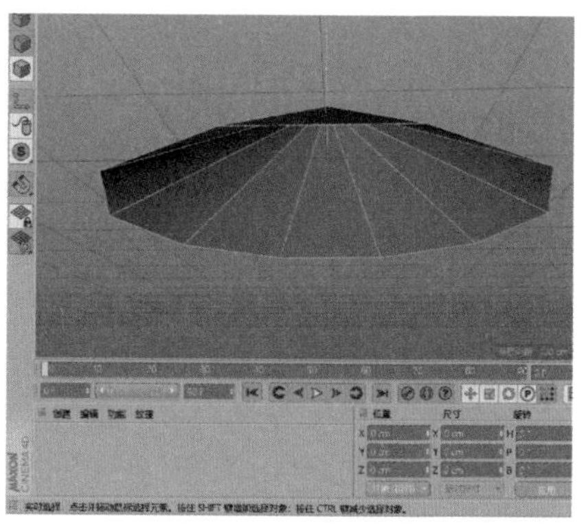

图3.2.5 删除底部所有的面

2. 制作伞面骨架

01 长按“立方体”按钮，在弹出的下拉列表中选择“圆柱”选项，在属性窗口中减小圆柱半径并降低圆柱的“旋转分段”数量，如图 3.2.6 所示。

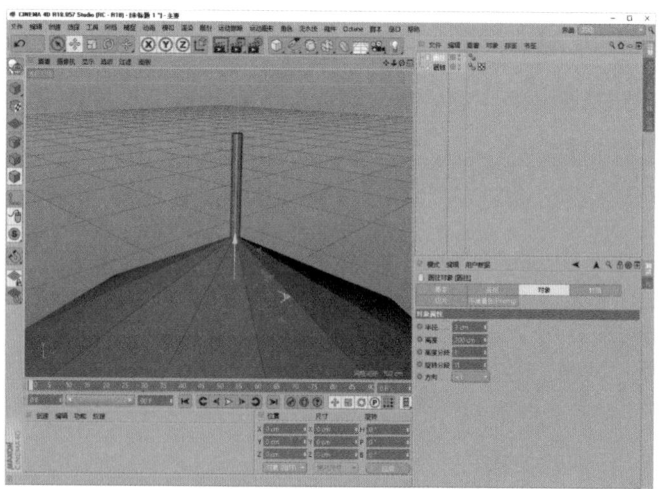

图3.2.6 建立圆柱

02 在菜单栏中选择“运动图形”→“克隆”选项，如图 3.2.7 所示，在右侧对象窗口中将圆柱拖动到“克隆”下作为“克隆”的子级，对圆柱进行克隆，如图 3.2.8 所示。

03 单击对象窗口中的“克隆”按钮，在右下方的克隆属性窗口中调整克隆参数：在“对象”选项卡中将“模式”改为“放射”；将“数量”改为 10；“半径”表示克隆对象的间距，需要结合圆柱高度进行调整；将“平面”改为“XZ”，如图 3.2.9 所示。

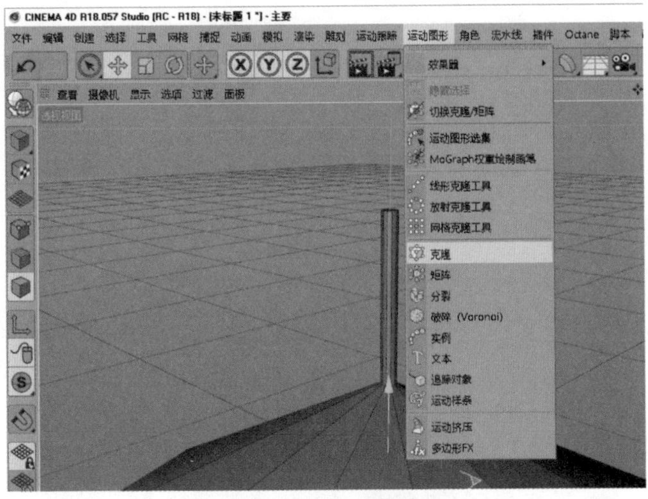

图3.2.7　选择“克隆”选项

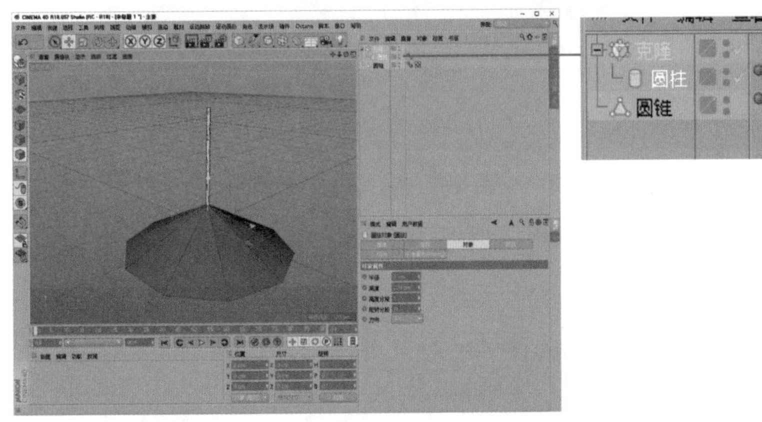

图3.2.8　克隆圆柱

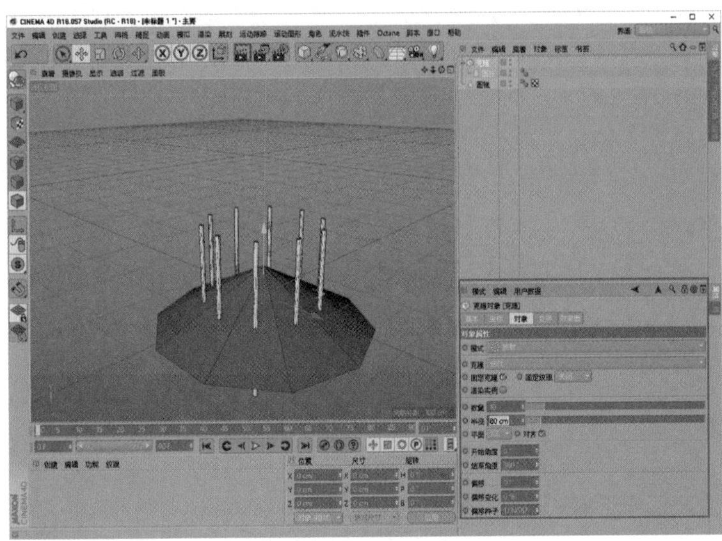

图3.2.9　调整克隆参数

04 切换到“变换”选项卡，调整克隆对象的旋转角度，如图 3.2.10 所示。

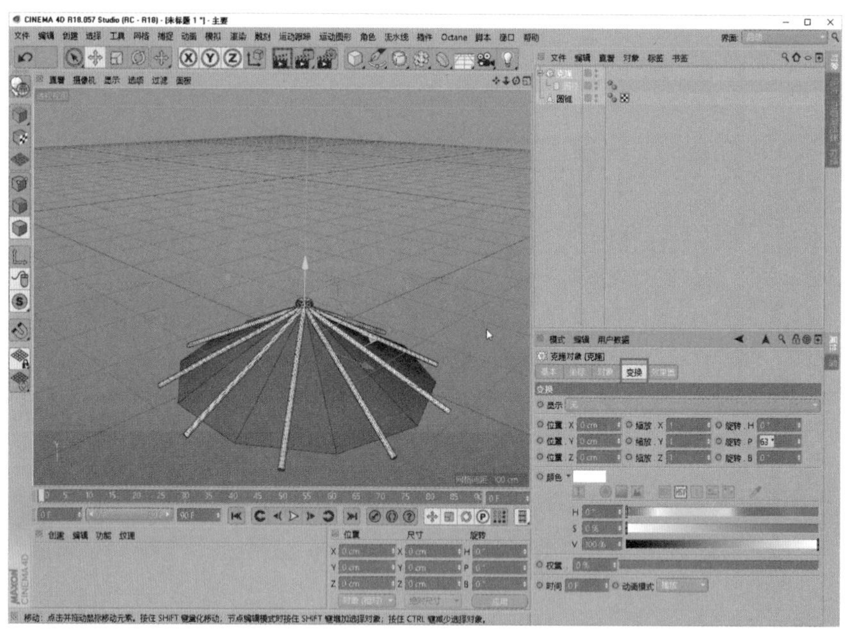

图3.2.10 调整克隆对象的旋转角度

05 结合“移动”“旋转”工具反复调整上述参数，将伞骨摆放到位，如图 3.2.11 所示。

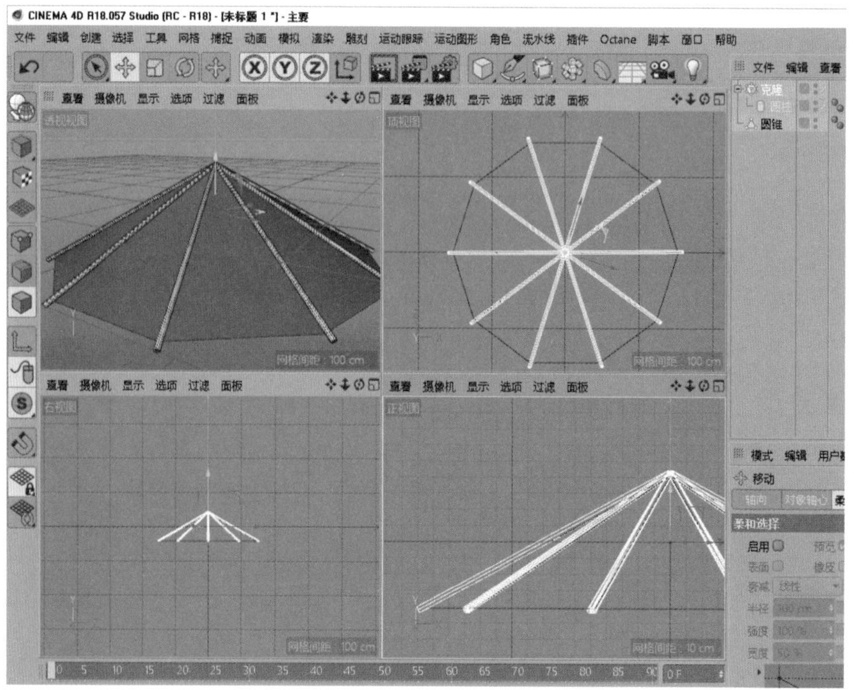

图3.2.11 伞面制作完成

3. 制作底座

01 新建一个圆柱，在圆柱的属性窗口中降低高度并转为可编辑对象。切换到面模式下，选择底部所有的面，按住 Ctrl 键在水平方向拖动鼠标，复制并缩小所选的面，如图 3.2.12 所示。

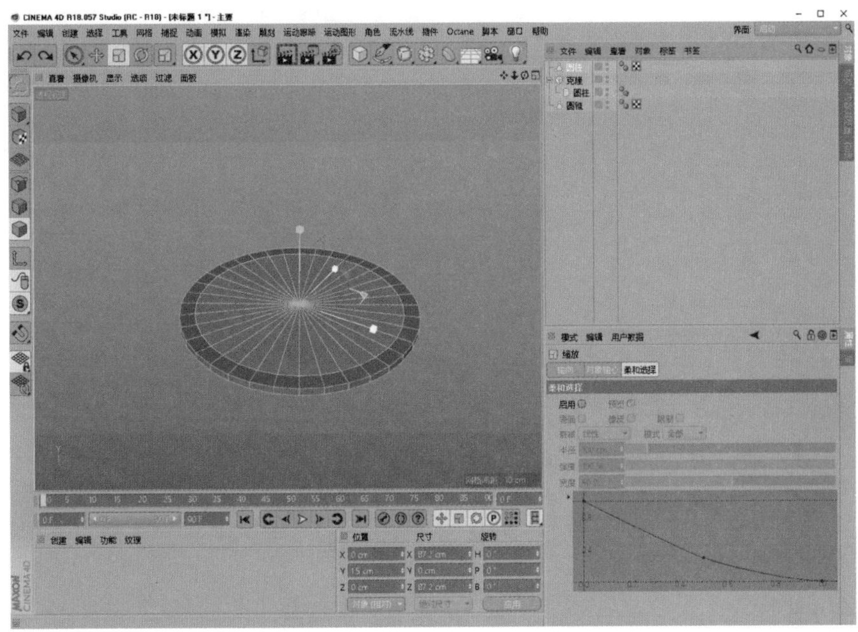

图3.2.12　复制并缩小所选的面

02 再次按住 Ctrl 键并沿 *Y* 轴拖动，生成一段圆柱，重复操作制作出底座形状，如图 3.2.13 所示。

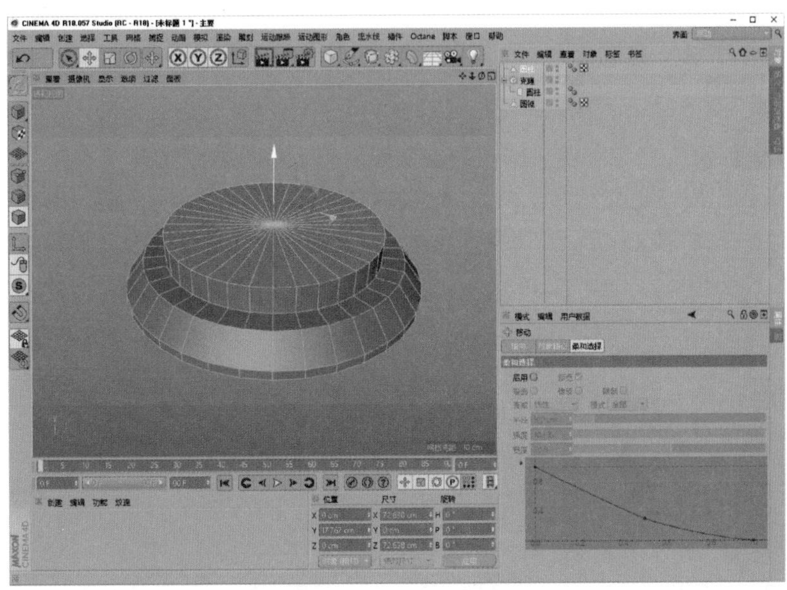

图3.2.13　完成底座制作

4. 编组命名

新建一个圆柱，调整长度和半径作为伞杆。调整好各部分的大小比例和位置，将遮阳伞组合起来，如图 3.2.14 所示。

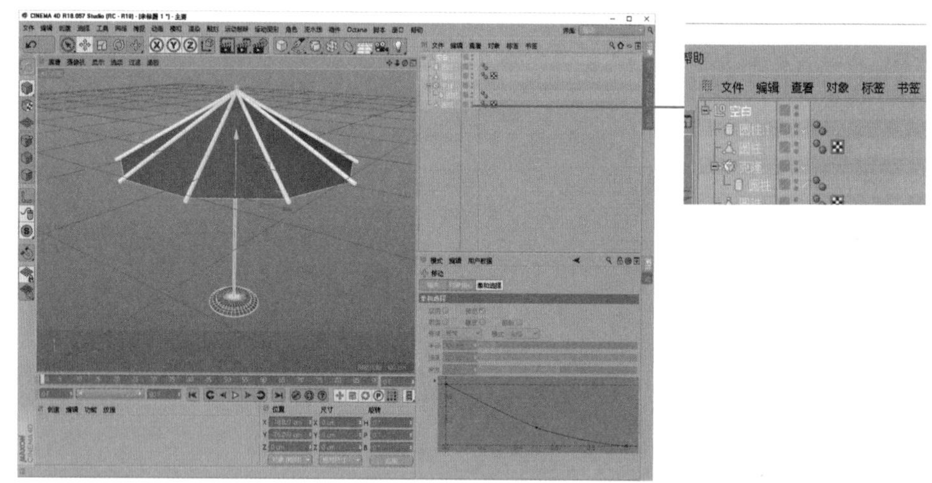

图3.2.14 调整好后编组

调整好后，在对象窗口中选择全部对象，按 Alt+G 组合键编组，双击编组的名称即可将其重命名。

小贴士

三维软件的几何体都是由小的面拼接出来的，物体的面越多，图形越细腻，而面的多少可以通过分段线条控制。

3.2.2 制作座椅

1. 制作坐垫

01 长按“立方体”按钮，在弹出的下拉列表中选择“平面”选项，缩小平面，将“宽度分段”设为 2，将“高度分段”设为 1，完成后转为可编辑对象，如图 3.2.15 所示。切换到点模式，选择中间 2 个点，沿 *Z* 轴移动位置，制作出坐垫形状，如图 3.2.16 所示。

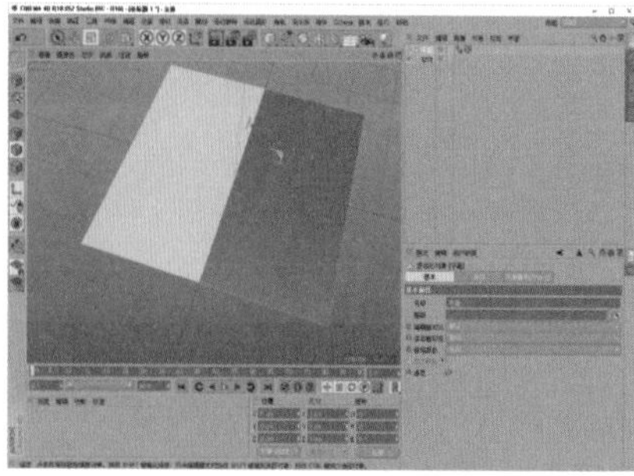

图3.2.15 建立面

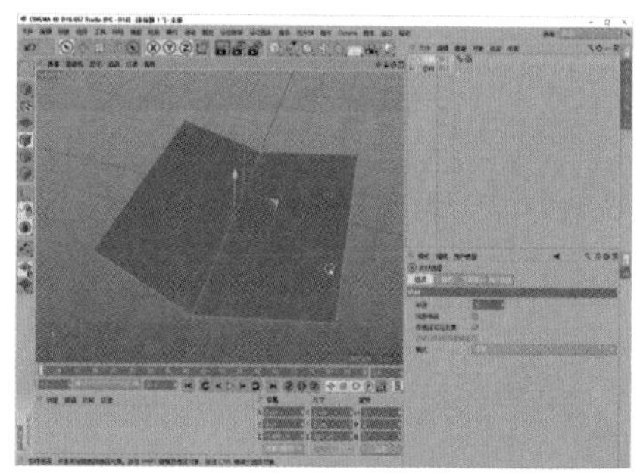

图3.2.16 制作出坐垫形状

02 切换到面模式，全选 2 个面右击，在弹出的快捷菜单中选择“挤压”选项，如图 3.2.17 所示，按住 Ctrl 键的同时沿 *Y* 轴拖动鼠标，挤压出立体形状，如图 3.2.18 所示。

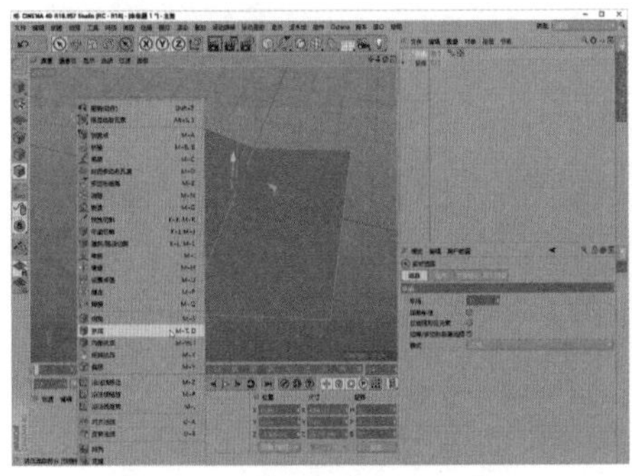

图3.2.17 选择“挤压”选项

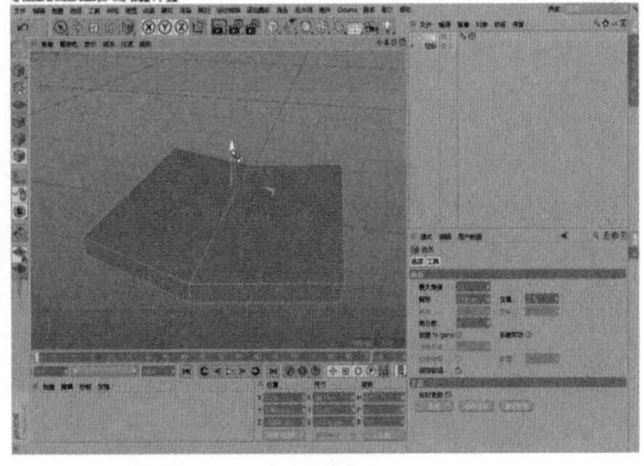

图3.2.18 挤压出立体形状

03 视角旋转到底部，会看到底部缺少一个面，如图 3.2.19 所示。在视图窗口中右击，在弹出的快捷菜单中选择“封闭多边形孔洞”选项，然后单击封闭底部，如图 3.2.20 所示。

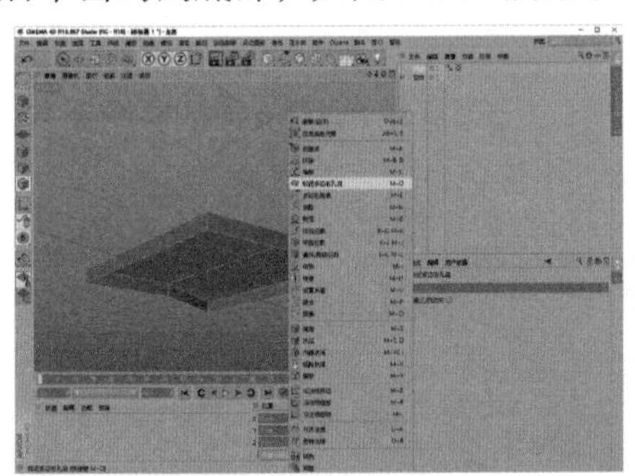

图3.2.19 底部为空

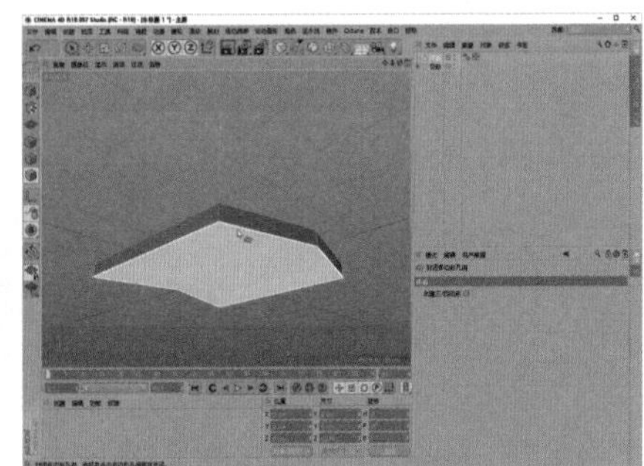

图3.2.20 封闭底部

04 选择侧面所有边并右击，在弹出的快捷菜单中选择“倒角”选项，如图 3.2.21 所示。左右拖动鼠标进行倒角，右侧倒角属性窗口中的“偏移”可以设置倒角范围;“细分”值设置得越高，倒角越平滑，如图 3.2.22 所示。

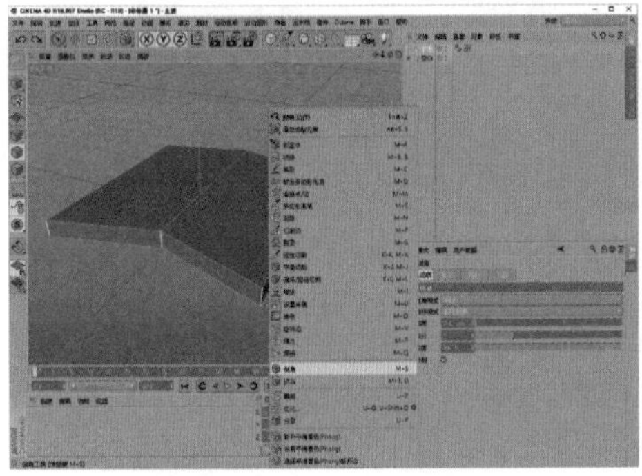

图3.2.21 选择“倒角”选项

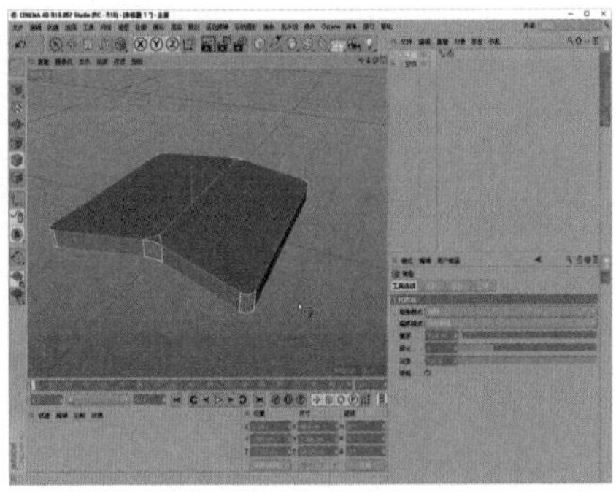

图3.2.22 对边缘进行倒角

2. 制作靠背

复制一个坐垫作为靠背并通过旋转、移动操作摆放好位置，按住 Shift 键会以 10°为刻度进行旋转，如图 3.2.23 所示。

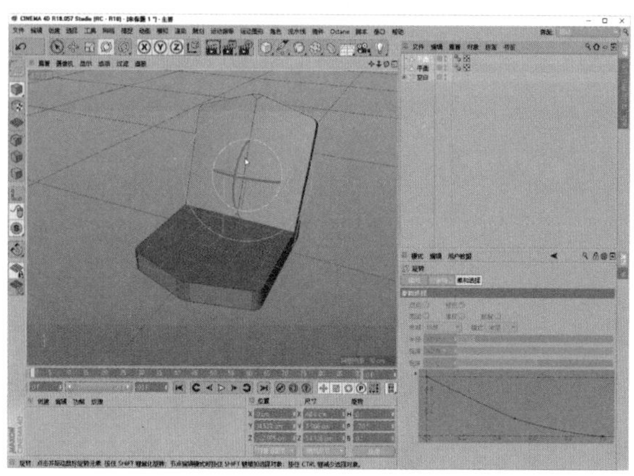

图3.2.23 制作靠背

3. 制作扶手、椅腿

新建立方体，调整其大小和位置，作为扶手和椅腿，完成座椅的制作，如图 3.2.24 所示，完成后将座椅的所有部件打包并命名。

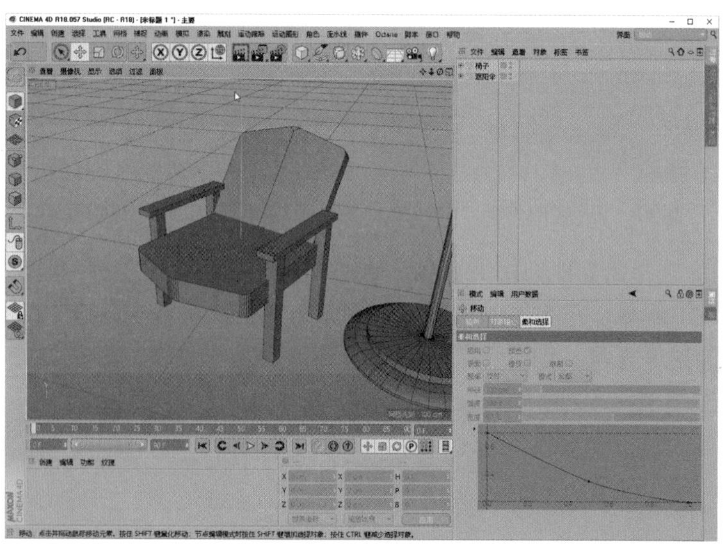

图3.2.24 完成座椅的制作

小贴士

几何体在转为可编辑对象时，可能会产生废弃点，导致部分操作无法实现，如使用“封闭多边形孔洞”命令无效。此时需要切换到点模式，全选模型的所有点并右击，在弹出的快捷菜单中选择“优化”选项清除废弃点。单击“优化”选项右侧的齿轮图标可以打开优化设置面板。

3.2.3 搭建环境

1. 制作背景

01 将座椅和遮阳伞的位置摆放好，新建一个平面作为地面，将平面的分段数设为 1；将地面转为可编辑对象，拉伸 4 条边到合适的位置；选择后方的边，按住 Ctrl 键向上拖动，制作出背景墙，如图 3.2.25 所示。

图3.2.25 制作背景墙

02 对地面与背景墙的接缝进行适度倒角，调整好视角完成场景搭建，如图 3.2.26 所示。单击“渲染活动视窗”按钮可以预览效果。

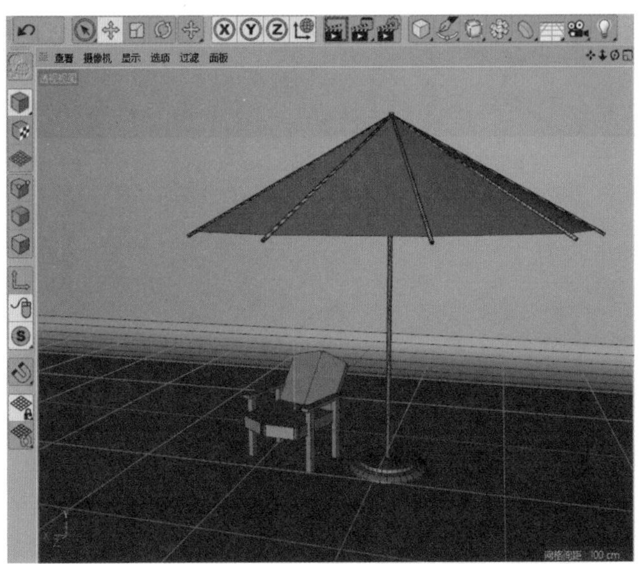

图3.2.26 完成场景搭建

2. 摄像机

调整好视角后，单击“摄像机”按钮添加摄像机，右击对象窗口中的摄像机，在弹出的快捷菜单中选择“CINEMA 4D 标签”→“保护”选项，如图 3.2.27 所示。给摄像机添加保护标签，防止视角变换。如果需要调整视角，可以单击摄像机后面的小标志停用摄像机。

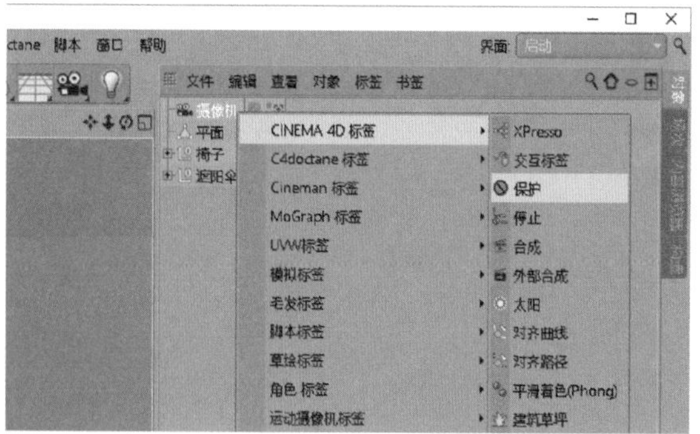

图3.2.27 利用摄像机保护调整好的视角

知识窗：调整场景

建模是一个反复调成的过程，如果要对已经转为可编辑对象的物体进行整体调整，需要在左侧的工作模式栏中选择“模型”模式。

如果要将多个几何体转化为一个可编辑对象，可以在对象窗口位置全选这几个对象右击，在弹出的快捷菜单中选择“连接对象＋删除”选项，转换后需要在点模式下使用“优化”命令。

3.2.4 添加材质、灯光

1. 制作材质

建立 3 个不同颜色的材质球，分别赋予座椅、遮阳伞和地面，如图 3.2.28 所示。

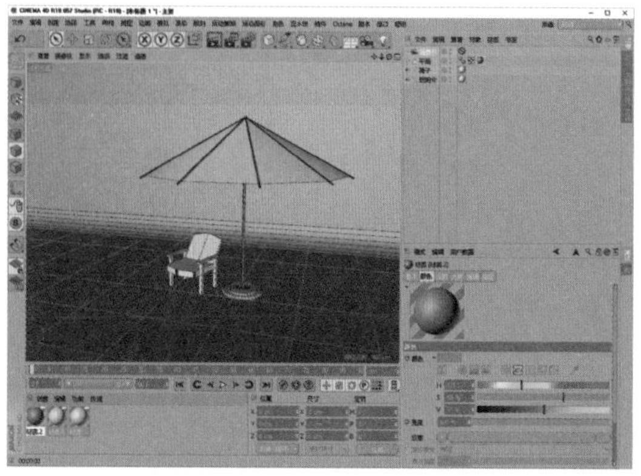

图3.2.28 添加材质

2. 建立光源

单击“灯光”按钮添加点光源，如图 3.2.29 所示，切换视角将灯光调整到适当位置，如图 3.2.30 所示。

图3.2.29 添加灯光

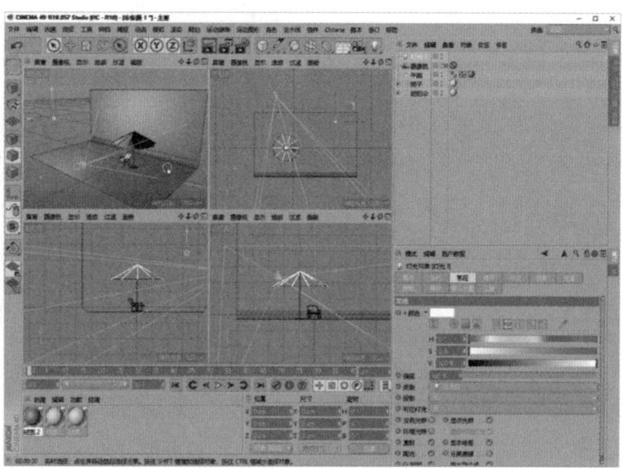

图3.2.30 调整灯光位置

3. 设置灯光

在灯光属性面板中切换到“常规”选项卡：通过“强度”选项调整光线强弱；在“类型”下拉列表中选择灯光种类；在“投影”下拉列表中选择阴影类型，这里选择“阴影贴图（软阴影）”选项，其中“区域”阴影的效果最好，但是消耗系统资源最多，渲染最慢。设置效果如图 3.2.31 所示。

图3.2.31 设置灯光

由于背光处阴影过深，所以需要在靠后的位置补一个光源作为辅助光源，如图 3.2.32 所示。注意：辅助光源的强度应低于主光源。

图3.2.32　添加辅助光源

3.2.5　渲染输出

单击“渲染设置”按钮，弹出“渲染设置”对话框，在“效果”选项中选择添加“全局光照”和“环境吸收”，如图 3.2.33 所示。全局光照和环境吸收可以让光线和阴影贴近自然。设置完成后按任务 3.1 的方法输出。

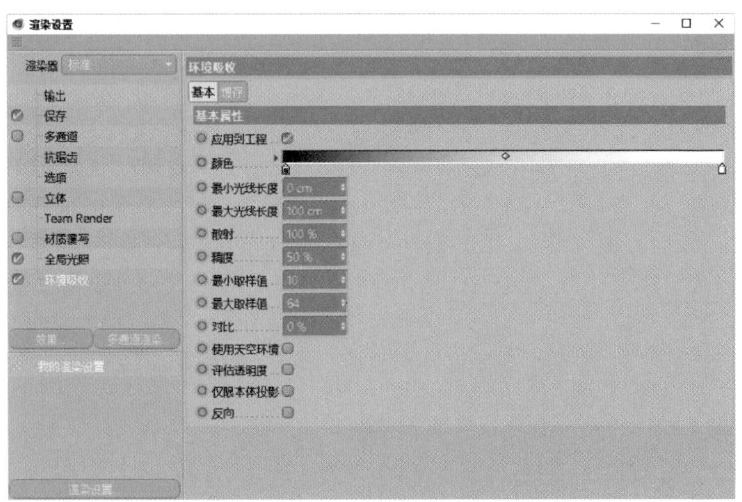

图3.2.33　开启全局光照和环境吸收

小贴士

视图窗口不会显示阴影，渲染后阴影才可见。如果要即时查看阴影效果，可在视图窗口上方的菜单栏中选择“选项”→“投影”选项。

实训练习3-2：制作摄像机小场景

制作如图 3.2.34 所示的摄像机小场景。

图3.2.34 摄像机小场景

学习评价

进行学习评价，由学生自我评价、小组互评、教师评价相结合。

任务3.2：制作卡通小场景						日期	
评价内容	自我评价			小组互评			
	完全掌握	基本掌握	未掌握	完全掌握	基本掌握	未掌握	
能灵活操作点、线、面修改几何体形状							
能使用克隆工具和倒角工具							
能对缺少的面进行封闭处理							
能搭建完整的小场景							
能添加灯光并开启阴影							
能使用摄像机保护调整好的视角							
能进行渲染输出							

教师评价：

任务3.3 制作广告场景

任务描述

模型建立后需要添加材质，CINEMA 4D的材质编辑器功能强大，我们可以手动编辑，也可以使用预设的方式制作各种材质。要制作出符合要求的质感，不但要了解软件的操作，还要注意在日常生活中观察各种物体材质的具体表现特征。

任务目标

微课：制作三维广告

1）进一步熟悉基础建模操作；
2）了解随机效果器的使用方法；
3）能结合使用样条布尔工具和挤压工具制作立体图形；
4）能将图片素材导入材质球中并调整显示模式；
5）掌握材质的概念，会制作简单的凹凸、透明、反射材质；
6）了解如何利用物理天空构建光照环境。

本任务的要求是制作如图 3.3.1 所示的购物节广告。

图3.3.1 广告场景

3.3.1 制作地面

1. 制作地板

01 新建平面作为地面，新建立方体，调整其大小、形状，将其紧贴地面摆放作为地板，如图 3.3.2 所示。

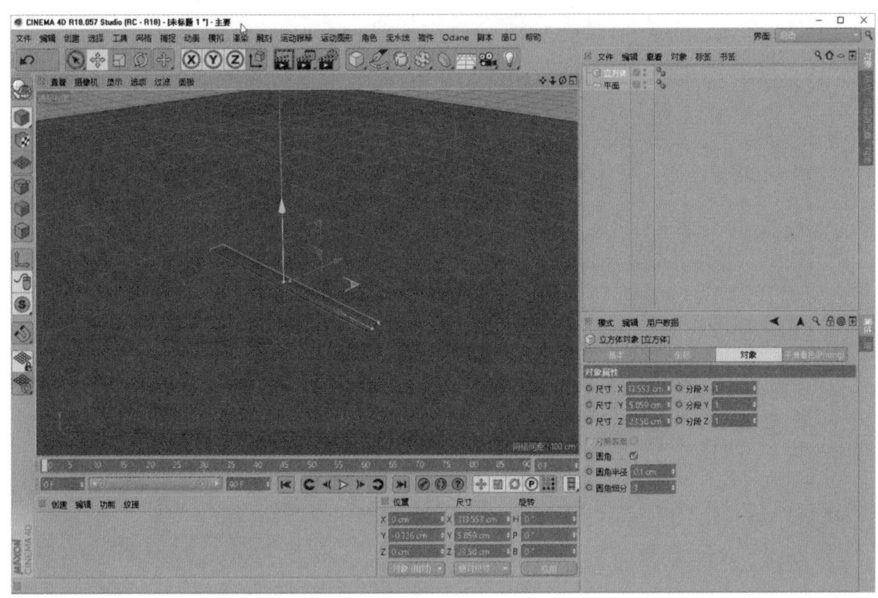

图3.3.2　制作地板

02 选择菜单栏中的“运动图形”→“克隆”选项，对地板进行克隆，结果如图 3.3.3 所示。

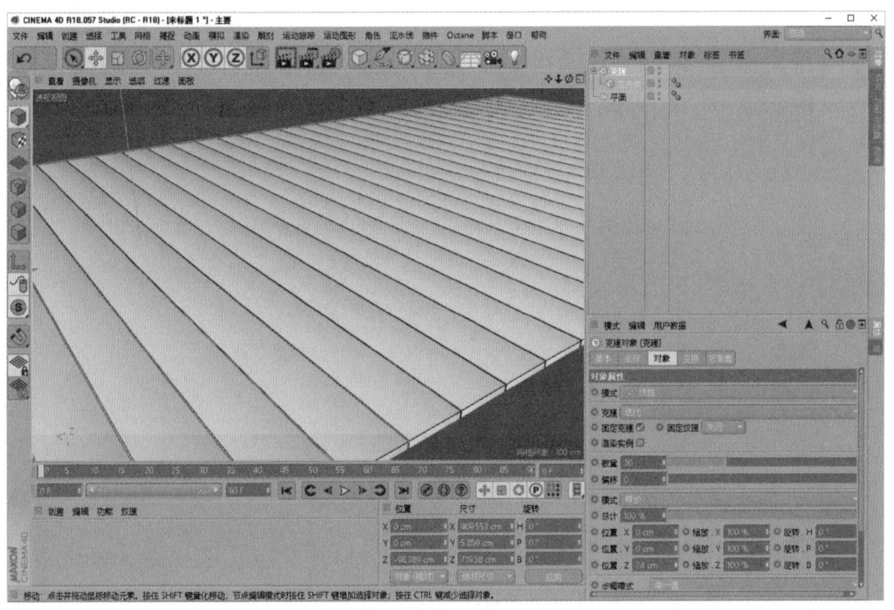

图3.3.3　克隆地板

03 在右下方属性窗口中调整“克隆”参数：调节“数量”保证基本铺满显示区域；“模式”选择“线性”选项；“位置 Y”改为 0；调整“位置 Z”，将地板挨着摆放并留一定夹缝，如图 3.3.4 所示。

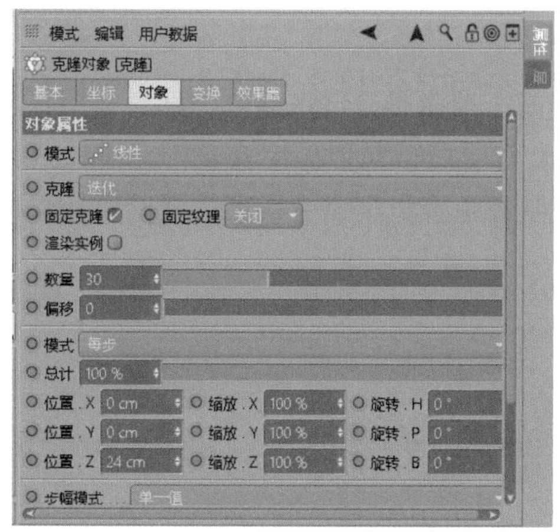

图3.3.4 调整“克隆”参数

2. 制作错位效果

01 选择对象窗口中的“克隆”，然后选择菜单栏中的“运动图形”→“效果器”→“随机”选项，给克隆添加随机效果，如图 3.3.5 所示。

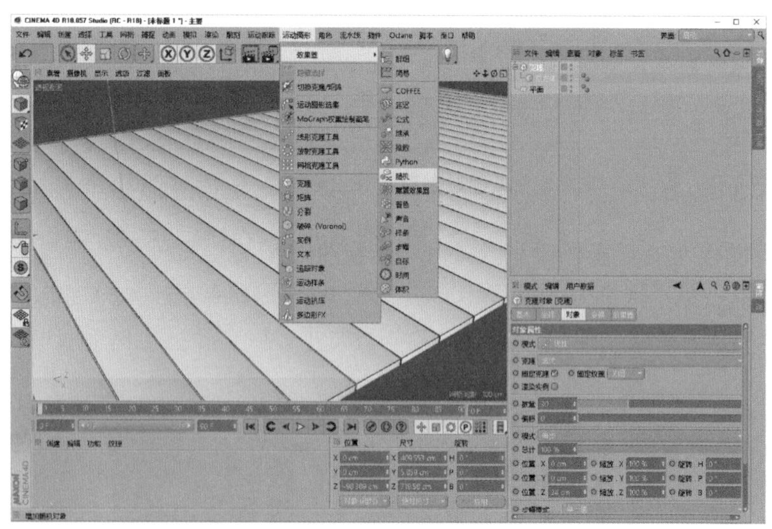

图3.3.5 给克隆添加随机效果

02 在“随机”效果器的属性窗口中选择“参数”选项卡，将位置参数“P.Y”“P.Z”修改为 0，调整“P.X”的数值，制作出地板参差不齐的效果，如图 3.3.6 所示。

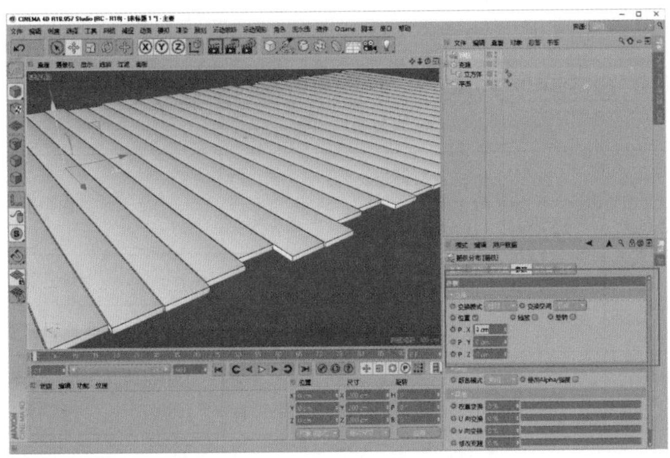

图3.3.6 制作参差不齐的地板

小贴士

调整参数时，可以在参数文本框中输入数字精确地调整，也可以拖动后面的上下小箭头进行调整。

3.3.2 制作主体文字

1. 制作立体字

01 选择菜单栏中的“运动图形”→“文本”选项，新建立体字，然后输入“家电购物节”，选择对象窗口中的“文本”，在下方的属性窗口中调整参数。

02 在属性窗口中选择“对象”选项卡:“深度”选项用于调整字体的厚度；可在“文本”对话框中输入文字；在“字体”下拉列表中尽量选择笔画较粗的字体；“高度”选项用于调整字体的大小，如图 3.3.7 所示。

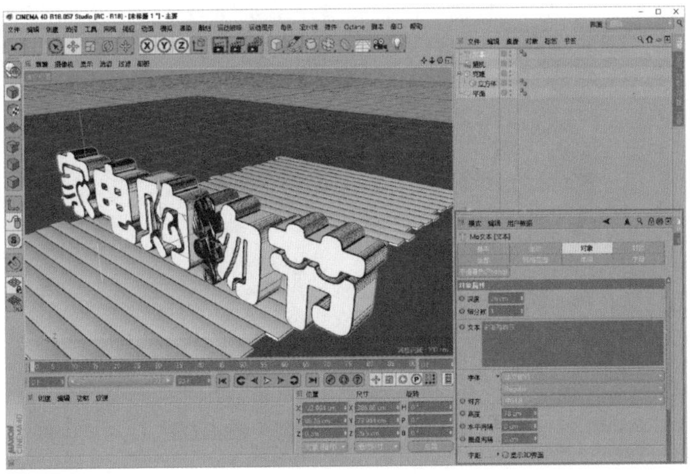

图3.3.7 制作立体字

03 选择“封顶”选项卡：将“顶端”设置为“圆角封顶”，通过“步幅”调整圆角平滑度，“半径”选项用于调整圆角的大小，如图 3.3.8 所示。

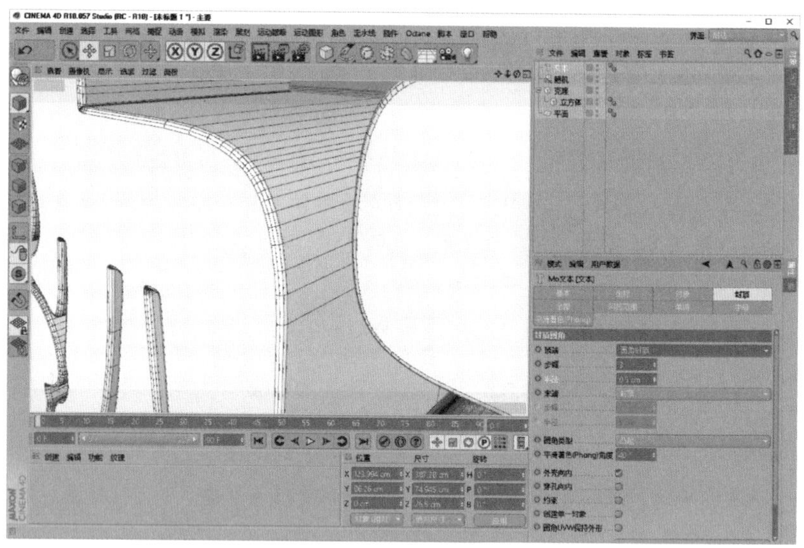

图3.3.8 制作圆角效果

小贴士

使用封顶效果，添加灯光后会增强物体的轮廓感；但是开启封顶也会改变字体大小，如果想保证字体不变，可以启用“封顶”选项卡中的“约束”功能。

04 将制作好的字体复制 2 次，关闭复制文字的圆角封顶，降低厚度，调整 Z 轴位置，按图 3.3.9 的方式进行叠放。这样是为了加强立体感，同时方便调整材质。

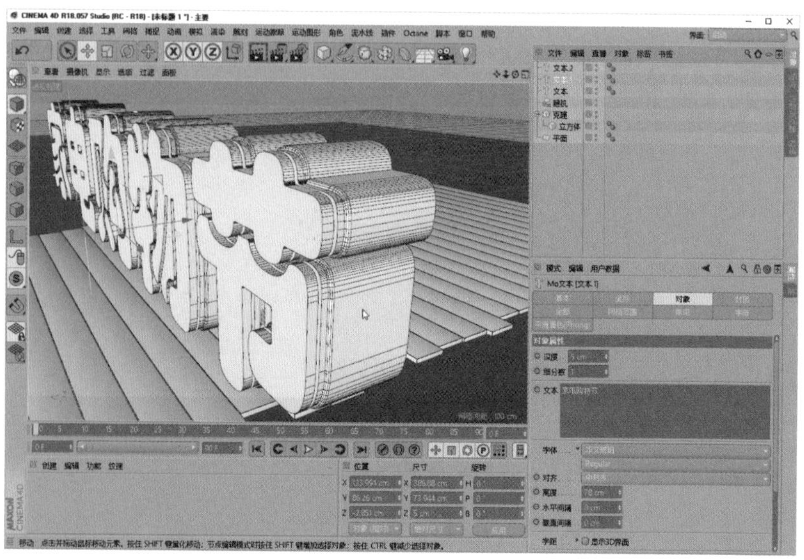

图3.3.9 复制字体

2. 制作上方小字

使用同样的方法制作上方小字，调整好字体、大小、位置，如图3.3.10所示。主体文字制作完成后可以编组并重命名。

图3.3.10　完成主体文字制作

3.3.3　制作气泡字

1. 绘制气泡框线条

01 使用 Ctrl+N 组合键新建工程，长按“画笔”按钮，在弹出的下拉列表中选择“矩形”工具，调整新建矩形的大小并转为可编辑对象，如图 3.3.11 所示。

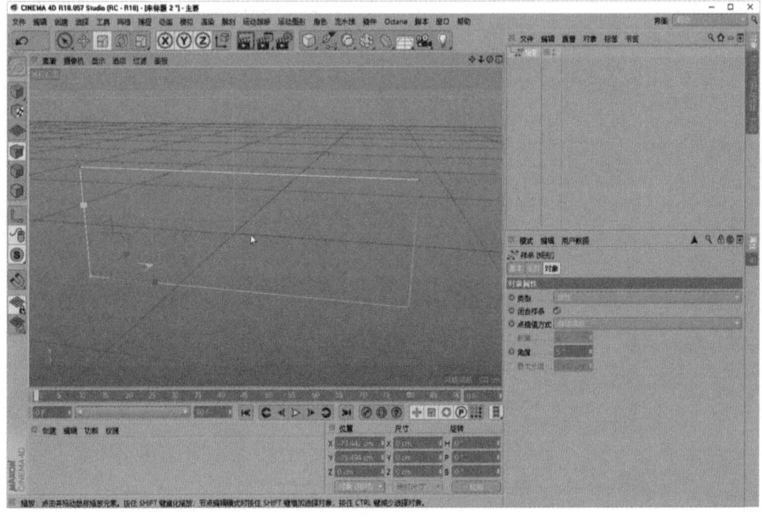

图3.3.11　新建工程并绘制矩形

02 切换到点模式下，选择矩形的4个顶点并右击，在弹出的快捷菜单中选择“倒角”选项，左右拖动进行倒角，结果如图3.3.12所示。

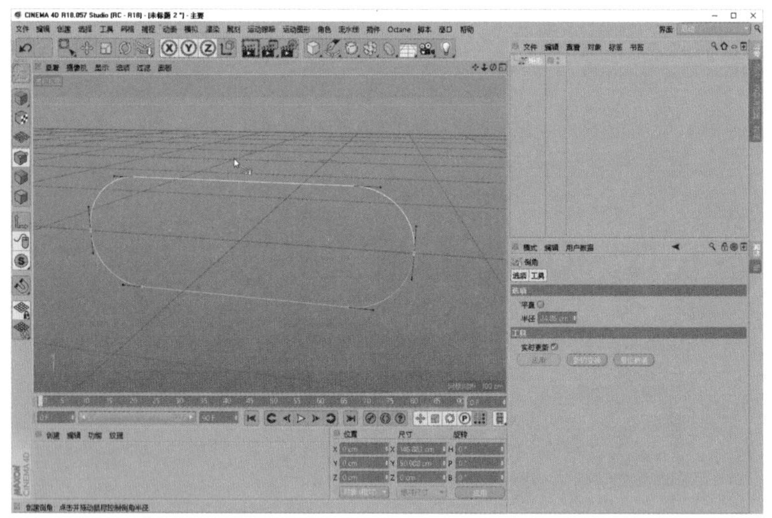

图3.3.12 对矩形进行倒角

03 选择“画笔”工具组中的“画笔”工具，绘制一个三角形，如图3.3.13所示。

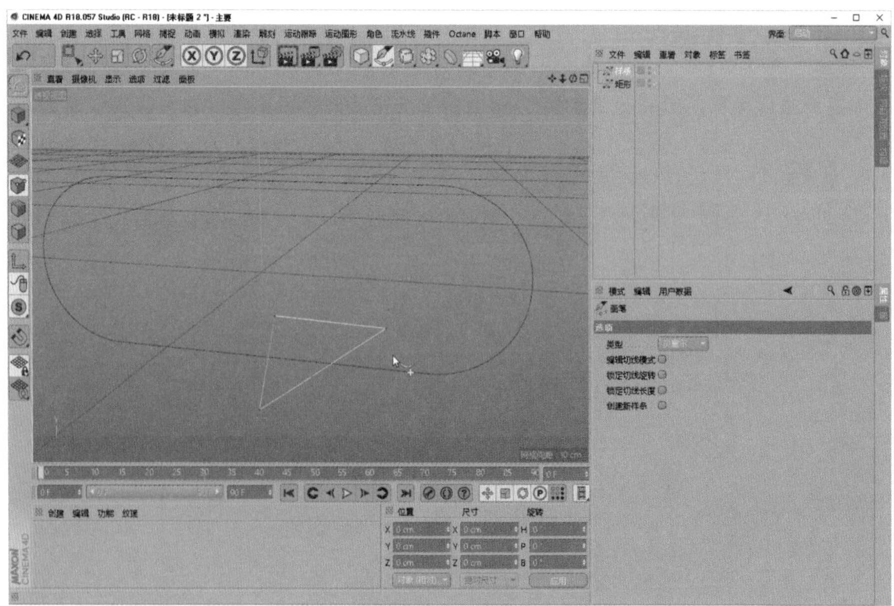

图3.3.13 使用画笔绘制三角形

小贴士

在绘制前要取消对矩形的选择，否则三角形会和矩形放到同一个图形中，在对象窗口查看绘制的是否是2个图形。

04 长按工具栏中的“阵列”按钮，在弹出的下拉列表中选择“样条布尔”工具，如图 3.3.14 所示。

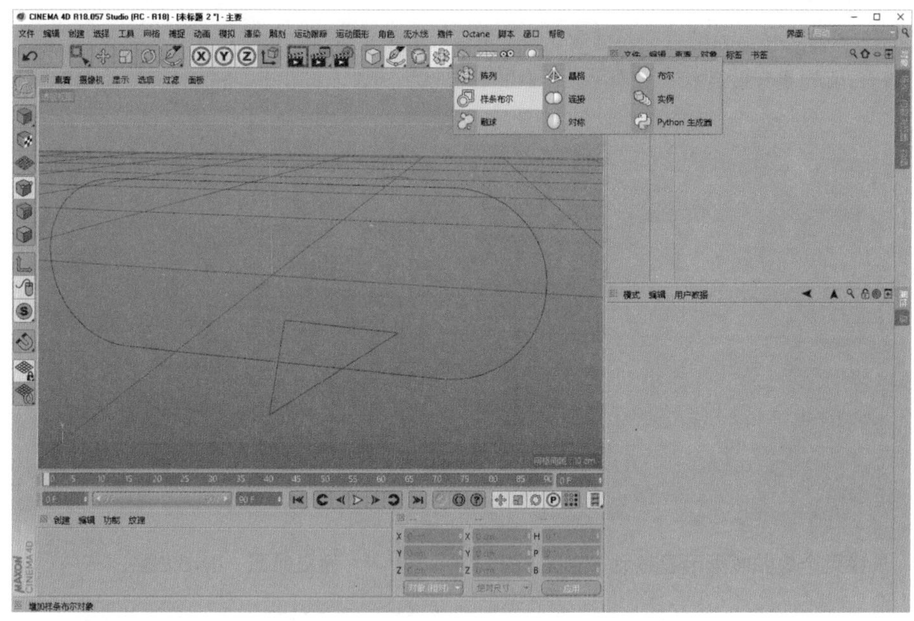

图3.3.14　添加“样条布尔”工具

05 在对象窗口中，将绘制的圆角矩形和三角形放到“样条布尔”下作为子级，在“样条布尔”的属性窗口中选择“对象”选项卡，将“模式”设置为“合集”，如图 3.3.15 所示。全选几个对象后右击，在弹出的快捷菜单中选择“连接对象＋删除”选项转为可编辑对象，完成气泡制作。

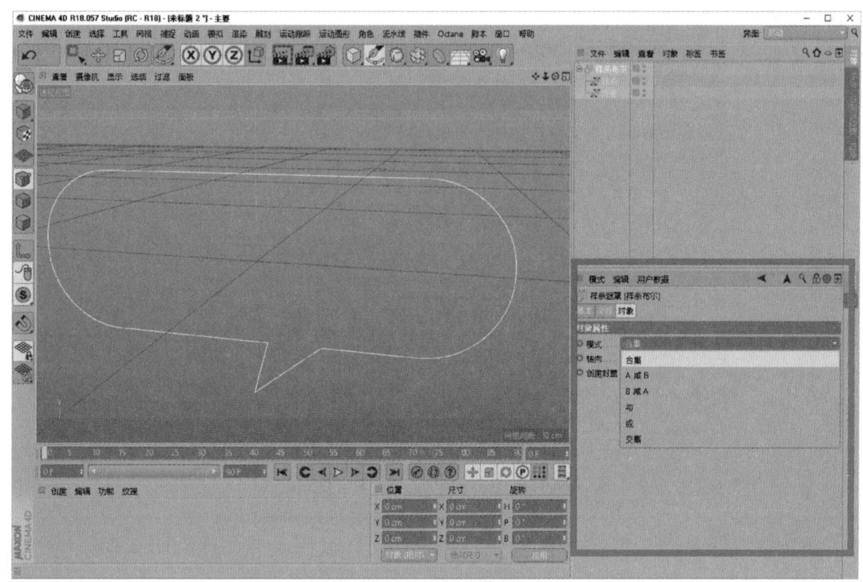

图3.3.15　选择运算模式

2. 制作立体气泡框

01 将制作好的气泡复制一个，适当缩小，调整点的位置，制作出镂空气泡形状，如图 3.3.16 所示。再次新建样条布尔作为父级，把 2 个气泡形状放入其中，设置“模式”为“B 减 A”。

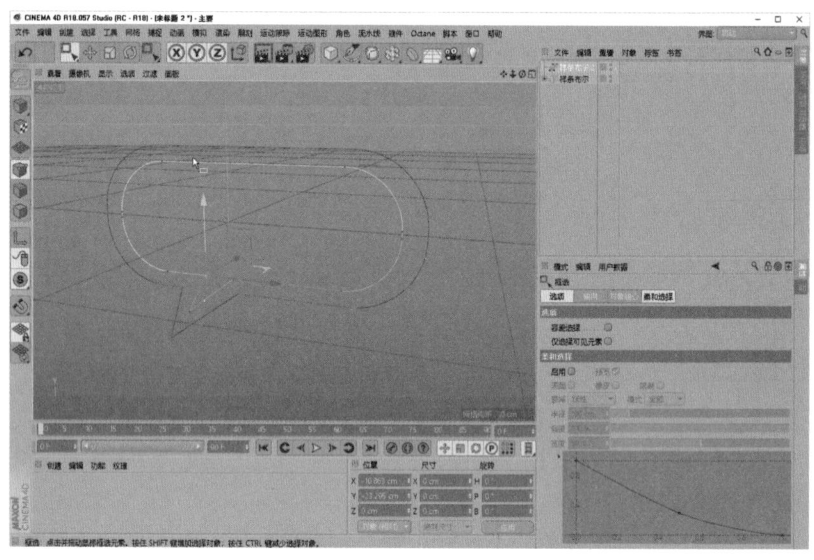

图3.3.16 制作镂空气泡

02 长按工具栏中的“细分曲面”按钮，在弹出的下拉列表中选择“挤压”选项，将样条布尔作为子级，生成立体气泡，如图 3.3.17 所示。如果效果出错，则需要调整样条布尔运算的模式。

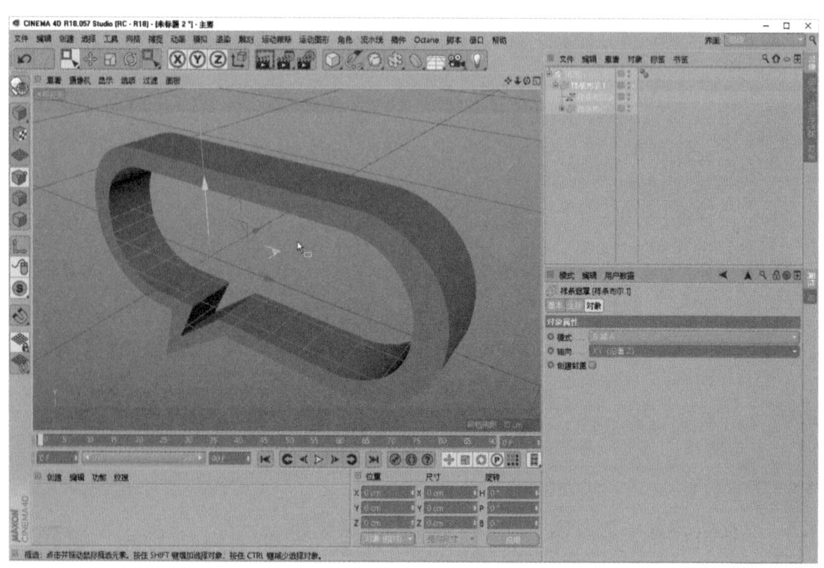

图3.3.17 使用挤压工具生成立体气泡

03 制作立体文字，摆放好位置和气泡框编组。

04 复制编组。按 V 键，在弹出的快捷菜单中选择“工程”选项，进行工程切换，如图 3.3.18 所示。

图3.3.18　切换工程

05 按 Ctrl+V 组合键将立体气泡复制到第一个工程中，将所有对象调整好大小并摆好位置，如图 3.3.19 所示。调整好后可以建立摄像机保护视角。

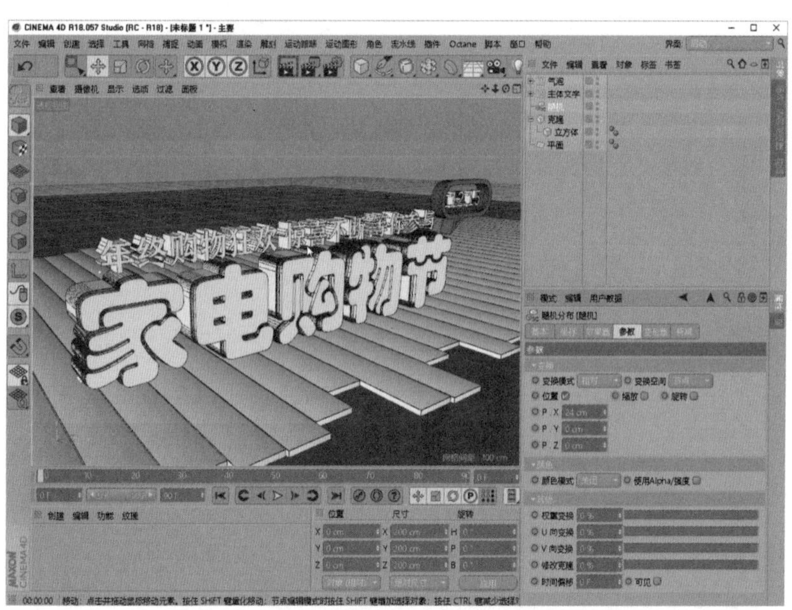

图3.3.19　完成场景搭建

知识窗：布尔运算

布尔运算通过对两个或两个以上的物体进行并集、差集、交集运算，从而得到新的物体形态。CINEMA 4D 中常用的有并集、交集、差集（A 减 B 和 B 减 A 两种）。使用布尔运算的最大优点是不会对参与运算的几何体进行任何改动，可以随时调整运算的方式，利于修改。

中的 样条布尔 用于线条的布尔运算， 布尔 用于几何体的布尔运算。

3.3.4 制作地板材质

1. 添加贴图

将木纹贴图直接拖放到材质栏生成材质球，双击材质球，在弹出的“材质编辑器”对话框中会看到贴图直接出现在“颜色”通道的“纹理”位置，如图 3.3.20 所示。

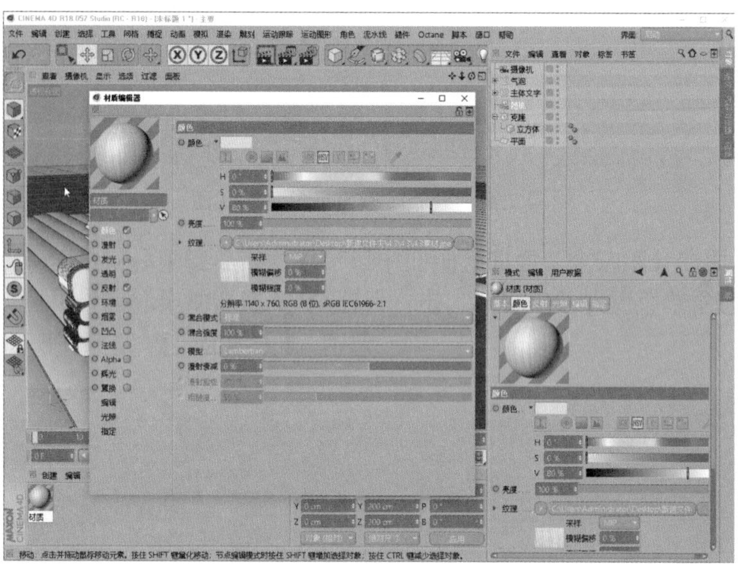

图3.3.20　添加材质贴图

2. 制作凹凸感

01 打开并开启“材质编辑器”对话框左侧的“凹凸”通道，将木纹贴图拖放到“纹理”位置，如图 3.3.21 所示。

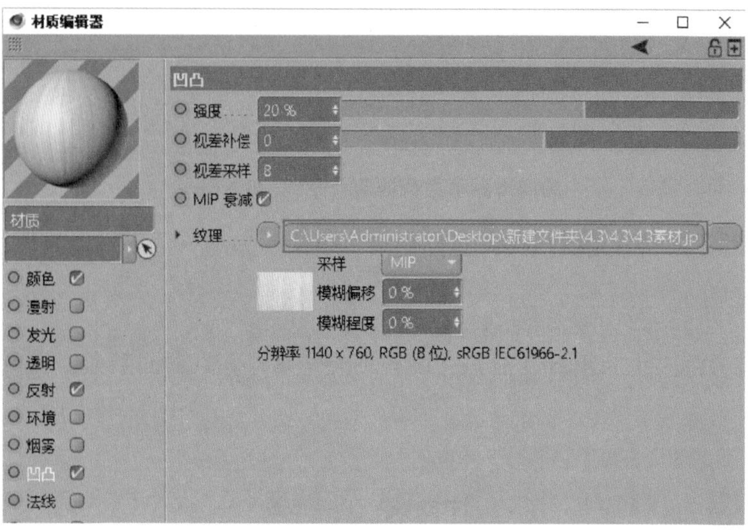

图3.3.21　开启凹凸效果

02 单击“凹凸”通道中“纹理”后面的下拉按钮，在弹出的下拉列表中选择“过滤”选项，如图 3.3.22 所示。此时纹理后方的按钮文字会变为“过滤”，如图 3.3.23 所示，单击进入过滤的调整窗口。

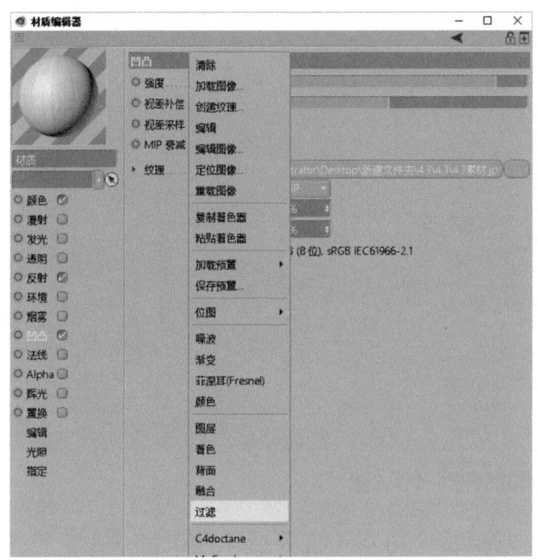

图3.3.22 选择“过滤”选项

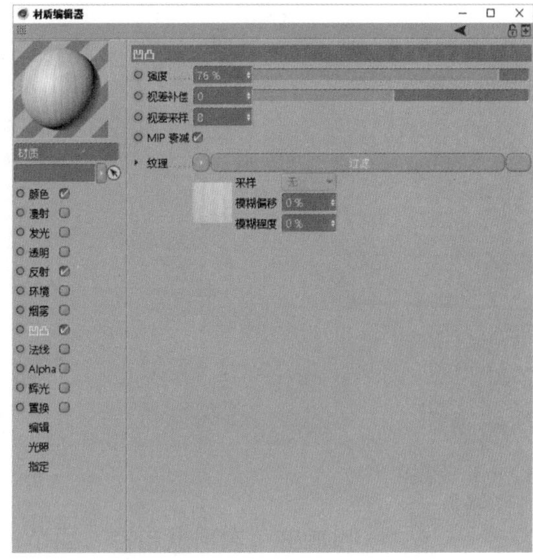

图3.3.23 按钮文字变为“过滤”

03 在“过滤”窗口中，将“饱和度”设置为 0，调整亮度、对比度，尽量使图形黑白分明，强化凹凸感，如图 3.3.24 所示。单击“凹凸”选项，可以回到“凹凸”通道的主界面，在“强度”文本框中调整凹凸强度。

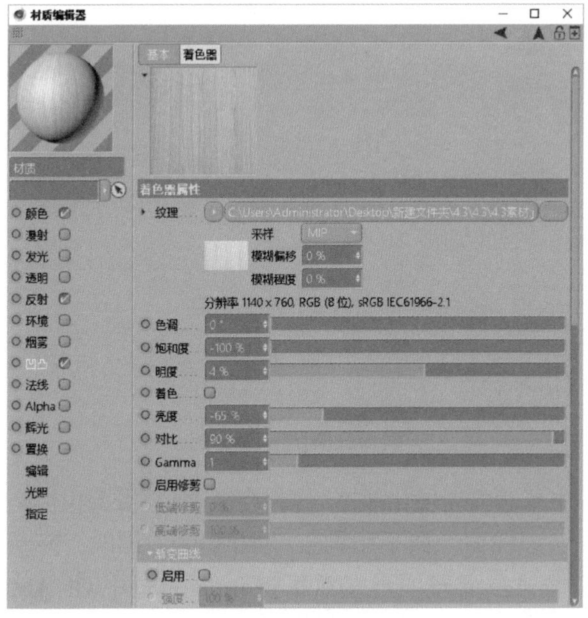

图3.3.24 制作凹凸效果

3. 制作反射

01 选择材质编辑器的“反射”通道，单击“添加”按钮，在弹出的下拉列表中选择“GGX”反射模式，如图 3.3.25 所示。

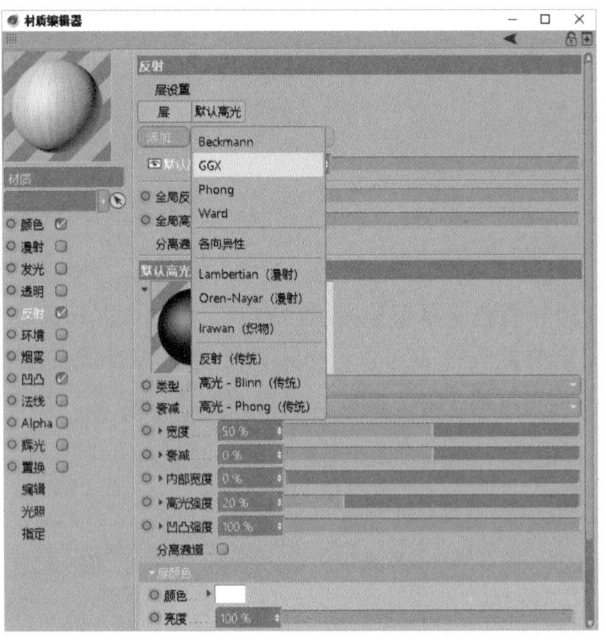

图3.3.25 添加GGX反射

02 调整 GGX 反射参数：添加一些“粗糙度”，在“层颜色”选项组中的“纹理”下拉列表中选择“菲涅耳（Fresnel）”选项，如图 3.3.26 所示。

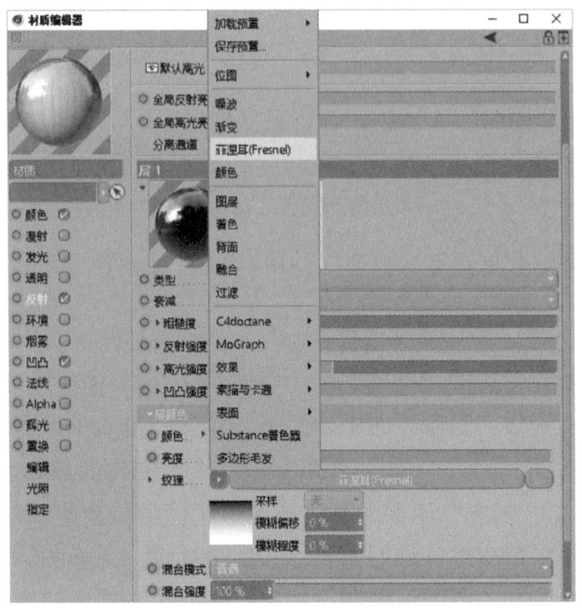

图3.3.26 添加“菲涅耳”纹理

03 通过“层颜色”选项组中的“亮度”和“混合强度”选项调整反射效果，如图 3.3.27 所示。

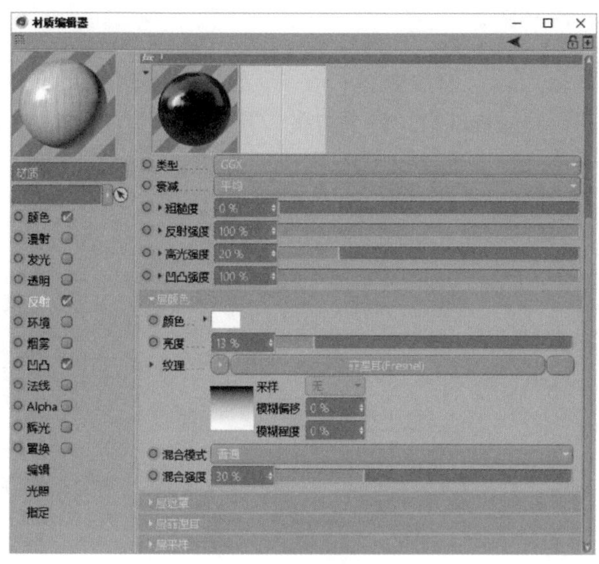

图3.3.27 调整反射效果

4. 添加材质

01 将材质球添加到地板上。

02 添加材质后，单击对象窗口克隆后面的材质小球，在下方的属性窗口中将“投射”由“UVW”修改为“立方体”，避免贴图拉伸变形，如图 3.3.28 所示。

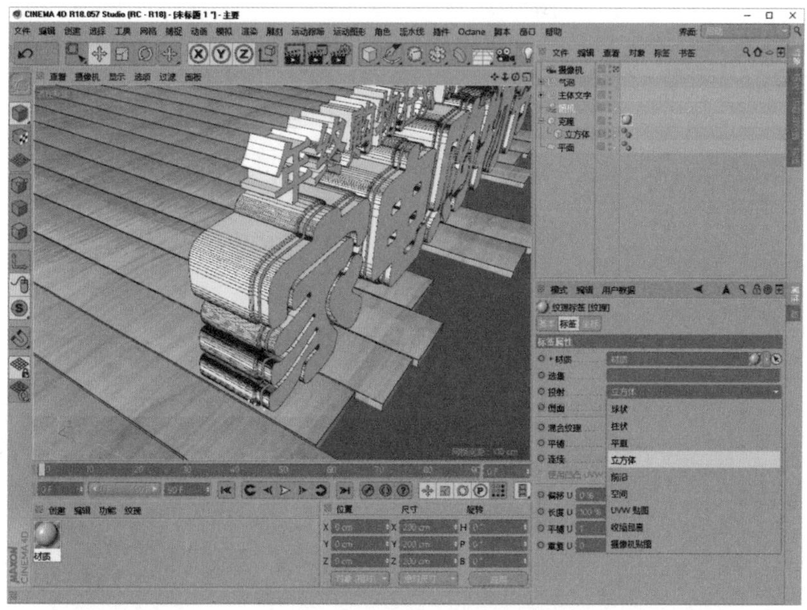

图3.3.28 设置贴图立方体投射

3.3.5 制作文字和气泡字材质

1. 制作绝缘体材质

01 新建材质球，修改颜色，在“反射”通道中添加 GGX，将“纹理”修改为“菲涅耳（Fresnel）”，将下方的“层菲涅耳”选项组中的“菲涅耳”选项设置为“绝缘体”，如图 3.3.29 所示。若需要，还可以在下面的“预设”选项组中选择具体材质。

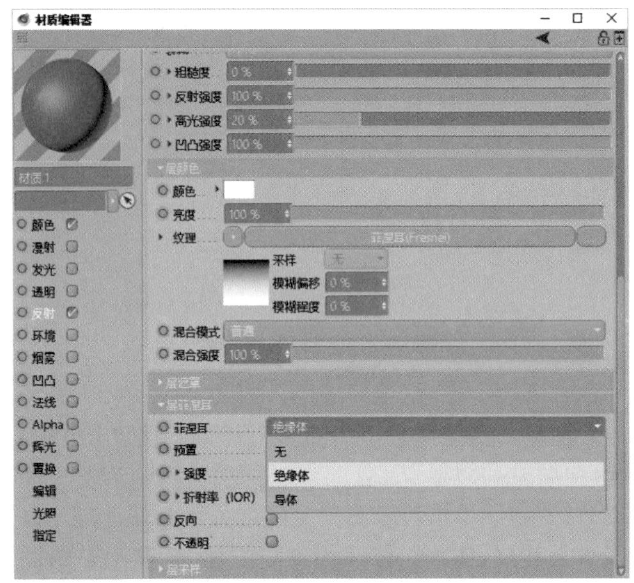

图3.3.29 制作绝缘体材质

02 复制一个材质球，设置为白色。将两个材质球分别添加到后面 2 层文字中，如图 3.3.30 所示。

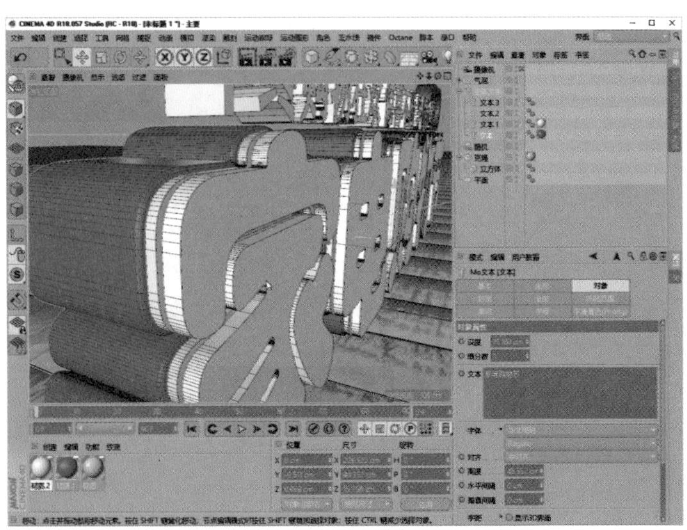

图3.3.30 添加绝缘体材质

2. 制作透明材质

01 新建材质球，开启“透明”通道，在“折射率预设”下拉列表中选择“有机玻璃”选项，如图 3.3.31 所示。“吸收颜色”选项可以调整透明材质的颜色。

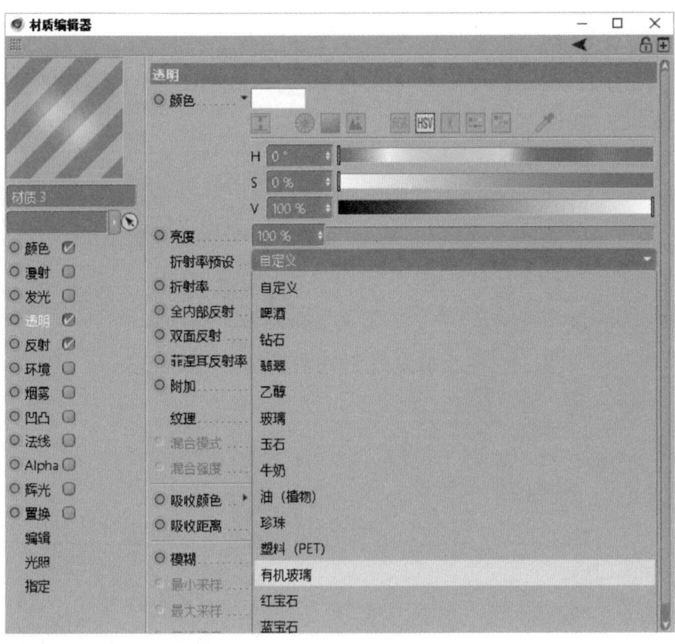

图3.3.31 制作透明材质

02 将透明材质添加到主体文字最前面一层。注意：透明材质渲染后才可见。

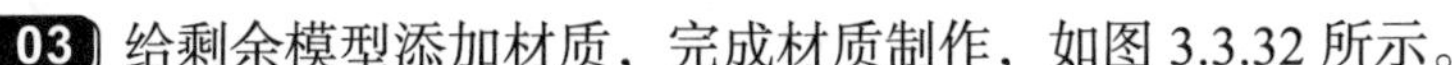

03 给剩余模型添加材质，完成材质制作，如图 3.3.32 所示。

图3.3.32 完成材质制作

小贴士

给多个物体添加材质时，选择全部需要添加同一材质的对象，在材质球上右击，然后在弹出的快捷菜单中选择“应用”选项，即可同时给多个物体添加材质。

3.3.6 制作光照环境

01 长按工具栏中的“地面”按钮，在弹出的下拉列表中选择“物理天空”选项，如图 3.3.33 所示。

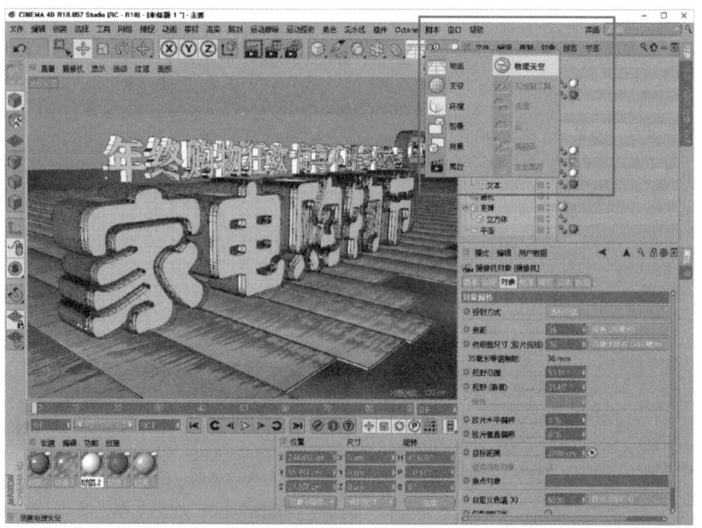

图3.3.33 添加物理天空

02 右击对象窗口中的物理天空，在弹出的快捷菜单中选择“CINEMA 4D 标签”→“合成”选项，给物理天空添加合成标签。现在只要光照环境，不需要背景，所以关闭属性窗口中的“摄像机可见”，如图 3.3.34 所示。

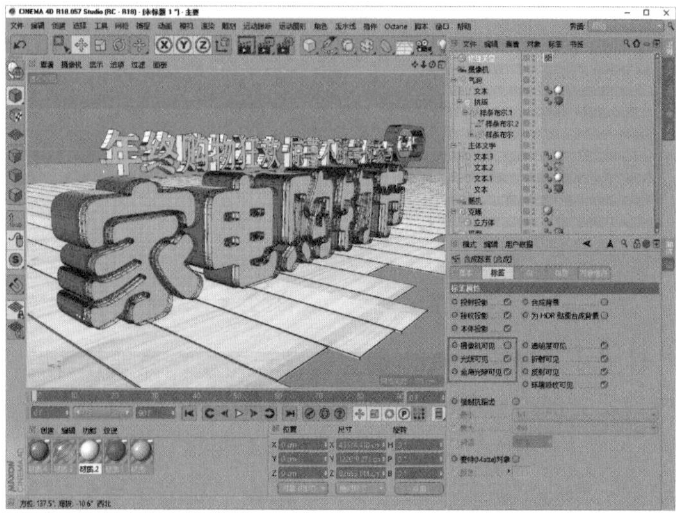

图3.3.34 关闭物理天空的摄像机可见属性

03 单击对象窗口中的物理天空，在属性窗口中选择“太阳”选项卡，降低强度，将“饱和度修正”设置为 0，取消光线颜色，如图 3.3.35 所示。

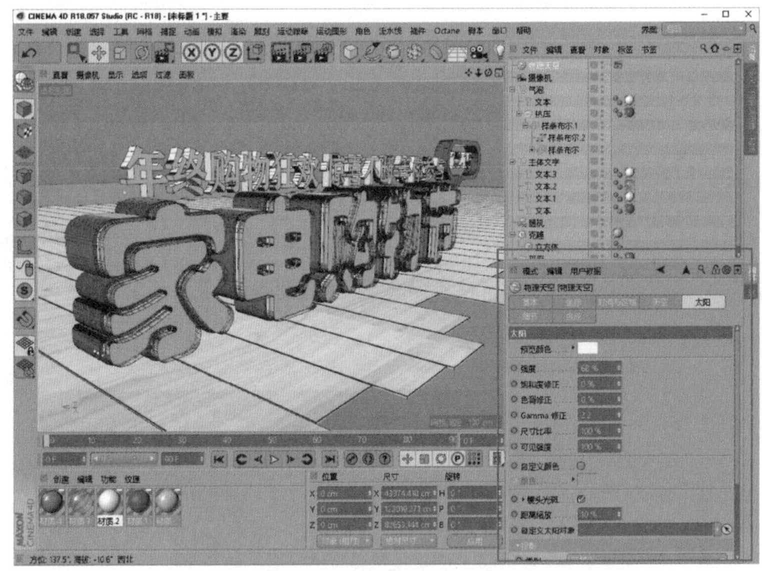

图3.3.35 调整物理天空属性

04 在“编辑渲染设置”中开启“全局光照”和“环境吸收”，可以按照任务 3.2 的方法添加灯光，制作阴影。最终输出前需要反复调整，可以使用中的“区域渲染功能”检查调整效果，效果如图 3.3.36 所示。

图3.3.36 区域渲染的效果

3.3.7 渲染输出

通过“渲染到图片查看器”功能进行最终渲染，渲染精度越高，渲染时间越长，如图 3.3.37 所示。渲染完成后就可以保存为各种格式的图片。如果要在其他软件中继续调整，记得在渲染设置中开启 Alpha 通道并保存为 PNG 格式。

图3.3.37 渲染过程

实训练习3-3：制作广告小场景

制作如图 3.3.38 所示的广告小场景。

图3.3.38 广告小场景

学习评价

进行学习评价，由学生自我评价、小组互评、教师评价相结合。

任务3.3：制作广告场景					日期	
评价内容	自我评价			小组互评		
	完全掌握	基本掌握	未掌握	完全掌握	基本掌握	未掌握
能灵活使用建模工具						
能结合使用克隆工具和随机效果器						
能结合使用样条布尔工具和挤压工具制作立体图形						
能制作简单的凹凸效果						
能通过预设制作透明材质						
能使用GGX制作反射效果						
能利用物理天空构建环境光照						

教师评价：

知识窗：材质编辑器

材质球的左上方的小球可以即时反映材质调整的效果，在小球上右击，在弹出的快捷菜单中可以选择不同的显示方式，如图 3.3.39 所示。

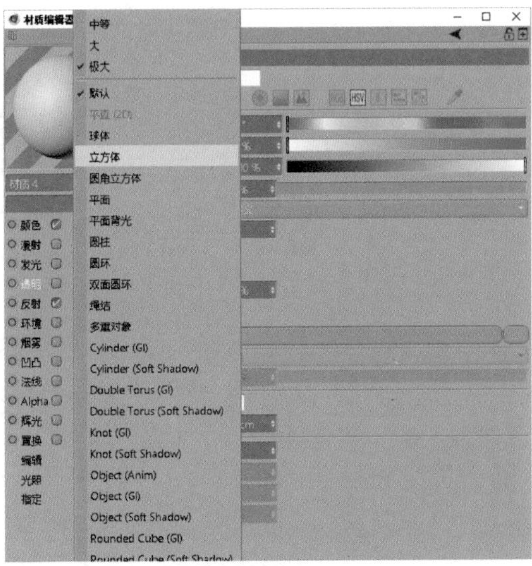

图3.3.39 选择预览效果的显示方式

“材质编辑器”对话框的左侧是各种材质通道，后面的“√”表示开启对应通道。

初学阶段使用最多的是“颜色”“透明”“反射”通道：“凹凸”“法线”“置换”选项用于制作材质表面的凹凸感，其中“置换”效果最好，但是消耗系统资源最多。

1.“颜色”通道

“颜色”通道调整最基本的颜色，单击 中的相应按钮可以切换取色方式，还可使用吸管吸取颜色，如图 3.3.40 所示。

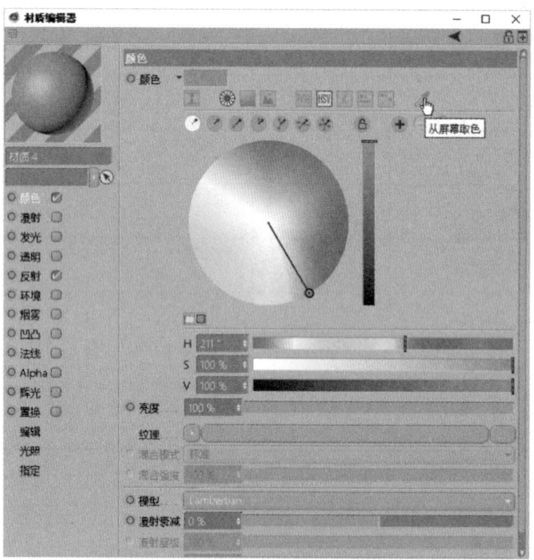

图3.3.40　切换取色方式

单击“噪波”按钮可以进入噪波调整界面，如图 3.3.41 所示。单击“材质编辑器”对话框左侧的“颜色”即可回到颜色通道的初始界面。

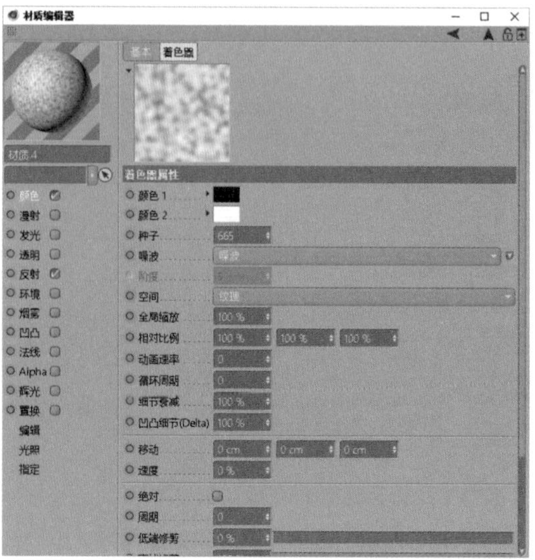

图3.3.41　调整噪波参数

2.“透明”通道

一般在“折射率预设”下拉列表中选择对应的材质，如图 3.3.42 所示；在“吸收颜色”下拉列表中可以添加颜色；“吸收距离”选项用于调整光线穿透的距离，调整“模糊”参数可以制作毛玻璃效果。

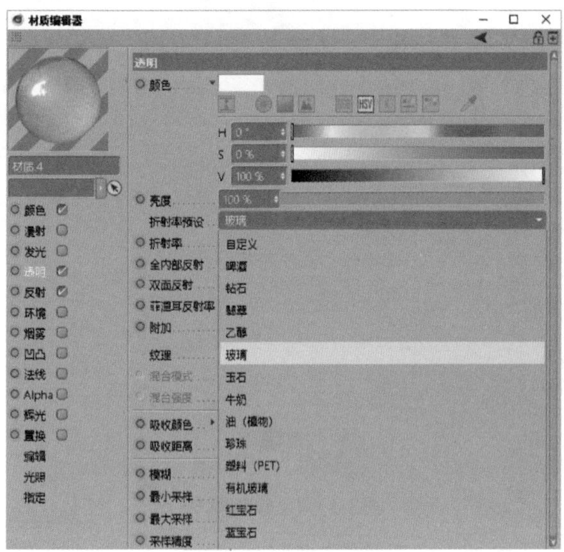

图3.3.42　选择透明预设

单击“纹理”右侧的下拉按钮，在弹出的下拉列表中选择纹理，或加载图片作为贴图，如图 3.3.43 所示。注意：下方的效果会覆盖上方的效果，也就是纹理优先，如添加了“噪波”纹理，上方设置的颜色就会失效，如图 3.3.44 所示。

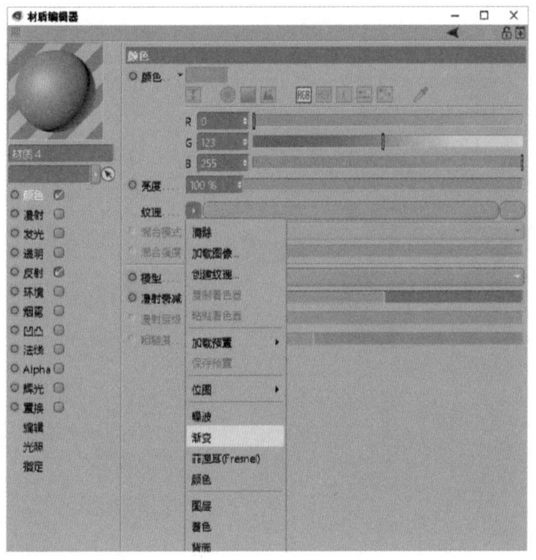

图3.3.43　添加纹理

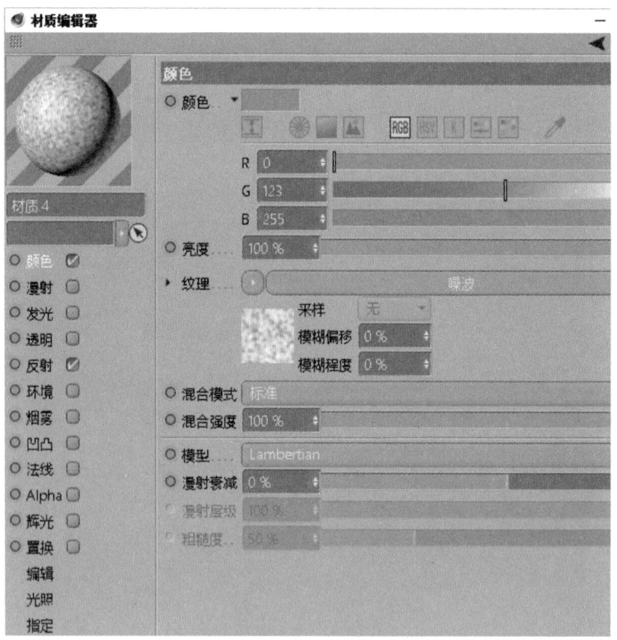

图3.3.44　纹理优先

3.“反射”通道

任何物体都有反射，所以反射通道默认开启，进入反射通道可看到“默认高光”。“默认高光”选项组中的“宽度”选项用于调整高光范围；“衰减”选项结合“内部宽度”选项用于调整高光扩散范围；“高光强度”选项用于调整强度，如果输入数字，可以超过100%，如图3.3.45所示。

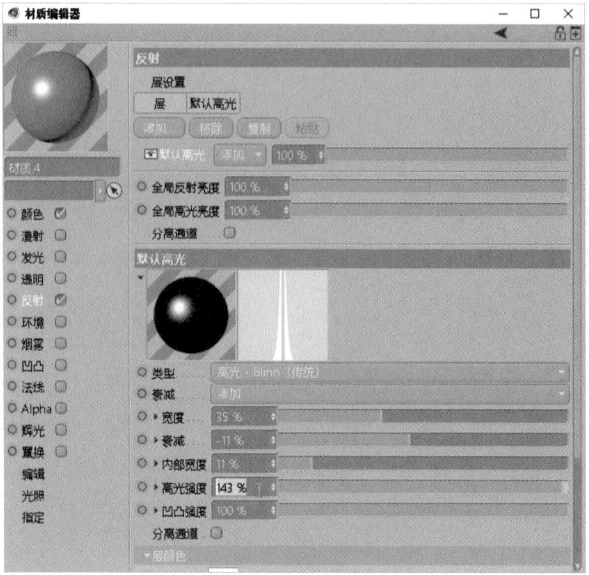

图3.3.45　调整默认高光

单击“添加”按钮添加其他反射，如图 3.3.46 所示，其中“GGX”反射最常用，“各向异性”反射用来制作金属纹理。

反射可以添加多个，但是后添加的会覆盖前面添加的，添加的反射会以选项卡的形式罗列出来，如图 3.3.47 所示。选择相应的选项卡进入对应的设置界面。

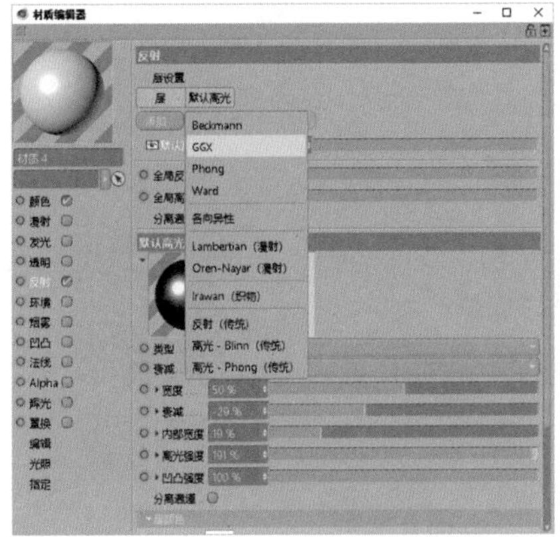

图3.3.46　添加反射

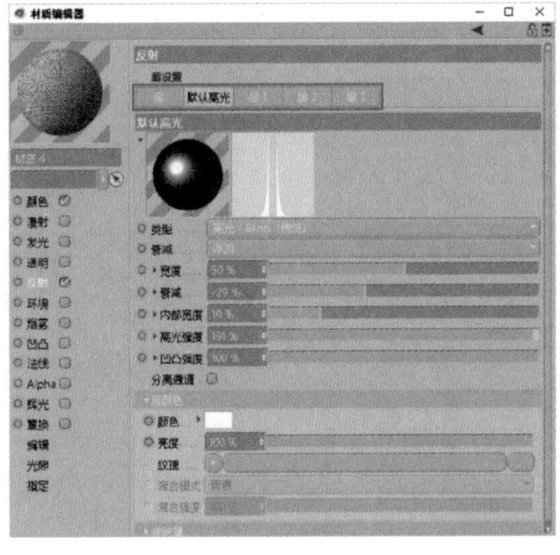

图3.3.47　标签显示添加的多个反射

如果要叠加多个反射效果，可以选择“层位置”选项组中的“层”选项卡，会看到添加的反射以层的方式显示，通过调节不透明度叠加反射效果，如图 3.3.48 所示。层可以上下拖动，也可以单击其前面的眼睛图标关闭该层显示。

图3.3.48　叠加反射效果

任务 3.4 制作金属小船

任务描述☞ CINEMA 4D提供了众多的工具供用户选择使用，无论建模还是调整材质，可以根据需要采用不同的方式完成，方法并不唯一。能够分析制作思路比掌握软件功能更为重要。

任务目标☞

1）能使用扭曲工具、修正工具辅助建模；
2）了解使用HDR贴图制作环境光照的方法；
3）能制作简单的金属材质；
4）能制作半透明的材质；
5）能使用置换制作真实凹凸的效果；
6）了解如何灵活搭配各种工具参数调整最终效果。

微课：制作金属小船

本任务的要求是制作如图 3.4.1 所示的金属小船。

图3.4.1 金属小船

3.4.1 制作模型

1. 绘制船身形状

01 长按菜单栏中的“立方体”按钮，在弹出的下拉列表中选择“平面”工具，在右下方属性窗口中将创建平面的“宽度分段”和“高度分段”设置为 2，使用 N ～ B 组合键切换到“光影着色（线条）”模式下查看效果，如图 3.4.2 所示。

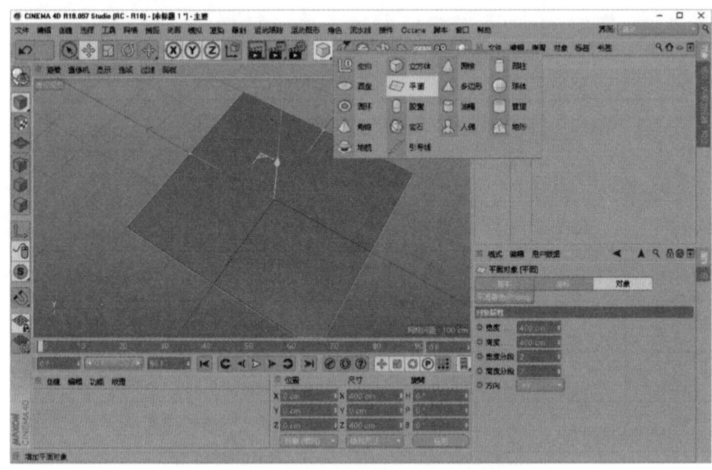

图3.4.2 建立平面并调整分段数

02 长按菜单栏中的“扭曲”按钮，在弹出的下拉列表中选择“修正”工具，将“修正”工具作为平面的子级，如图 3.4.3 所示。“修正”工具的作用，是在没有将几何体转为可编辑对象的情况下，对几何体的点、线、面进行操作。

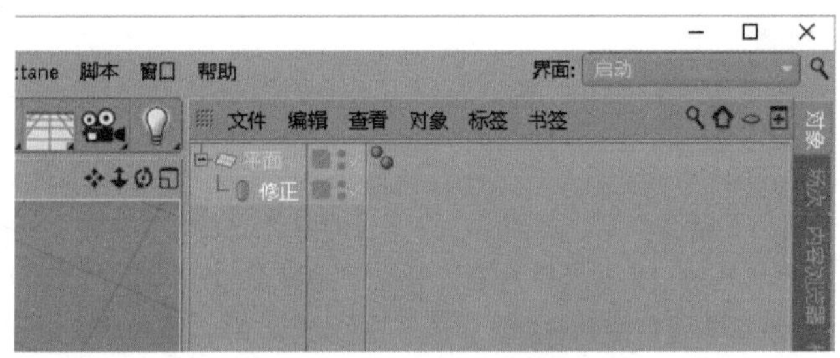

图3.4.3 给平面添加修正工具

03 在对象窗口中选择“修正”工具并切换到点模式下，调整平面上点的位置，将平面修改为如图 3.4.4 所示的形状。

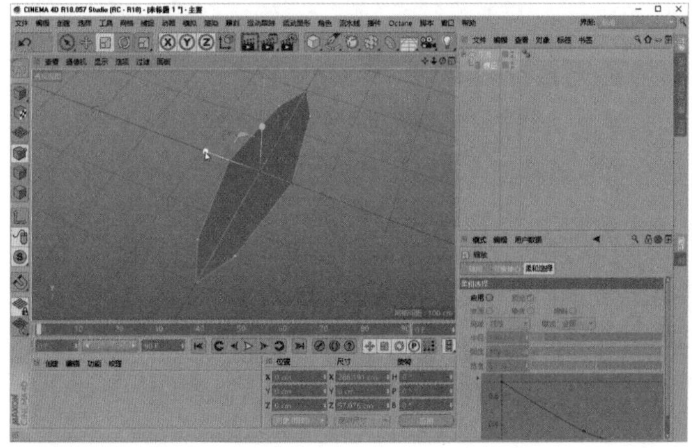

图3.4.4 通过“修正”工具调整平面形状

04 长按菜单栏中的“细分曲面”按钮，在弹出的下拉列表中选择“细分曲面”工具，作为平面的父级，如图 3.4.5 所示。

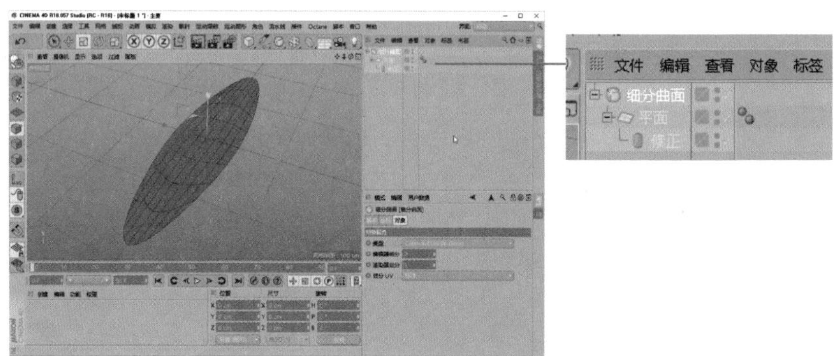

图3.4.5 给平面添加细分曲面工具

05 使用鼠标中键单击对象窗口中的细分曲面，全选细分曲面及其所有子级(也可以鼠标拖动框选)。全选后右击，在弹出的快捷菜单中选择“连接对象＋删除”选项，如图 3.4.6 所示。

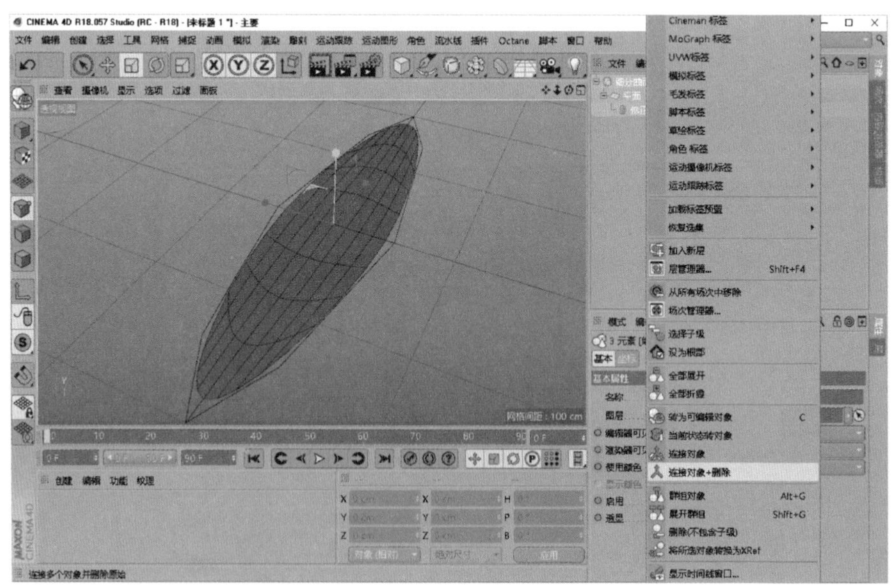

图3.4.6 将细分曲面转为可编辑对象

也可以先将平面转换成可编辑对象，通过调整点的位置修改形状。

2. 生成厚度

01 切换到面模式下，全选所有面，按住 Ctrl 键向上拖动，拉出几何体，如图 3.4.7 所示。

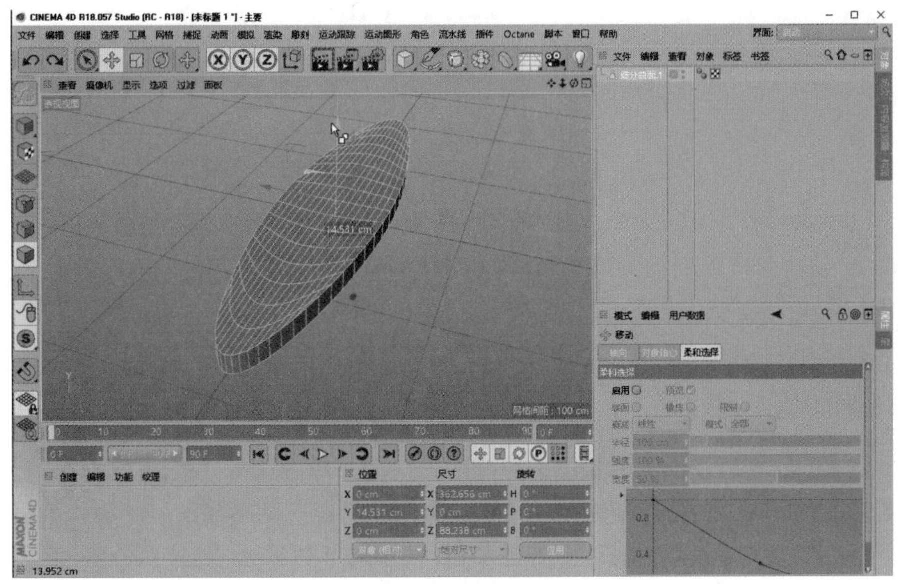

图3.4.7　制作几何体

02 旋转视角到平面下方，会看到缺少一个面，右击几何体，在弹出的快捷菜单中选择“封闭多边形孔洞”选项对其进行封闭，如图 3.4.8 所示。

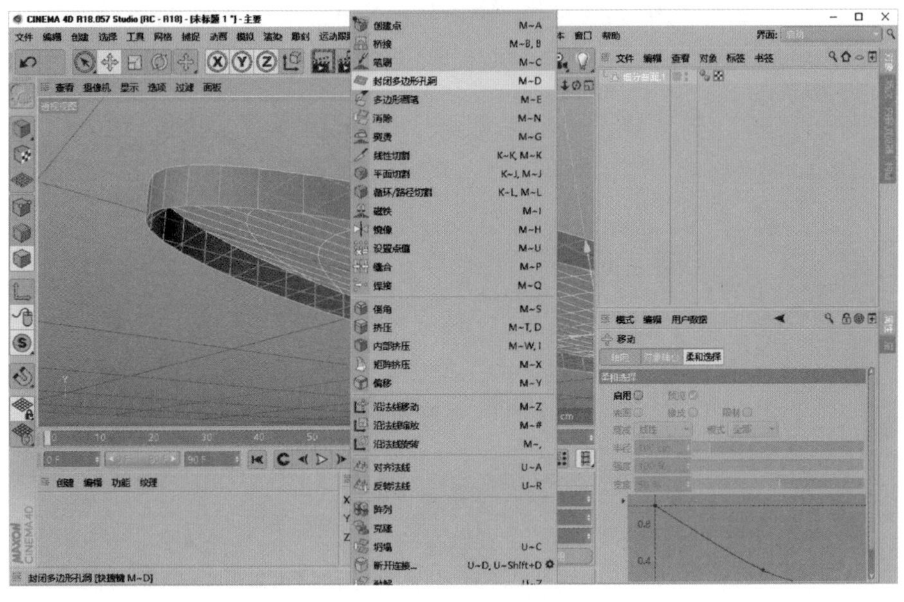

图3.4.8　封闭几何体

03 切换到边模式下，按 V 键，在弹出的快捷菜单中选择“选择”→“循环选择”选项，如图 3.4.9 所示，选择上下两个面的边，如图 3.4.10 所示。在 CINEMA 4D 中按住 Shift 键不放进行的选择是加选，按住 Ctrl 键则是减选。

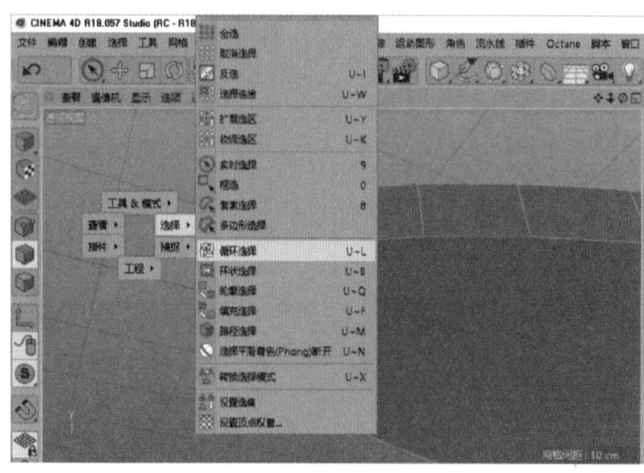

图3.4.9 循环选择工具

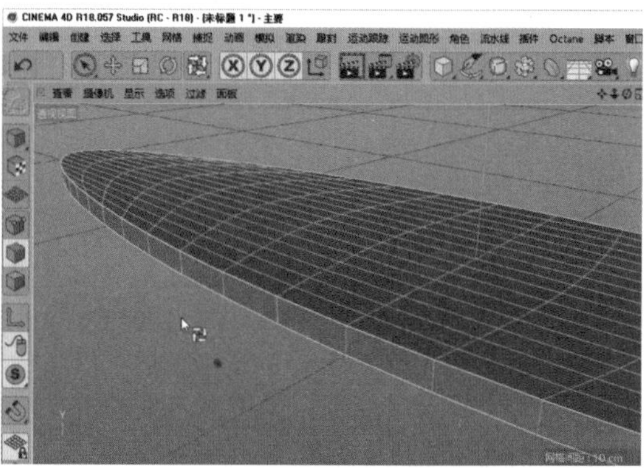

图3.4.10 选择两条边

04 右击选择的两条边，在弹出的快捷菜单中选择“倒角”工具进行轮廓倒角，左右拖动鼠标调整倒角大小，可以在右侧属性窗口中输入数字调整，“偏移”和“细分”不需要太高，如图 3.4.11 所示。

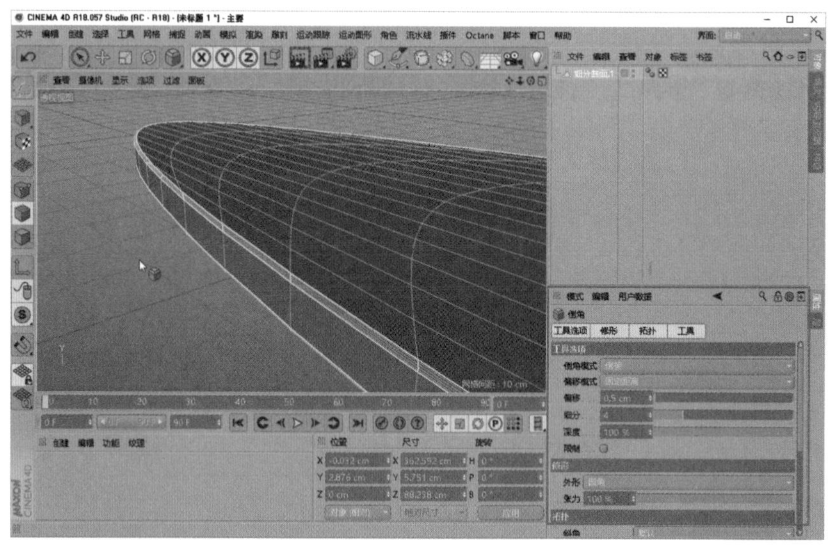

图3.4.11 调整倒角效果

也可以绘制椭圆样条，通过中的“挤压”工具制作倒角效果。

3. 弯曲船身

01 选择“扭曲”下拉列表中的“扭曲”工具，作为船身的子级。在扭曲的属性窗口中，将“对象”选项卡中的“强度”设置为 90°，“角度”设置为 -90°，如图 3.4.12 所示。

02 选择对象窗口中的“扭曲”工具，使用“旋转”工具将其旋转成如图 3.4.13 所示的效果。效果调整好后再次选择对象窗口中的“扭曲”工具，在扭曲的属性窗口中单击“匹配到父级”按钮，如图 3.4.14 所示。

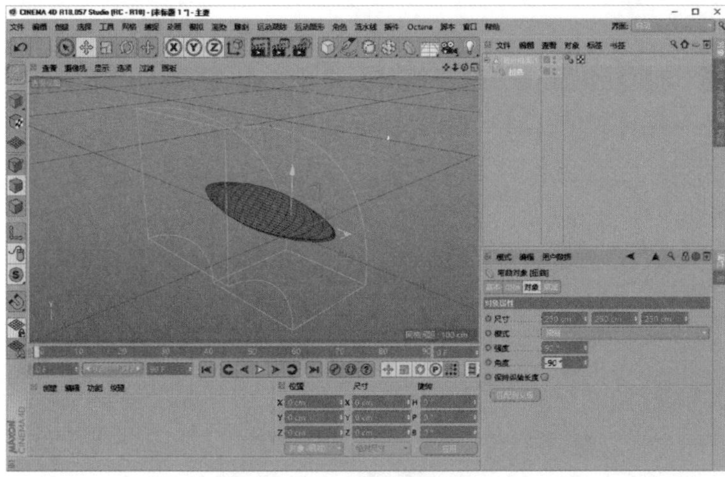

图3.4.12　添加扭曲工具

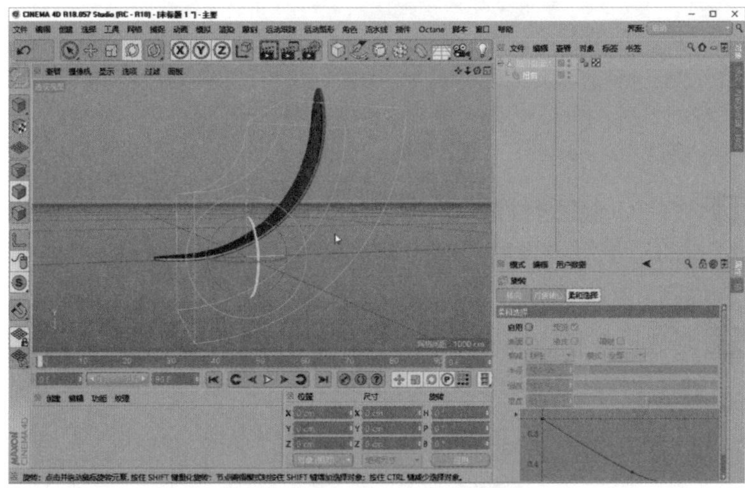

图3.4.13　调整扭曲效果

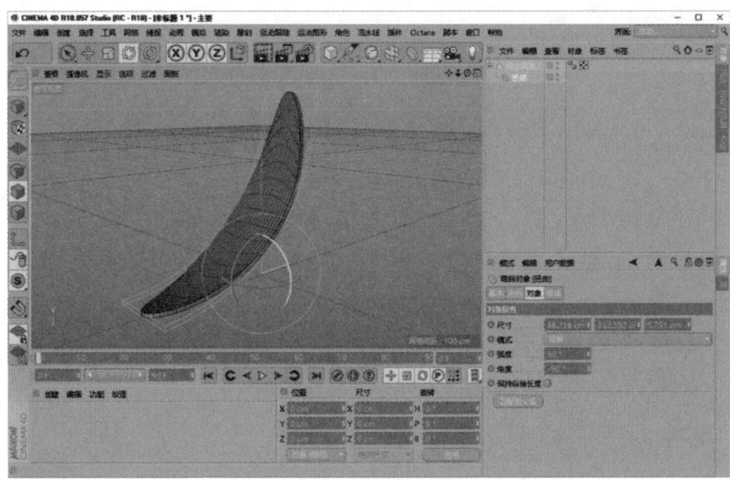

图3.4.14　匹配到父级

4. 制作小船

01 切换到正视图，选择船身并单击左侧工具栏中的“模型”按钮 ，将船身旋转放平，如图 3.4.15 所示。

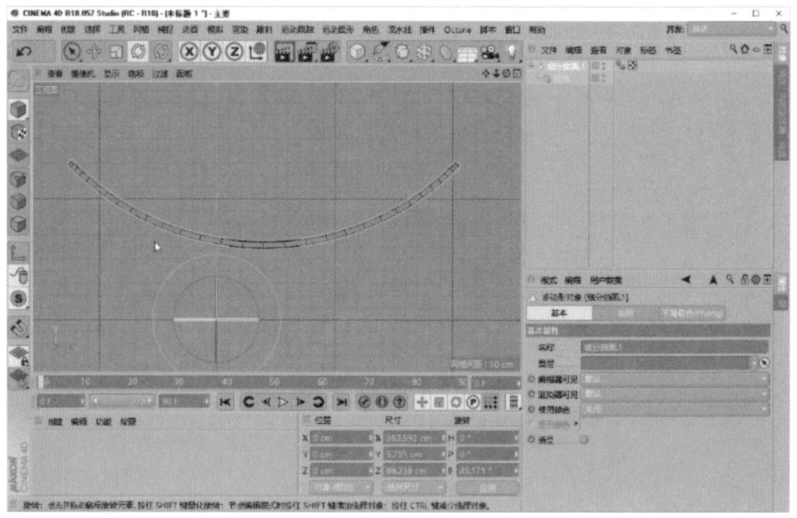

图3.4.15 放平船身

02 按住 Ctrl 键继续旋转，复制一个作为船帆，如图 3.4.16 所示。在船帆的“扭曲”子级中调整船帆的弯曲程度，调整好船帆的大小，放到船身上方，如图 3.4.17 所示。

03 新建圆柱作为桅杆，完成小船制作。选择小船全部组件，然后使用 Alt+G 组合键编组，如图 3.4.18 所示。

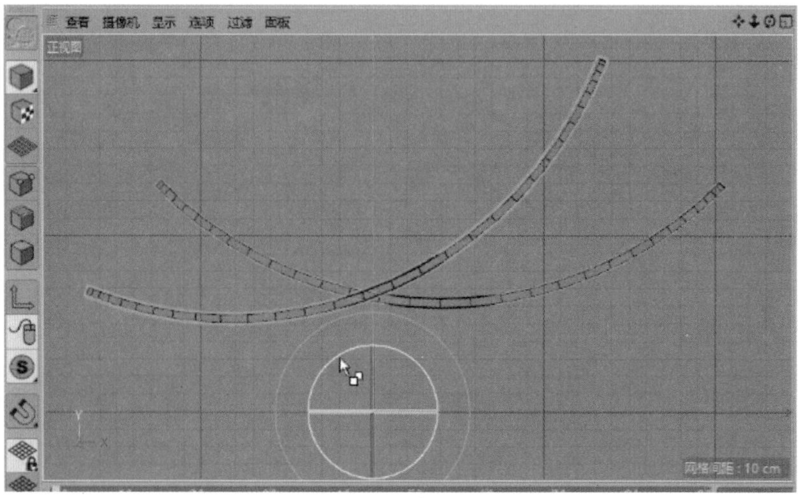

图3.4.16 复制出船帆

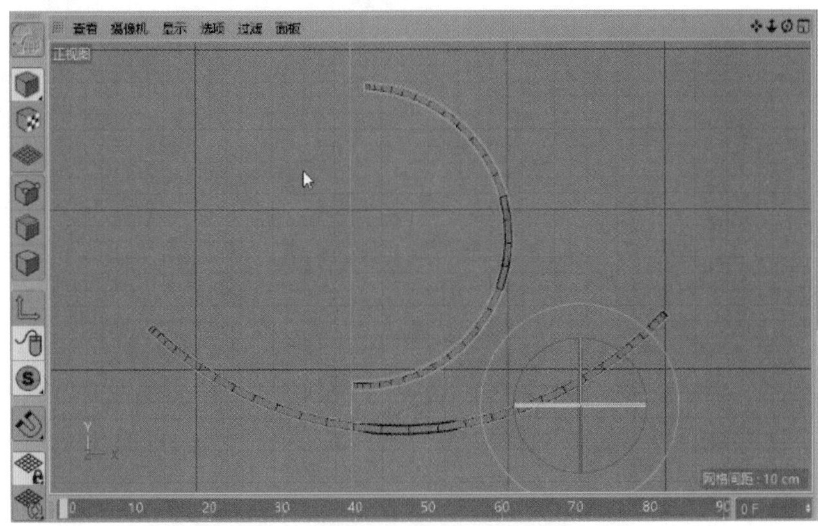

图3.4.17　调整船帆的弯曲度和大小、位置

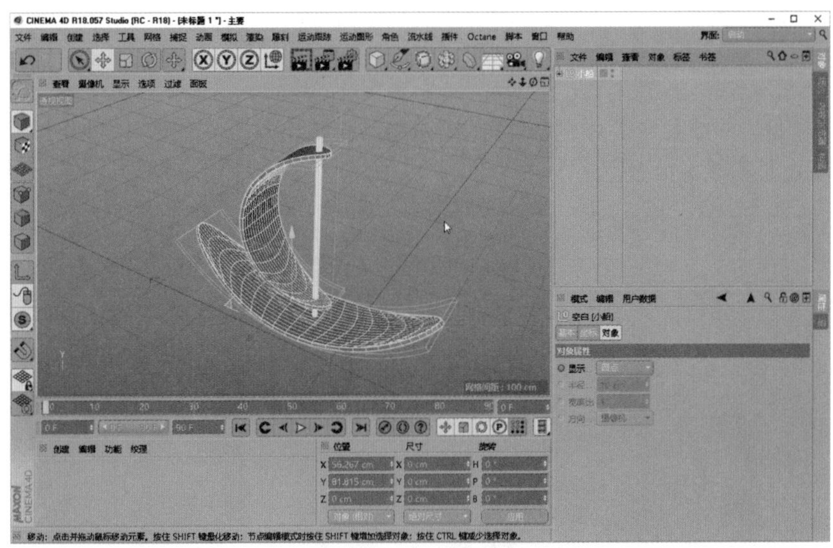

图3.4.18　完成小船制作

5. 制作水面

添加一个平面作为水面，调整好大小和位置，完成场景搭建，如图 3.4.19 所示。

小贴士

在 CINEMA 4D 中，和中的绿色的工具都是作为父级使用的，而蓝色的工具（如中的工具）都是作为子级使用的。

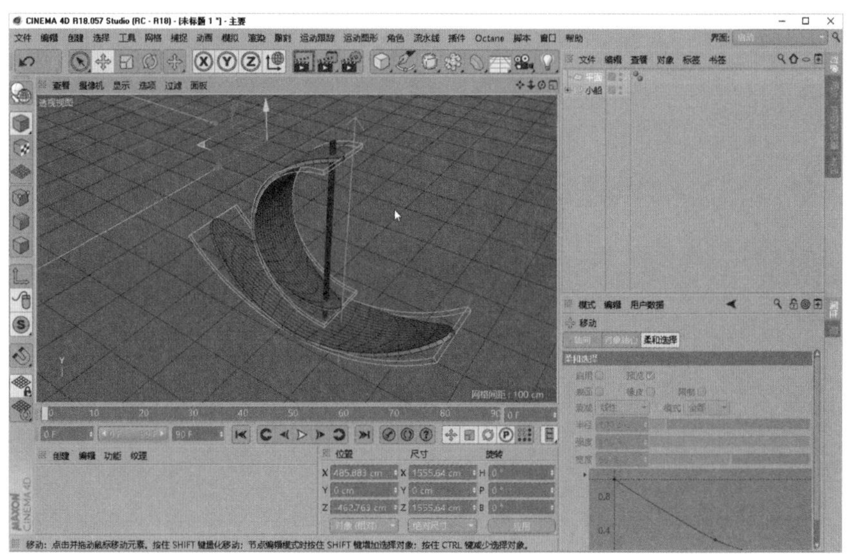

图3.4.19 完成场景搭建

3.4.2 建立环境光照

01 长按菜单栏中的“地面”按钮，在弹出的下拉列表中选择“天空”选项，如图 3.4.20 所示。

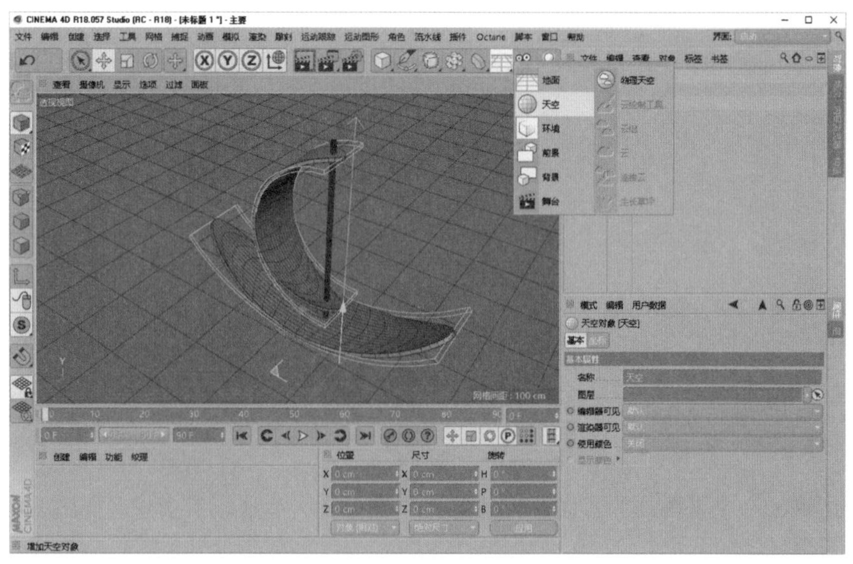

图3.4.20 添加天空

02 右击对象窗口中的天空，在弹出的快捷菜单中选择“CINEMA 4D 标签”→“合成”选项，单击添加的合成标签，在属性窗口中取消选中“摄像机可见”复选框，如图 3.4.21 所示。

03 在菜单栏中选择“窗口”→“内容浏览器”选项，在弹出的“内容浏览器”对话框中单击右上方的放大镜图标，在文本框中输入“HDR”，单击“搜索”按钮，在搜索结果中选择一张合适的图片，如图 3.4.22 所示。

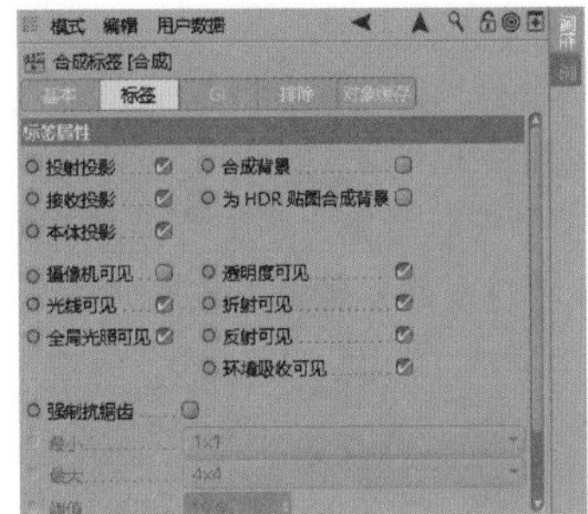

图3.4.21 关闭摄像机可见

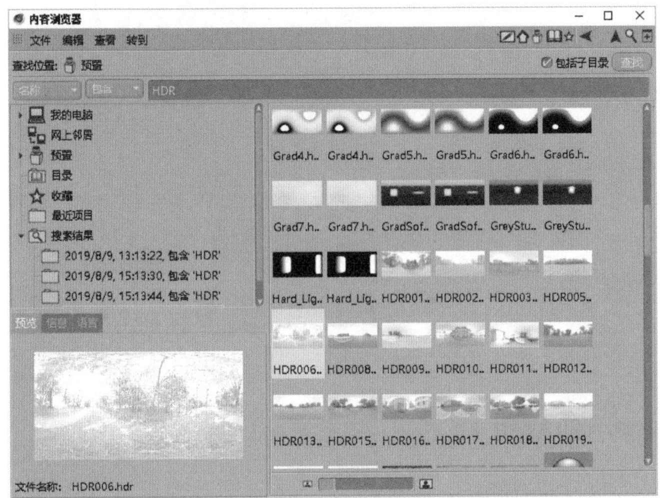

图3.4.22 “内容浏览器”对话框

04 新建材质球，选择“颜色”通道，将选择的 HDR 贴图拖放到“纹理”选项中，并将材质球添加到天空上，如图 3.4.23 所示。

图3.4.23 构建环境光照

知识窗：HDR

HDR（high-dynamic range）是高动态范围图像的简称，是保留了丰富的亮部细节和暗部细节的图片。

HDR 贴图是用 HDR 图片制作的无缝贴图，可以简单理解为环境贴图，如图 3.4.24 所示。HDR 贴图作为环境光，不但可以起到类似反光板的效果，更会在被渲染物体表面产生丰富逼真的自然反光效果。

图3.4.24　无缝效果

3.4.3　制作小船材质

01 新建材质球，关闭颜色通道。切换到反射通道，在上方的“层设置”选项组中选择“层”选项，在“层”选项中删除默认高光，然后单击“添加”按钮，在弹出的下拉列表中选择“各向异性”选项，如图 3.4.25 所示。

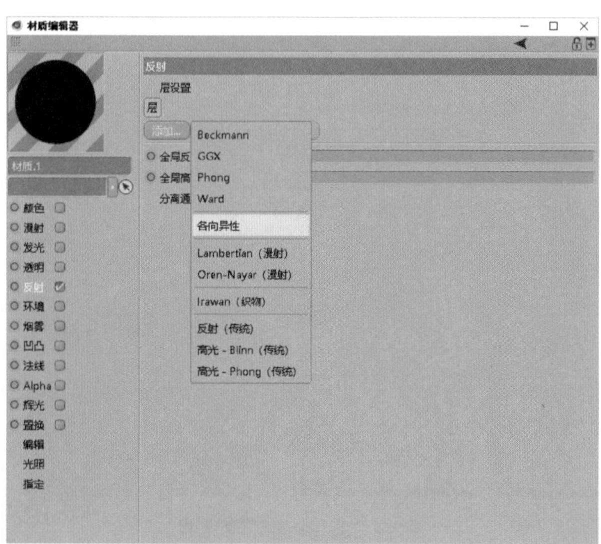

图3.4.25　添加各向异性

添加后金属反射效果已经出现，可以直接使用，如图 3.4.26 所示。

图3.4.26　各向异性生成的金属反光

02 继续调整材质，降低“粗糙度”；在“层颜色”选项组中将颜色改为金色。

03 为了丰富质感，在“层各向异性”选项组中开启“划痕”，选择“主级 + 次级”选项，然后将“主级振幅”“主级缩放”等参数调低，效果如图 3.4.27 所示。调整完成后将材质添加到小船。

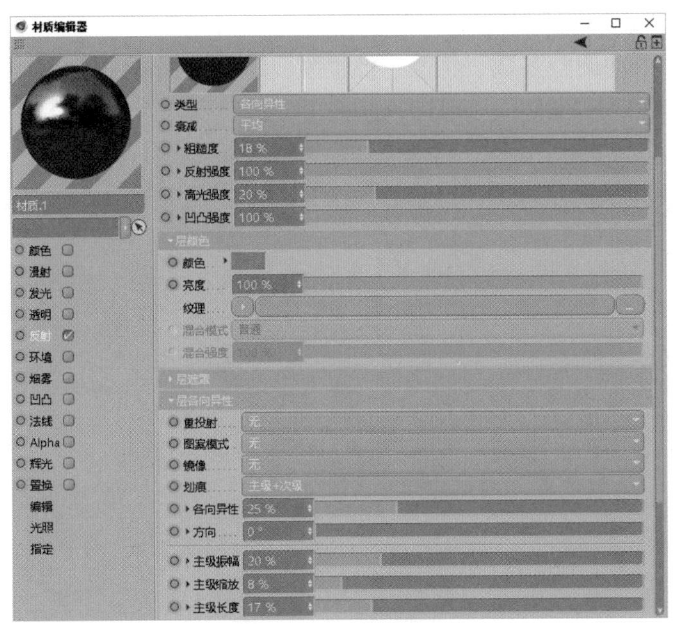

图3.4.27　调整参数

3.4.4 制作水波材质

1. 制作半透明效果

01 新建材质球，关闭颜色通道，开启发光通道，单击发光通道“纹理”右侧的下拉按钮，在弹出的下拉列表中选择“效果”→“次表面散射”选项，如图 3.4.28 所示。添加后单击“纹理”右侧的“次表面散射”按钮，进入编辑界面。

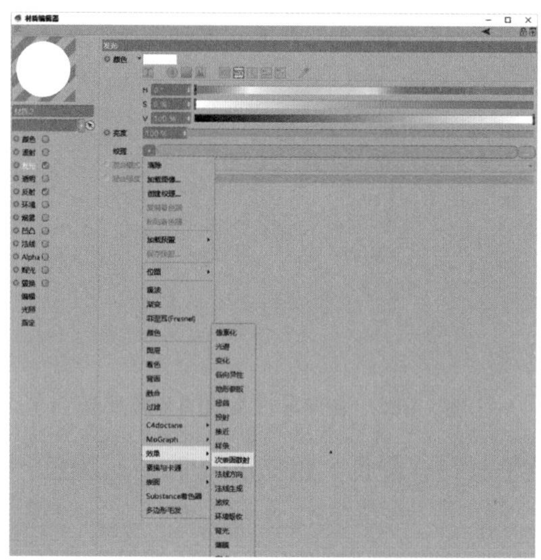

图3.4.28 添加次表面散射

次表面散射主要用于制作半透明材质，在“预置”下拉列表中可以选择预设效果，如图 3.4.29 所示。

02 手动调整参数，将颜色设置为浅绿色，提高“路径长度”，路径长度表示光线穿透距离，如图 3.4.30 所示。

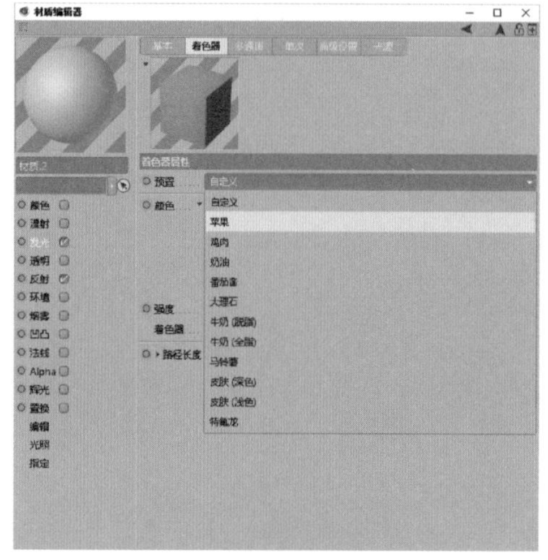

图3.4.29 选择预设效果

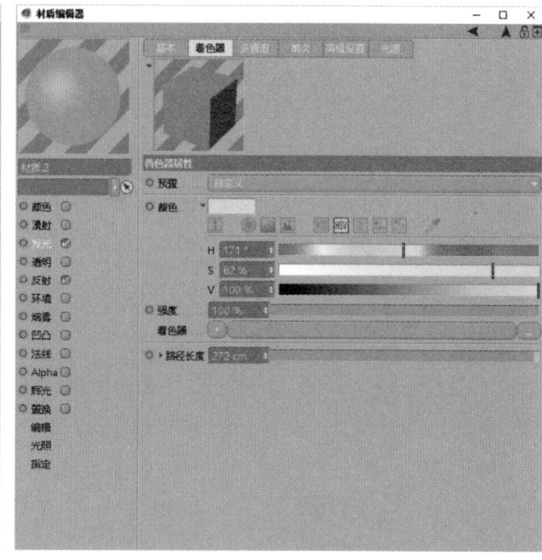

图3.4.30 手动修改参数

03 进入反射通道，添加一个“GGX”效果，降低一些反射强度，在层颜色的“纹理”选项中添加“菲涅耳(Fresnel)”纹理，如图 3.4.31 所示。

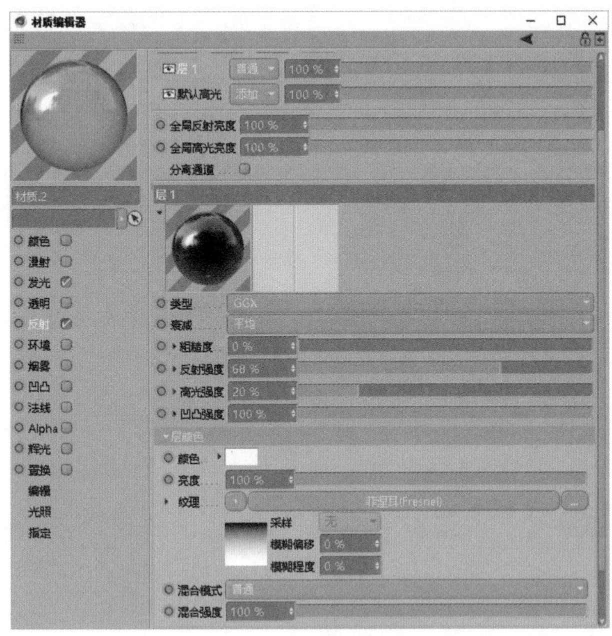

图3.4.31 调整反射效果

2. 制作水波起伏

01 开启并进入“置换”通道，在“纹理”选项中添加“噪波”纹理，“高度”选项用于调整凹凸程度，选中“次多边形置换”单选按钮，如图 3.4.32 所示。

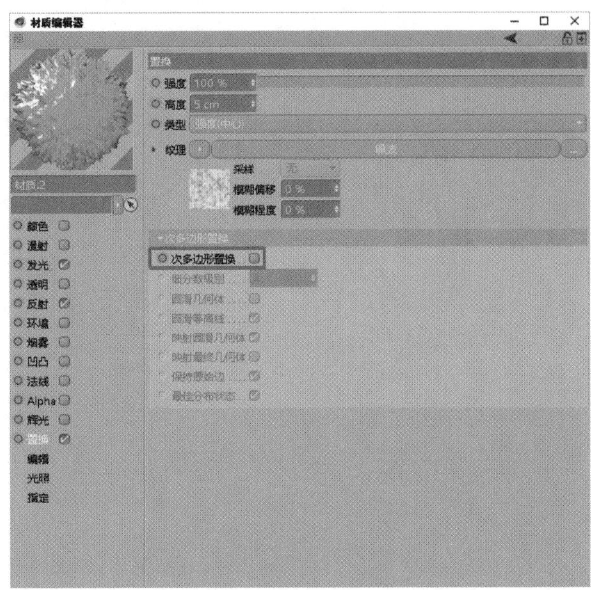

图3.4.32 通过置换制作凹凸效果

02 单击“纹理”右侧的“噪波”按钮，进入设置界面。

在“噪波”下拉列表中将类型设置为“水泡湍流”；“全局缩放”设置为1000%；“相对比例”选项用于调整各个轴向上的效果。调整过程中随时观察材质编辑器中的小球，如图3.4.33所示。调整完成后将材质球添加到平面。

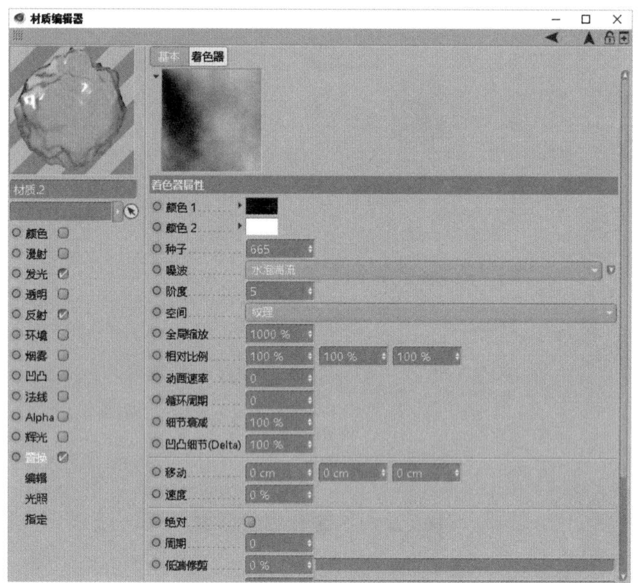

图3.4.33 制作水波起伏

3.4.5 调整整体效果

添加材质后的预览效果如图3.4.34所示，水波起伏需要在渲染器中查看。

图3.4.34 预览效果

如果需要改动光源方向，在对象窗口中单击天空后面的材质球，然后单击左侧的“纹理”按钮，进入纹理模式，使用旋转工具调整贴图，如图 3.4.35 所示。

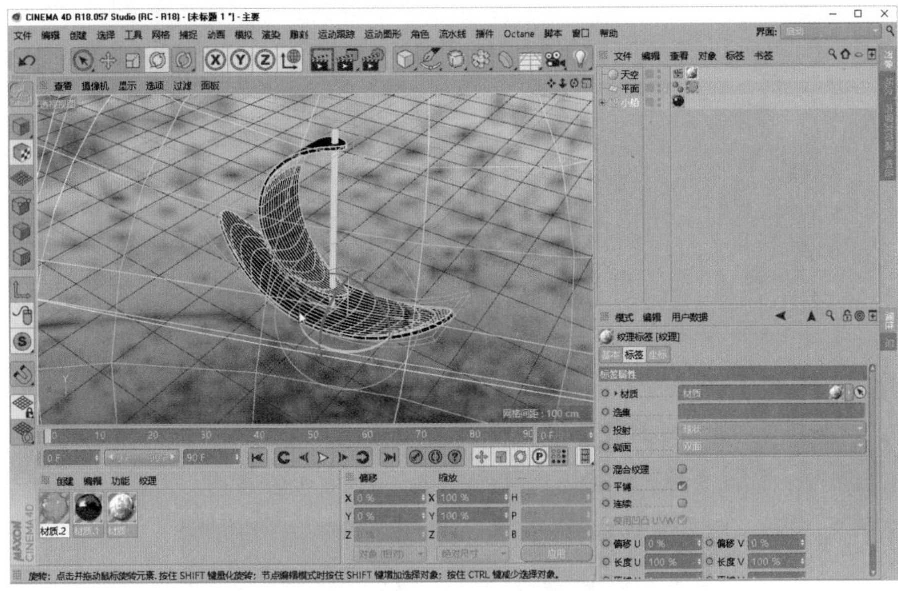

图3.4.35 调整光照方向

修改作为水面的平面的分段数，可以调整水波密度，如图 3.4.36 所示。

图3.4.36 调整水波密度

如果觉得画面过亮，可以降低反射强度，如图 3.4.37 所示。

最终效果需要反复调整，调整完成后即可输出保存。

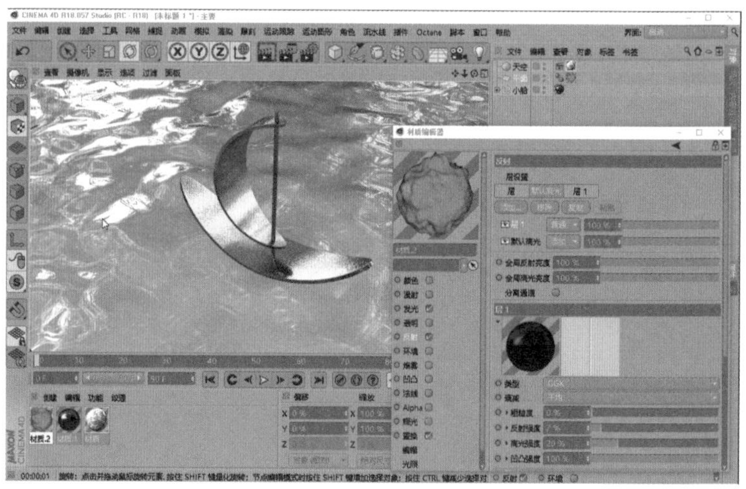

图3.4.37 调整水的反光

实训练习3-4：制作青铜花

制作如图 3.4.38 所示的青铜花和图 3.4.39 所示的卡通蛋糕。

图3.4.38 青铜花

图3.4.39 卡通蛋糕

小贴士

给球体创建的一个材质球使用置换效果时，如果勾选了“理想渲染”，则不会看到材质应用的效果。这时，关闭球体模型属性窗口中的“理想渲染”，置换才能对球体生效。

学习评价

进行学习评价，由学生自我评价、小组互评、教师评价相结合。

任务3.4：制作金属小船						日期	
评价内容	自我评价			小组互评			
	完全掌握	基本掌握	未掌握	完全掌握	基本掌握	未掌握	
能使用修正工具辅助建模							
能使用扭曲工具辅助建模							
能使用HDR贴图制作环境光照							
能通过反射通道直接制作金属材质							
能制作半透明材质							
能使用置换制作真实凹凸效果							
能灵活搭配各工具调整参数							
教师评价：							

知识窗：内容浏览器

内容浏览器在菜单栏的“窗口”选项中，通过内容浏览器可以打开工程、导入素材。同时，CINEMA 4D 提供了大量资源供用户调用，很多时候可以帮助用户提高制作效率和速度，在“预置”中可以查找软件提供的所有资源，如图 3.4.40 所示。

图3.4.40　内容浏览器

通过左侧的树形目录可以查找资源，如图 3.4.41 所示；也可以单击右上方的放大镜图标，使用“查找”功能搜索，如图 3.4.42 所示。

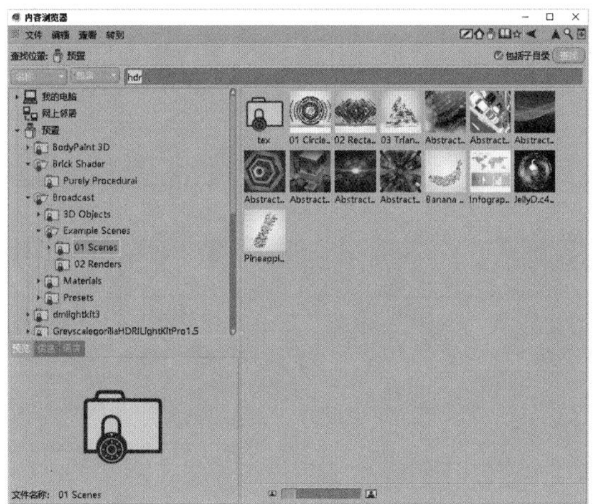

图3.4.41　通过树形目录查找资源

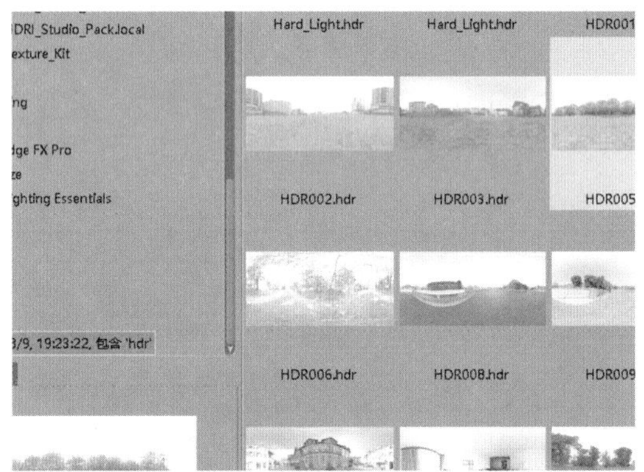

图3.4.42　使用“查找”功能搜索

双击选择对象就可以导入软件，如果是模型，那么模型的材质也会随之导入，很多时候可以通过这种方式调用预设材质，如图 3.4.43 所示。

图3.4.43　导入素材

任务 3.5 Low Poly风格设计

任务描述☞

Low Poly 是指低面建模，原本是3D 建模中的术语，即通过使用相对较少的点、线、面来制作的低精度模型。

Low Poly采用较少的多边形，打造简约化的、棱角分明的艺术风格，具有很强的表现力，是目前比较流行的设计表现方式之一。

任务目标☞

1）了解什么是Low Poly风格；
2）能使用置换工具、减面工具进行Low Poly风格的建模；
3）能使用地形工具制作山脉；
4）能搭建模型较多的场景；
5）了解基本的布光原则。

微课：Low Poly 风格设计

本任务的要求是制作如图 3.5.1 所示的 Low Poly 风格场景。

图3.5.1 Low Poly风格场景

3.5.1 制作第一种卡通树

1. 制作树枝

01 新建立方体，缩放到合适的大小，转为可编辑对象，选择正上方的面。因为 Low Poly 风格不需要面和面之间的平滑过渡，所以需要删除对象窗口中立方体后方的“平滑”标签，如图3.5.2所示。

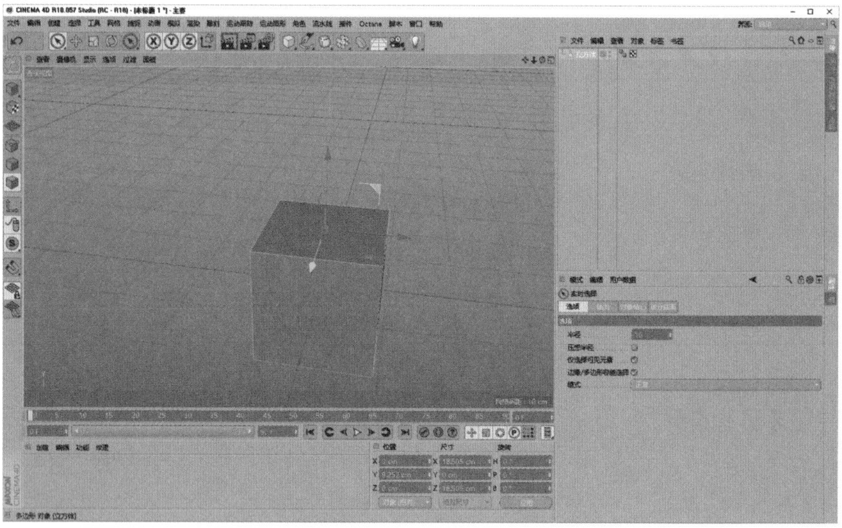

图3.5.2 删除平滑标签

02 按住Ctrl键向上拖动所选面，配合“旋转”工具和“移动”工具，使用任务3.1中的方法制作树枝，如图3.5.3所示。

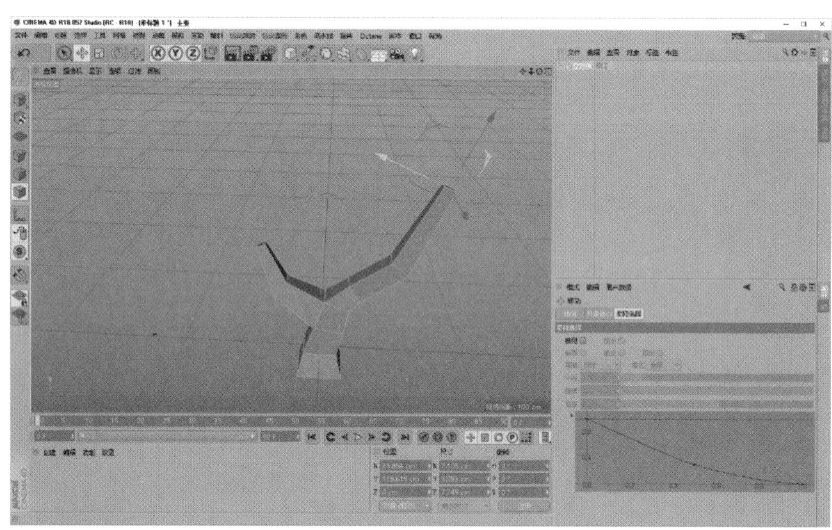

图3.5.3 制作树枝

2. 制作树冠

01 新建球体作为树冠，调整大小并摆放好位置，在球体的属性窗口调整分段数，类型选择“二十面体”。

02 将球体转为可编辑对象，在工具栏的“扭曲”下拉列表中选择“减面”工具，将“减面”工具作为“球体”的子级，效果如图3.5.4所示。

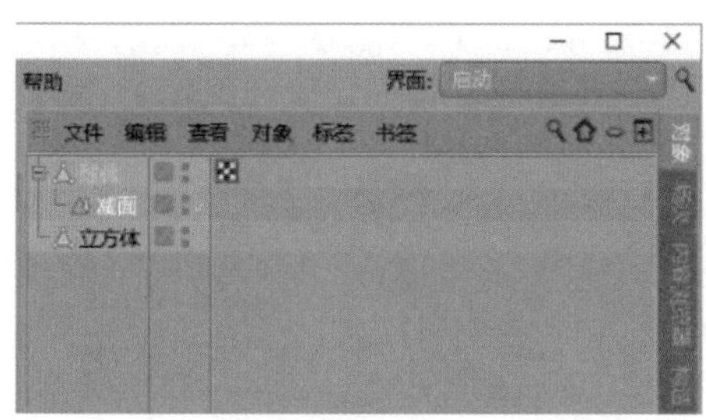

图3.5.4　将减面工具作为球体的子级

03 在“减面”的属性窗口中通过“削减强度”选项调整减面效果的强度，制作好树冠的大体形状，如图 3.5.5 所示。

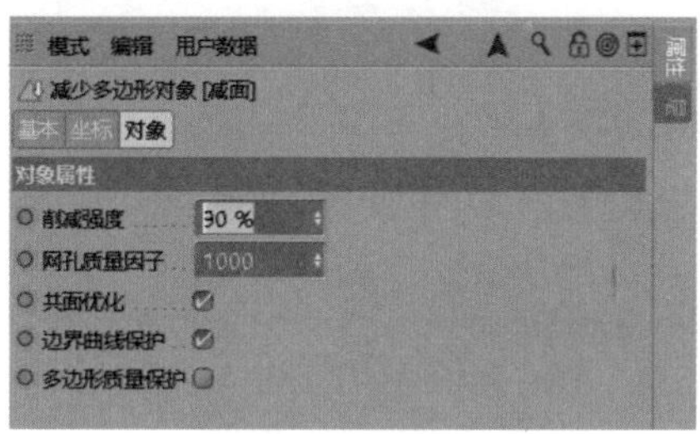

图3.5.5　调整减面参数

04 在工具栏的“扭曲”下拉列表中选择“置换”工具，将置换添加为球体的子级，置换的作用是增加模型凹凸感。

05 在“置换”的属性窗口中选择“着色”，在“着色器”选项中添加“噪波”纹理，效果如图 3.5.6 所示。

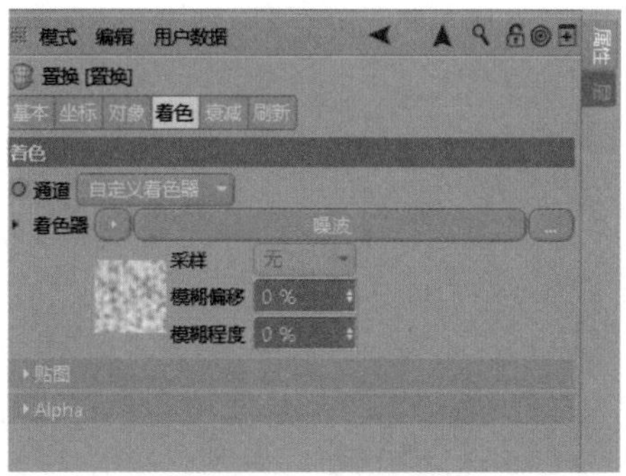

图3.5.6　在“着色器”选项中添加“噪波”纹理

06 在置换的“对象”选项卡中，通过“强度”和“高度”选项修改树冠的形状。复制几个树冠，调整大小和位置，完成小树模型的制作，如图 3.5.7 所示。

小贴士

岩石和云的做法与树冠完全相同，注意调整形状就可以了。除球体外，制作时也经常使用立方体对象中的胶囊和宝石。

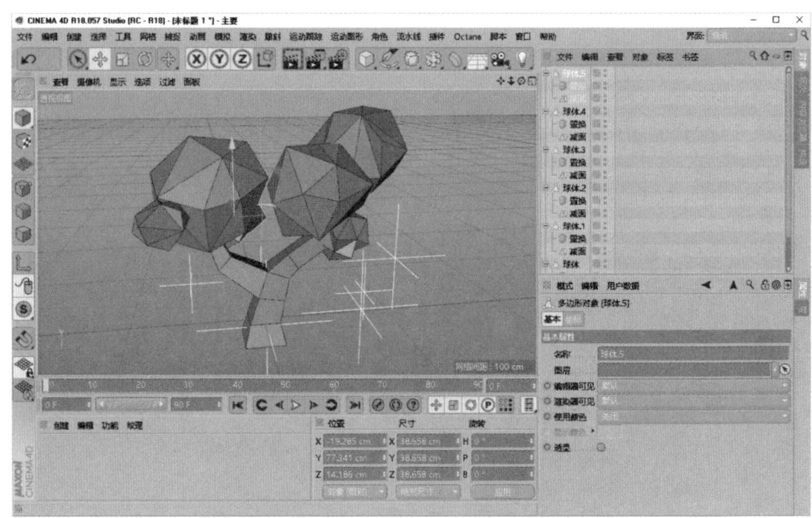

图3.5.7 完成小树模型的制作

3.5.2 制作第二种卡通树

1. 制作树冠

01 新建圆锥，删除“平滑”标签，将“高度分段”设为3，将“旋转分段”设为7，然后转为可编辑对象。

02 切换到点模式下，使用Ctrl+A组合键全选所有点右击，在弹出的快捷菜单中选择“优化”选项。

03 给圆锥添加“减面”作为子级，调整减面强度，设为30% ~ 40%，如图3.5.8所示。

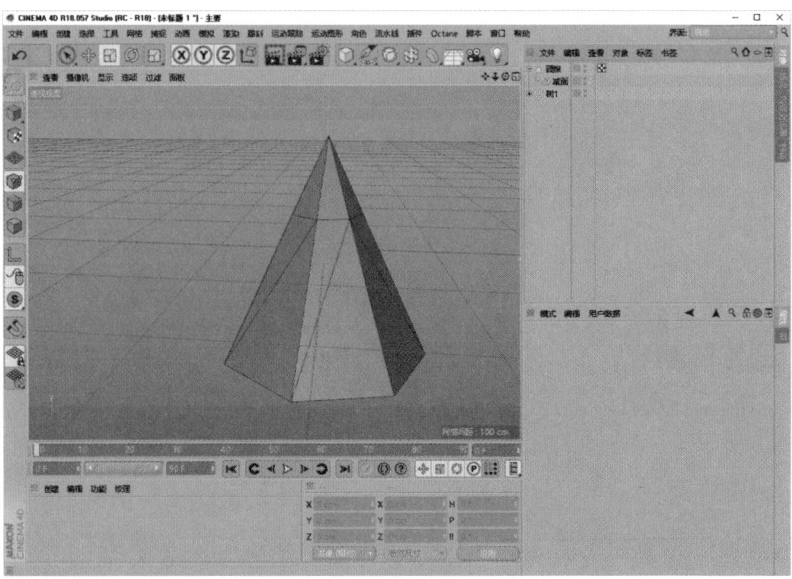

图3.5.8 添加“减面”工具

04 给圆锥添加“置换”作为子级，在“着色”选项卡中给“着色器”添加“噪波”纹理。在“对象”选项卡中通过“强度”和“高度”选项修改锥体形状，如图 3.5.9 所示。

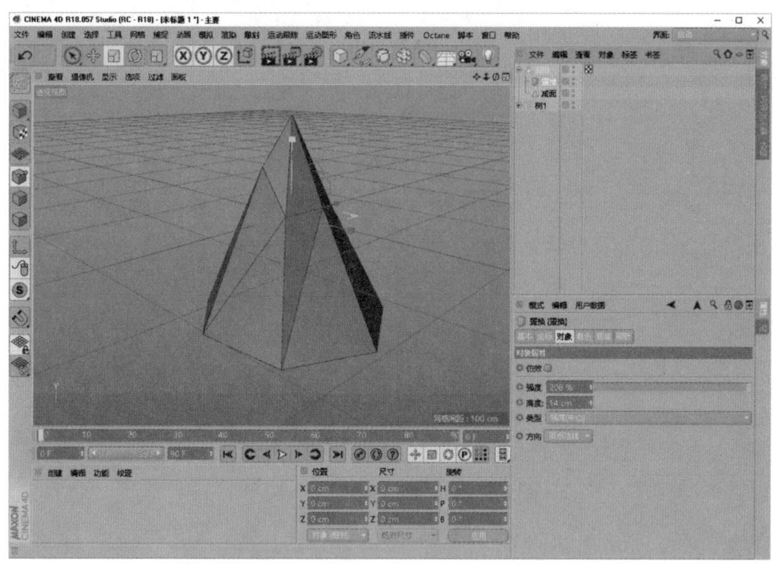

图3.5.9　添加“置换”工具

05 复制 3 个圆锥，使用“移动”“旋转”“缩放”工具调整好位置，如图 3.5.10 所示。如果需要进一步调整细节，可在每个圆锥的“置换”子级中调整“强度”和“高度”参数。

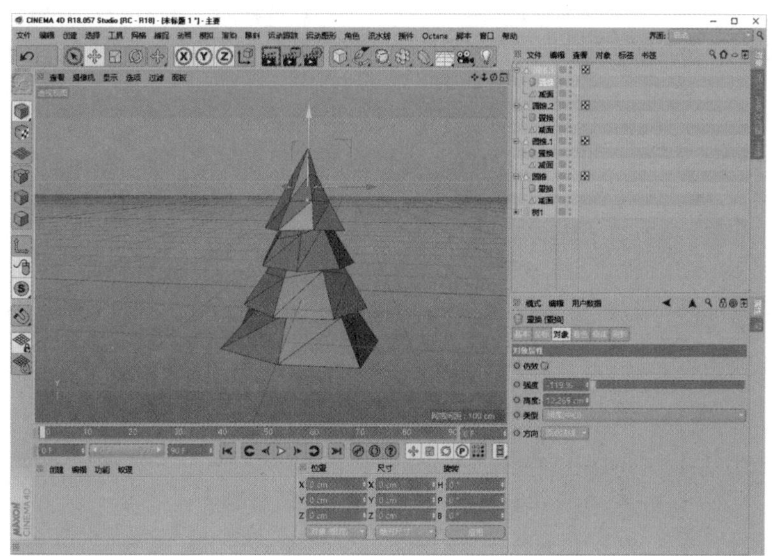

图3.5.10　制作树冠

2. 制作树干

01 新建圆柱，调整好大小和位置。将“高度分段”和“旋转分段”

设置为 9，如图 3.5.11 所示。

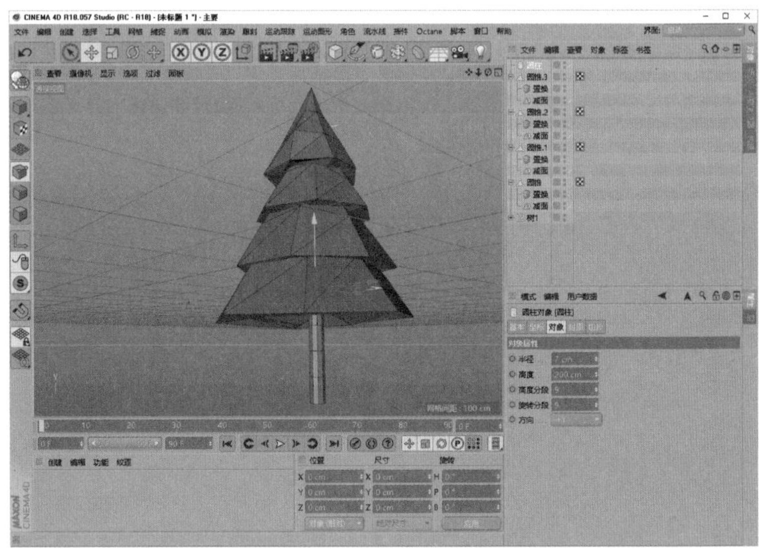

图3.5.11　制作圆柱作为树干

02 将圆柱转为可编辑对象，在点模式下进行优化。给圆柱添加“减面”和“置换”工具，此时可以复制树冠的减面和置换效果器。修改参数，调整为如图 3.5.12 所示的结果。调整完成后编组命名。

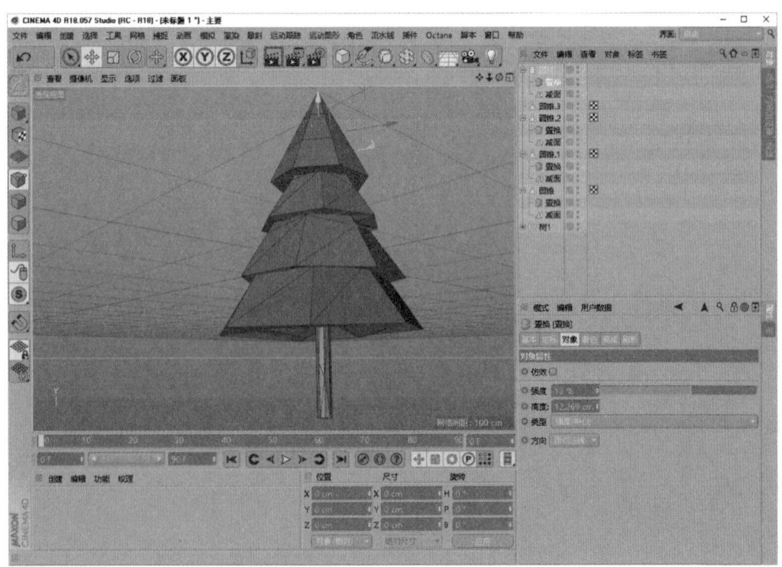

图3.5.12　完成卡通小树的制作

3.5.3　制作地形

1. 制作山峰

01 在“立方体”下拉列表中选择“地形”选项，如图 3.5.13 所示。

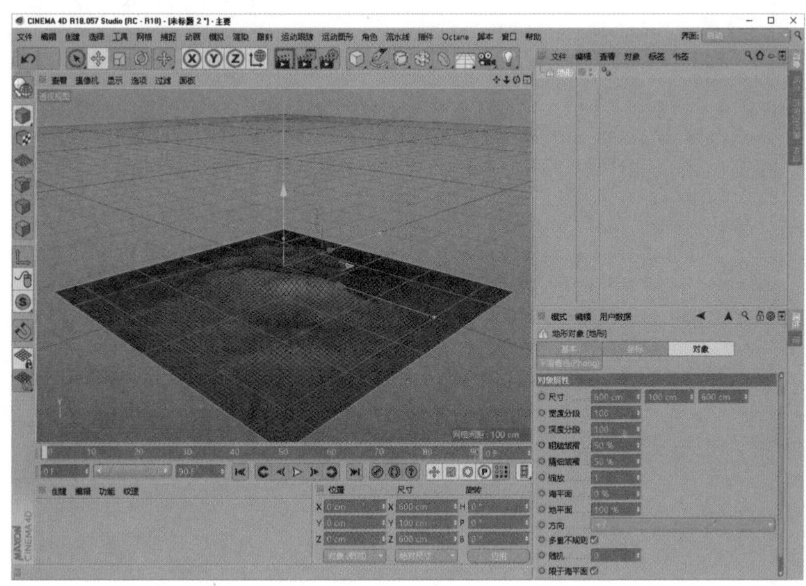

图3.5.13 添加地形

02 调整地形参数，将“尺寸”的 3 个参数都设置为 100。删除地形的“平滑着色”标签，添加“减面”和“置换”工具作为子级。

因为地形的面较多，所以将“减面”的“削减强度”参数设为 98%。然后给“置换”的“着色器”添加“噪波”纹理，调整强度和高度，如图 3.5.14 所示。

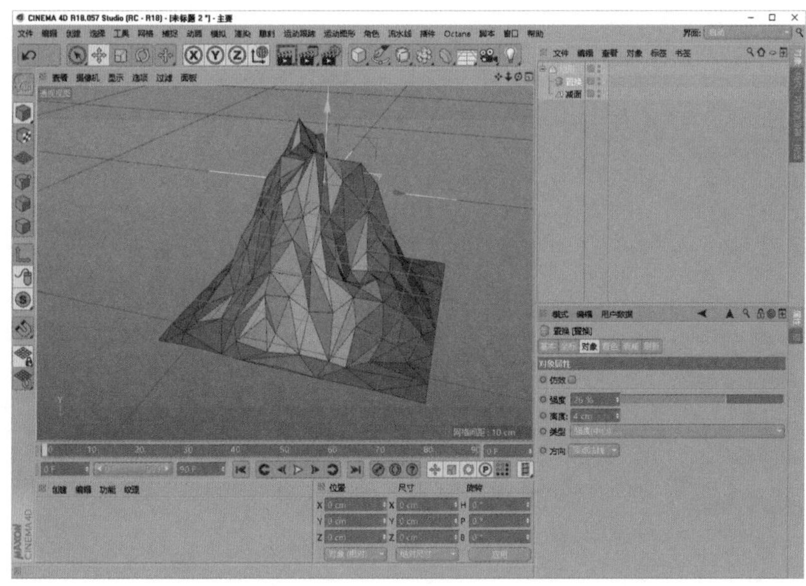

图3.5.14 地形添加“置换”和“减面”工具

03 复制 4 个山峰，排列成山脉的形状，如图 3.5.15 所示。在每个地形的地形属性窗口中修改“尺寸”参数，调整山峰大小。

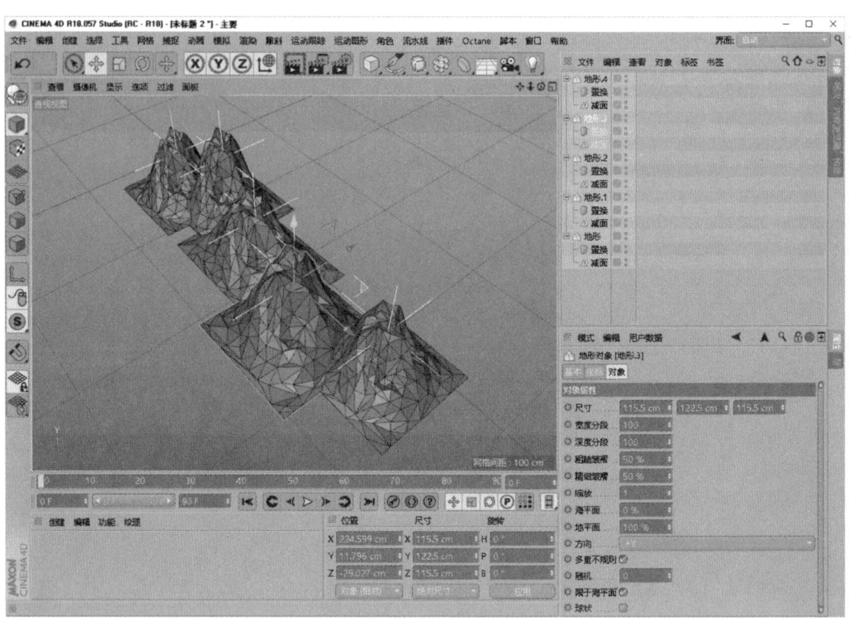

图3.5.15 复制山峰

04 此时每个山峰的形状相同，分别单击每个地形，在属性窗口中设置“随机”选项的参数可以改变山峰形状，如图 3.5.16 所示。

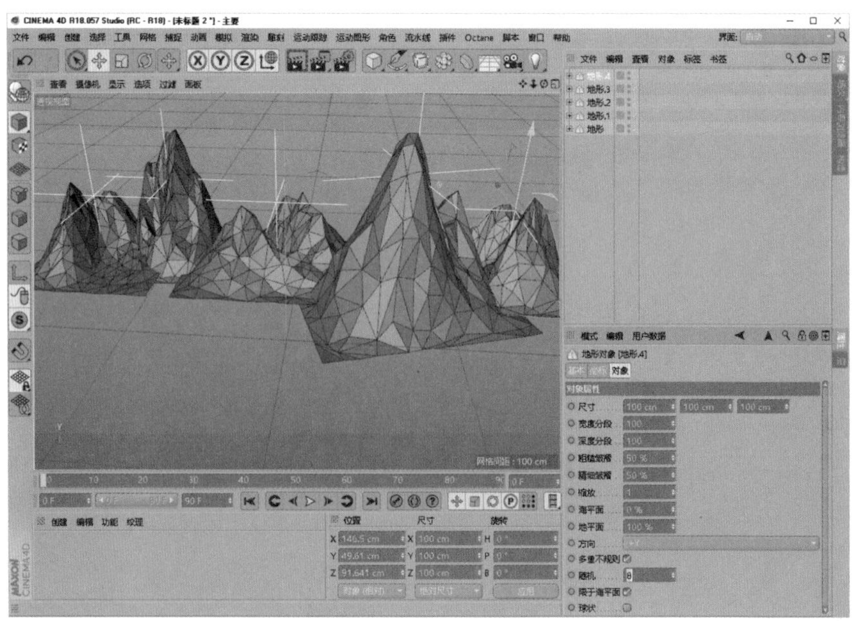

图3.5.16 修改山峰形状

2. 制作地面和岩石

01 新建一个平面作为地面，将山脉放在上面，为地面添加“减面”和“置换”工具，制作起伏效果，如图 3.5.17 所示。

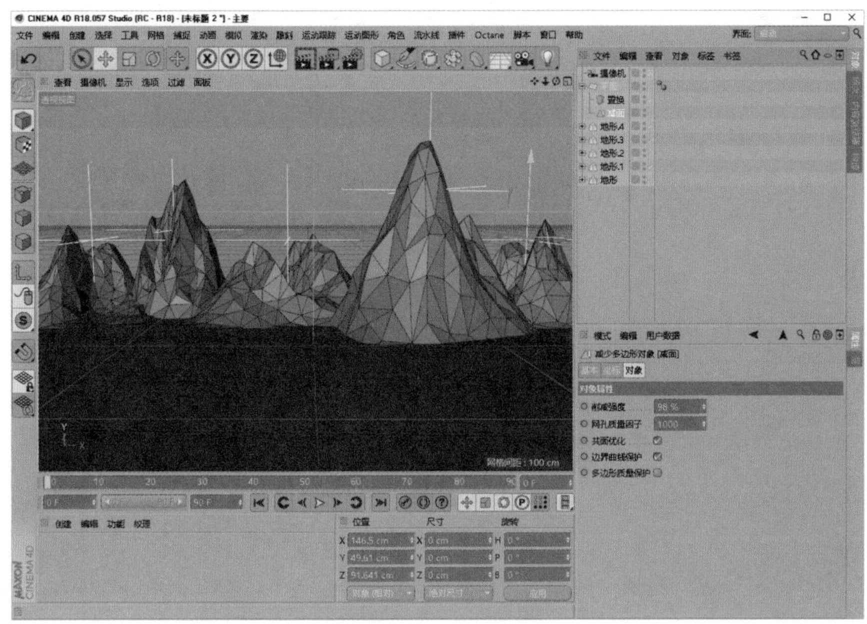

图3.5.17　制作地面

02 在“立方体”下拉列表中选择“宝石”选项，在属性窗口中修改“类型”为碳原子，如图 3.5.18 所示。

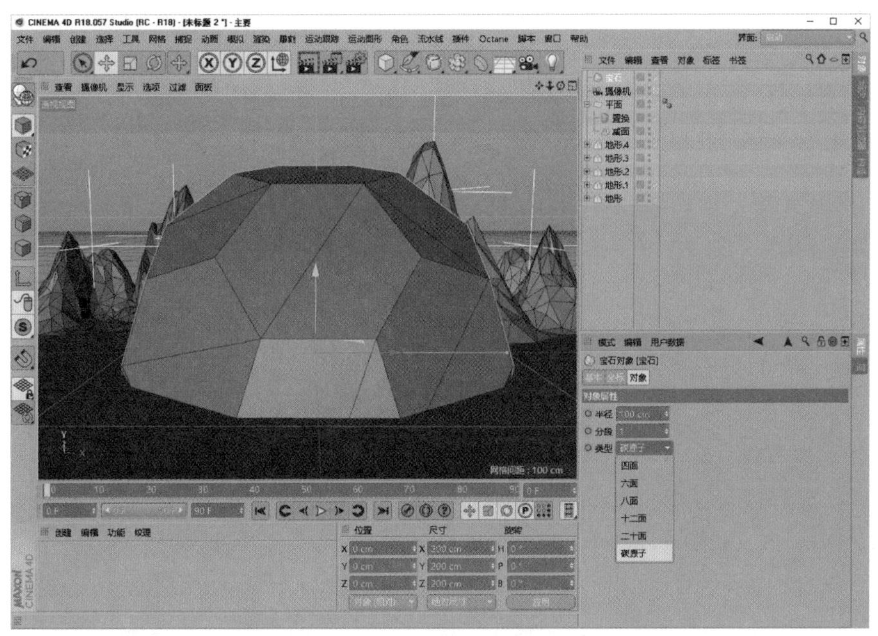

图3.5.18　新建宝石模型

03 将宝石模型转为可编辑对象，在点模式下进行优化。给宝石添加“减面”和“置换”工具制作岩石，结合“缩放”和“旋转”工具调整形状，并摆放到合适的位置，如图 3.5.19 所示。

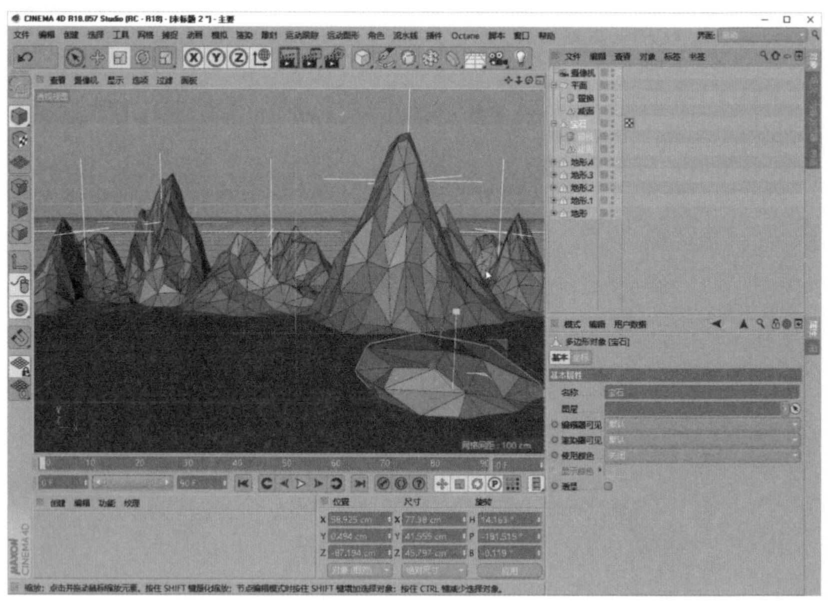

图3.5.19 制作岩石

3.5.4 搭建场景

01 复制岩石，缩放并摆到合适的位置；复制树木，缩放并摆到合适的位置，如图 3.5.20 所示。

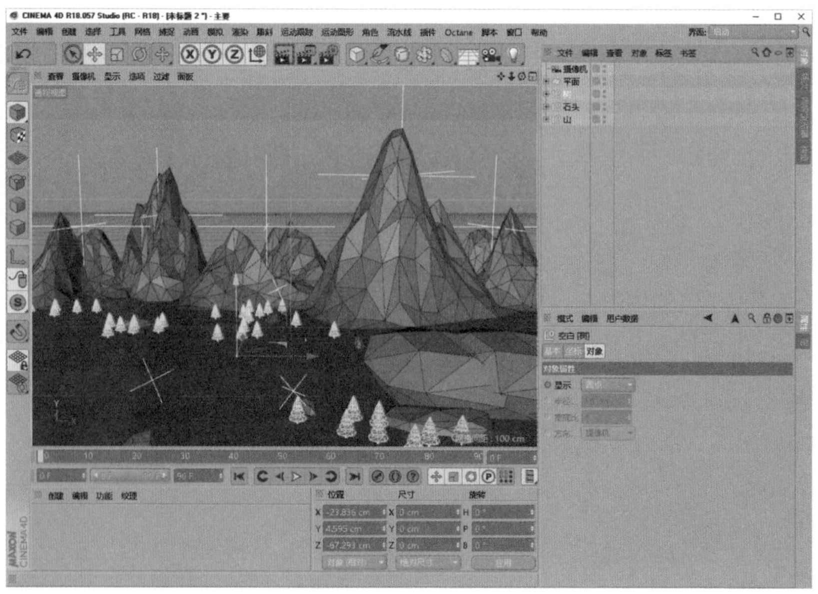

图3.5.20 复制岩石和树木

02 使用制作岩石的方法制作云，并放到适当位置，如图 3.5.21 所示，完成场景的搭建。

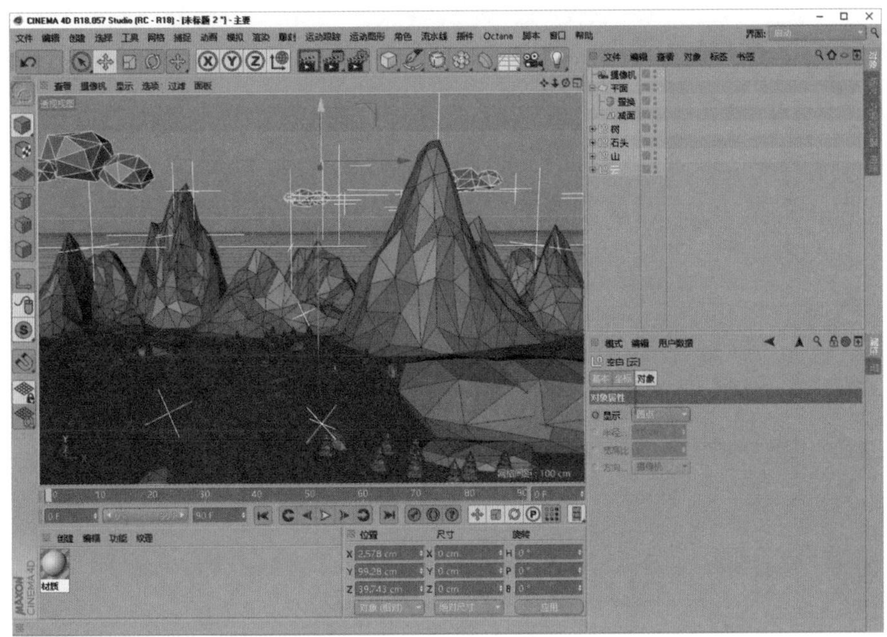

图3.5.21　完成场景搭建

3.5.5　制作材质

Low Poly 风格的材质很简单，通常直接使用纯色并关闭反射通道，如图 3.5.22 所示。将新建材质赋予对象，如果制作时对山脉、岩石等做了分组，添加材质就会更方便。

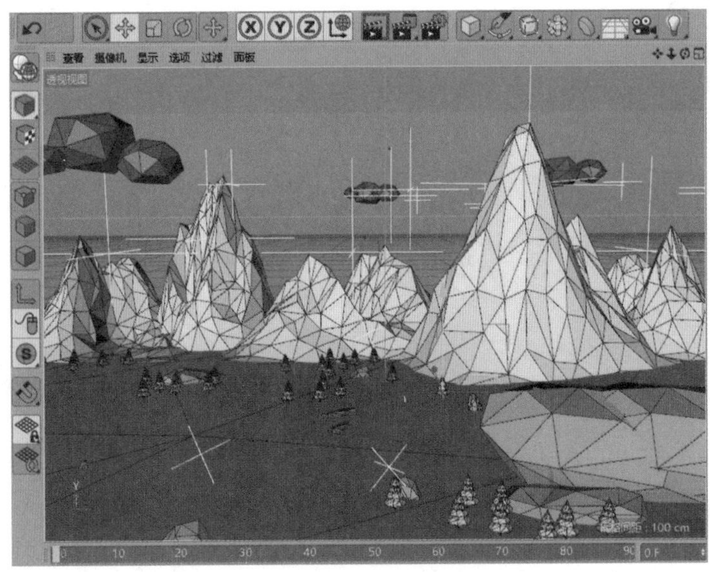

图3.5.22　添加材质

如果地形起伏不明显，可以增大地面的分段数，如图 3.5.23 所示。

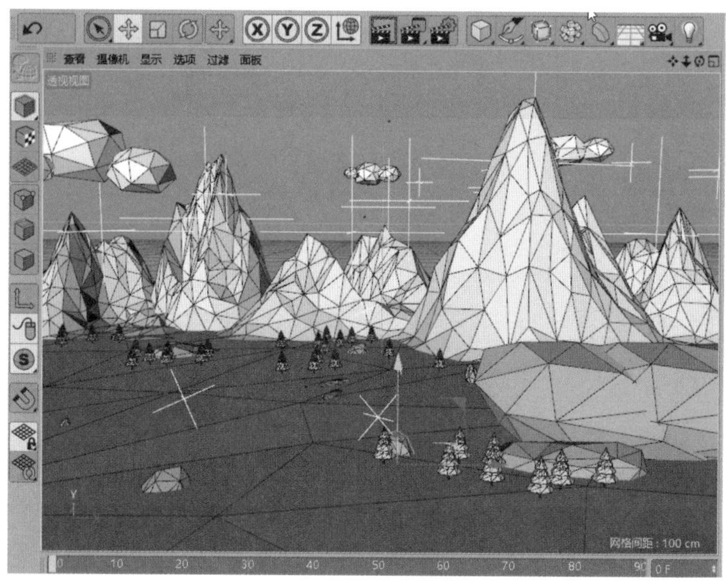

图3.5.23　增加地面起伏

3.5.6　布光输出

1. 新建灯光

单击“灯光”按钮，添加区域光，如图3.5.24所示，此时会看到区域光是一个面，需要考虑照射方向。

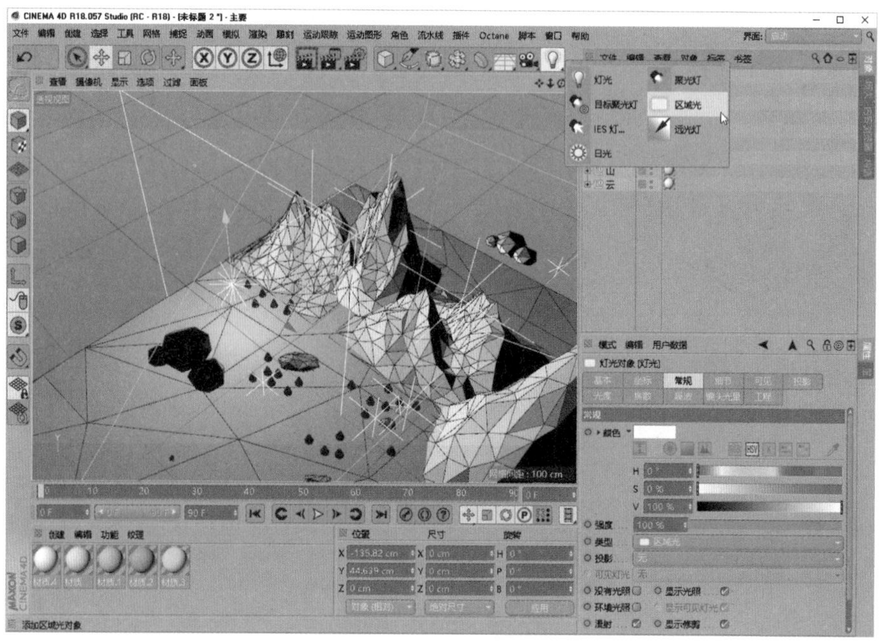

图3.5.24　添加区域光

2. 设置灯光朝向

为了避免反复调整区域光的照射方向，可以在“立方体”中新建“空白”对象，如图 3.5.25 所示，将“空白”对象放到需要照射的物体上。“空白”对象渲染后不可见，只用于辅助操作。

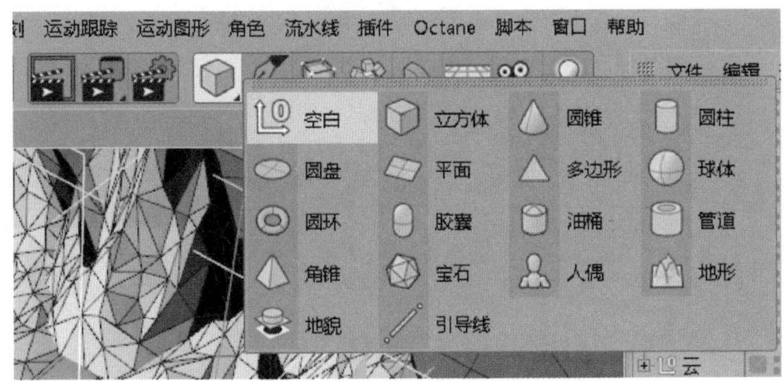

图3.5.25 新建“空白”对象

01 在对象窗口中右击灯光，在弹出的快捷菜单中选择“CINEMA 4D 标签”→“目标”选项，如图 3.5.26 所示。

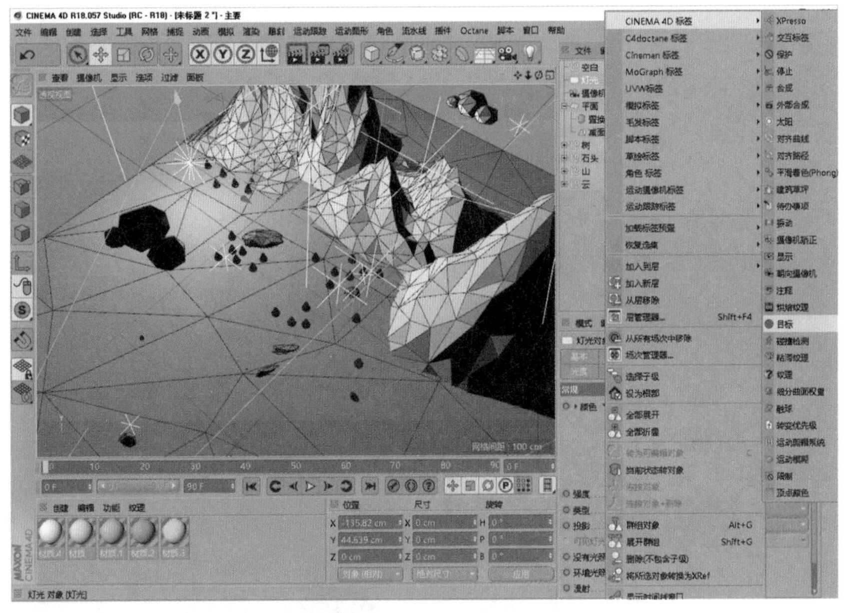

图3.5.26 添加目标标签

02 双击创建的目标标签，在弹出的“属性”对话框中，将空白对象拖放到“目标对象”文本框中，如图 3.5.27 所示。这样无论光源怎么移动，都会朝向空白对象。

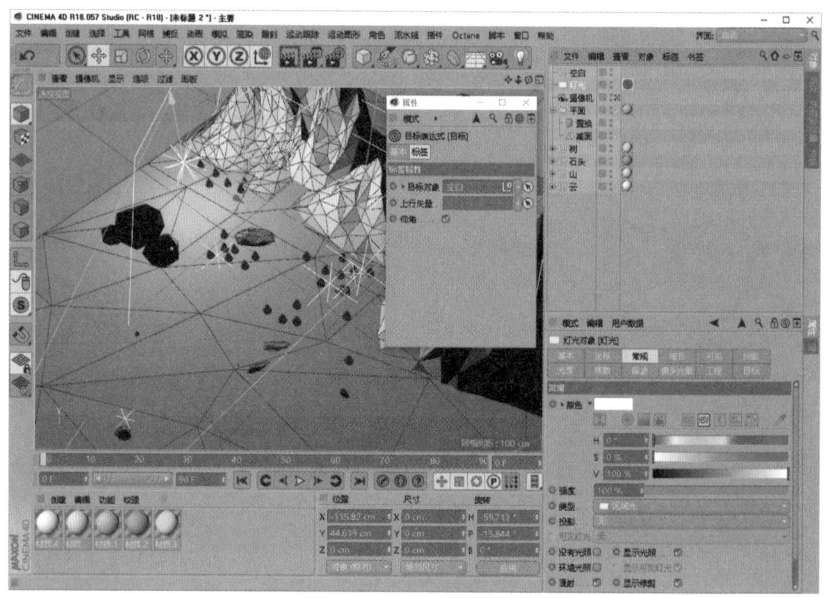

图3.5.27　将空白对象作为灯光照射目标

3. 调整灯光参数

01 在灯光的“常规”选项卡中选择灯光颜色，通过“强度”选项调节亮度；在“类型”下拉列表中选择灯光种类；将“投影”设置为“区域”的效果最佳。

02 在“细节”选项卡中，将最下方的“衰减”设置为“平方倒数（物理精度）”，灯光将会以近强远弱的方式工作，会得到与真实环境相同的光照效果，如图 3.5.28 所示。

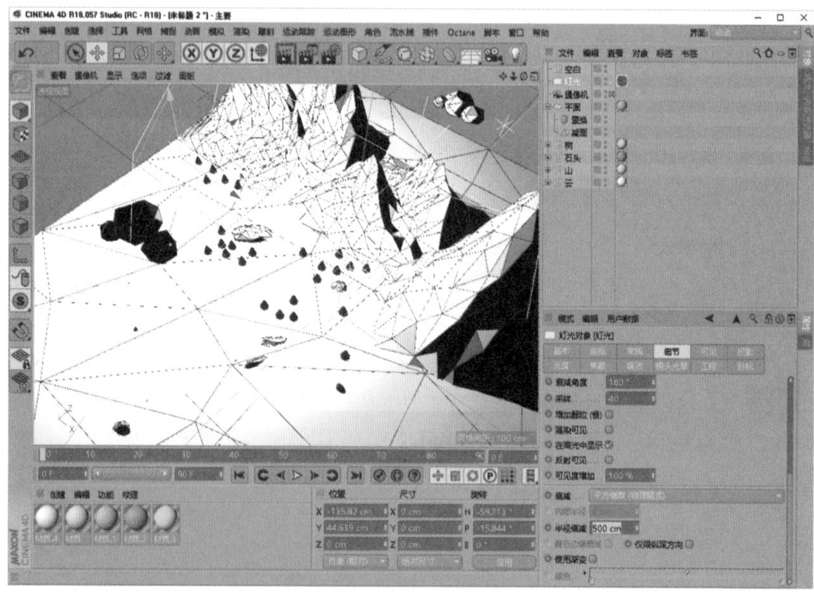

图3.5.28　开启衰减

03 在“投影”选项卡中调整阴影，选择阴影类型、阴影颜色。通过“密度”选项调整阴影强度，如图 3.5.29 所示。

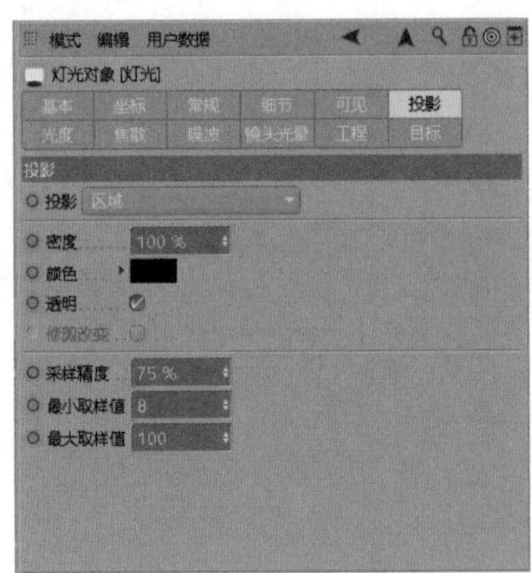

图3.5.29 调节阴影

4. 安排主光、辅光

01 将光源移动到斜上方作为主光源。将“衰减”设置为“平方倒数（物理精度）”，扩大衰减范围并降低亮度，将“阴影”设置为区域，效果如图 3.5.30 所示。

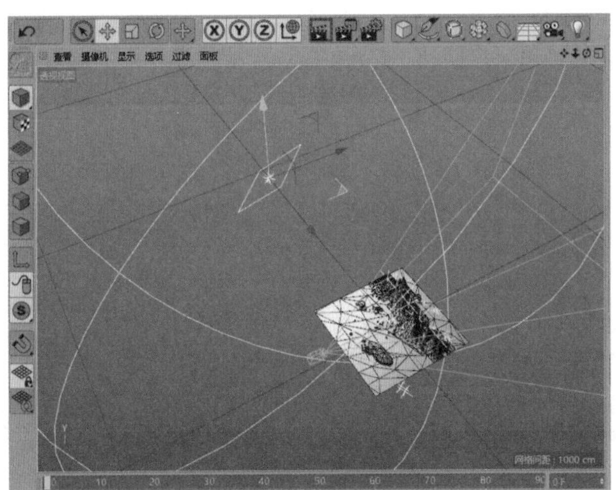

图3.5.30 建立主光源

02 按住 Ctrl 键拖动光源复制一个，移动到如图 3.5.31 所示的位置作为辅光。辅光的强度需要弱于主光，辅光的投影也可以关掉。辅光用于避免阴影处死黑。

小贴士

如果需要快速布光，可以使用“物理天空”功能，也可以使用“天空”功能并添加 HER 贴图。

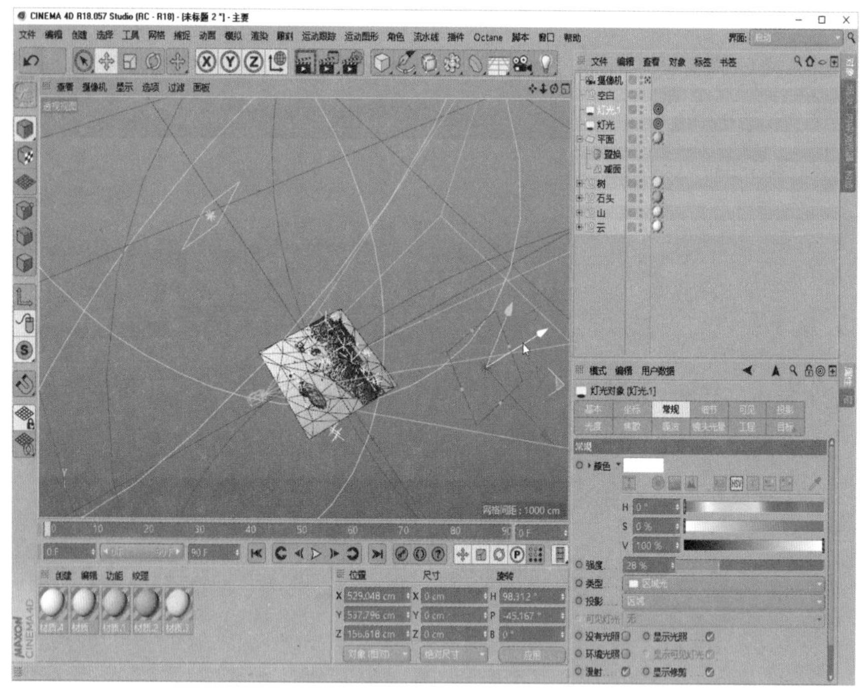

图3.5.31 建立辅光

3.5.7 渲染输出

开启渲染设置中的“全局光照”和“环境吸收”功能，渲染浏览效果，如图 3.5.32 所示。根据需要还可以增加灯的数量，布光是一个反复调整的过程。

图3.5.32 渲染输出

实训练习3-5：Low Poly风格小场景

制作如图 3.5.33 和图 3.5.34 所示的 Low Poly 风格小场景。

图3.5.33 Low Poly风格小场景1

图3.5.34 Low Poly风格小场景2

学习评价

进行学习评价，由学生自我评价、小组互评、教师评价相结合。

任务3.5：Low Poly风格设计					日期	
评价内容	自我评价			小组互评		
	完全掌握	基本掌握	未掌握	完全掌握	基本掌握	未掌握
能使用置换工具、减面工具进行 Low Poly 风格建模						
能使用地形工具制作山脉						
能使用多个模型制作较为复杂的场景						
灵活使用编组工具，能对模型进行有效管理						
能完成简单的布光						
教师评价：						

任务3.6 制作简单动画

任务描述☞

我们观察物体时，物体的影像不会立刻消失，会在视觉里停留约0.34s。利用这一原理，在一个画面还没有消失前播放下一个，我们就可以看到流畅的运动图像。

CINEMA 4D提供了繁多的动画工具，同时还能很好地和After Effects结合使用，制作出各种视觉效果。

任务目标☞

1）了解什么是关键帧动画；
2）能通过设置关键帧制作基础属性动画；
3）能使用“对齐曲线”选项卡制作路径动画；
4）能使用“目标”选项卡控制摄像机朝向；
5）掌握动画输出的设置，了解三维动画常用的输出方法。

微课：简单动画效果

本任务的要求是制作如图3.6.1所示的卡通飞机动画效果。

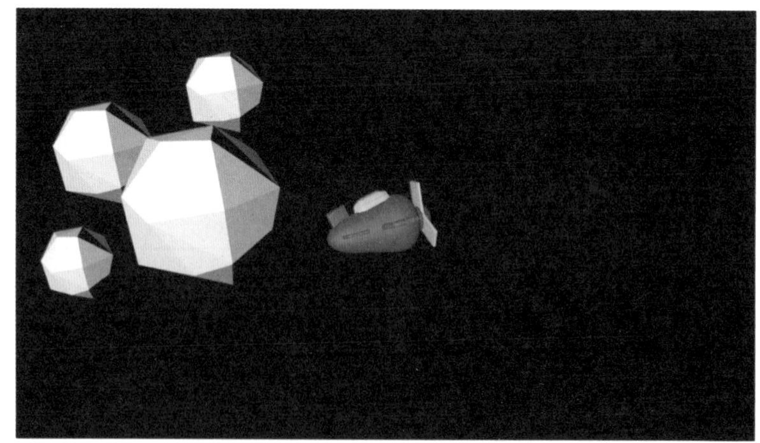

图3.6.1　卡通飞机动画效果

3.6.1　CINEMA 4D 动画基础

1. 工程设置

打开软件，界面右下方默认显示的是“工程”属性面板。“帧率（FPS）”表示1s的动画由多少个静态画面组成，常用的帧率有25、30、60，帧率越高，动画越流畅。

CINEMA 4D 默认是以帧数来表示动画时长的，制作过程中可以随时修改帧率，选择菜单栏中的“编辑”→“工程设置”选项，如图 3.6.2 所示，或按 Ctrl+D 组合键切换到“工程设置”选项卡进行设置即可。

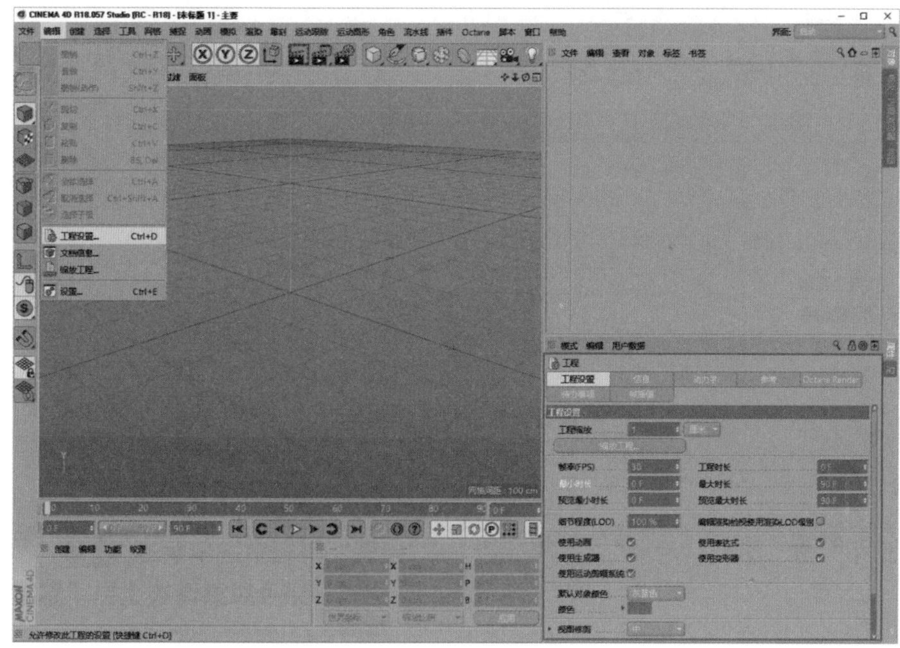

图3.6.2　工程设置

2. 时间线

视图窗口下方是时间线，如图 3.6.3 所示。

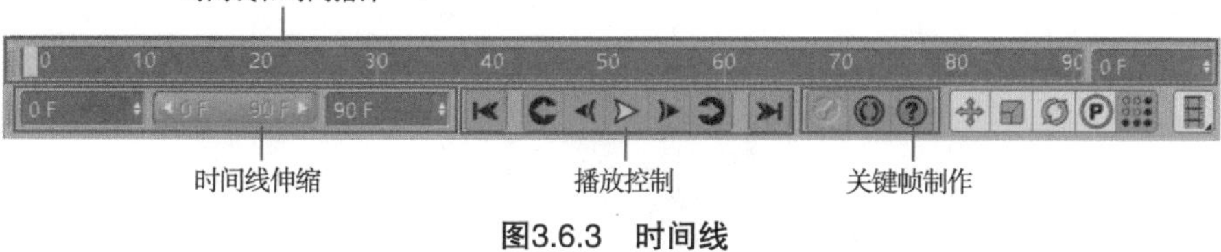

图3.6.3　时间线

1）时间线：越往右数字越大，时间越靠后。

2）时间指针：绿色的时间指针表示当前画面所在的时间点。

3）时间线伸缩：可以对时间轴放大或缩小，便于用户精确操作；后面的“90F”选项表示以帧数表示动画时长，也可以在“工程设置”选项卡中进行调整。

4）播放控制：进行预览播放和查找关键帧。

5）关键帧制作：第 1 个按钮是“记录活动对象”按钮，用于添加关键帧；第 2 个按钮是“自动关键帧”按钮，开启时，参数发生变化，软件会自动添加关键帧，工作方式与 Adobe 系列软件的关键帧添加方式相同。

3. 关键帧动画

01 将时间指针移动到动画起始位置。

02 新建几何体，在属性窗口中选择“坐标”选项卡，选中参数前的单选按钮，记录该参数状态，建立关键帧。建立关键帧后，参数前的单选按钮中会出现红点，如图 3.6.4 所示。

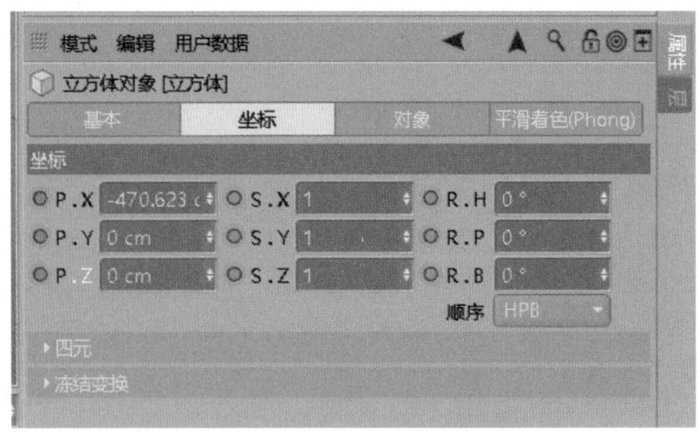

图3.6.4 添加起始关键帧

03 将时间指针移动到动画结束处，移动几何体位置，在几何体“坐标”选项卡中选中对应参数前的单选按钮，记录新的关键帧，动画即制作完成，如图 3.6.5 所示。单击“向前播放”按钮▷可以预览动画效果。

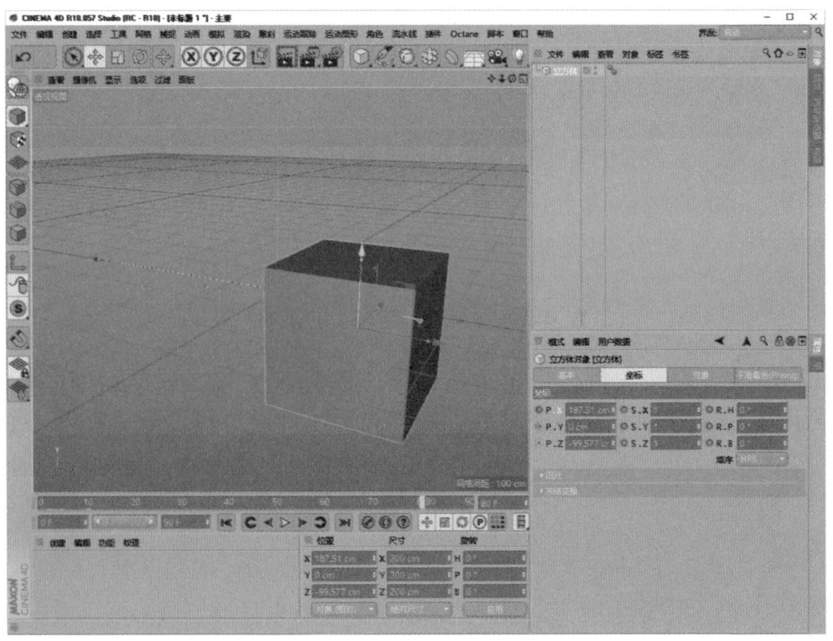

图3.6.5 添加结束关键帧

参数前的单选按钮的显示方式表示关键帧状态：P.X 187.51 cm 表示已记录；P.Y 0 cm 表示参数有变化，但未记录；P.Z -99.577 cr 表示该参数开启了关键帧，但是数据没有发生变化。

也可以使用“记录活动对象”按钮：在运动起始位置单击按钮开启“自动关键帧”，在新的时间点，参数变化时会自动建立关键帧。

4. 动画编辑界面

在软件右上方的“界面”下拉列表中选择“Animate”选项，切换到动画界面，如图 3.6.6 所示；也可以选择菜单栏中的“窗口”→“时间线（摄影表）”选项，弹出“时间线窗口”窗口，如图 3.6.7 所示。

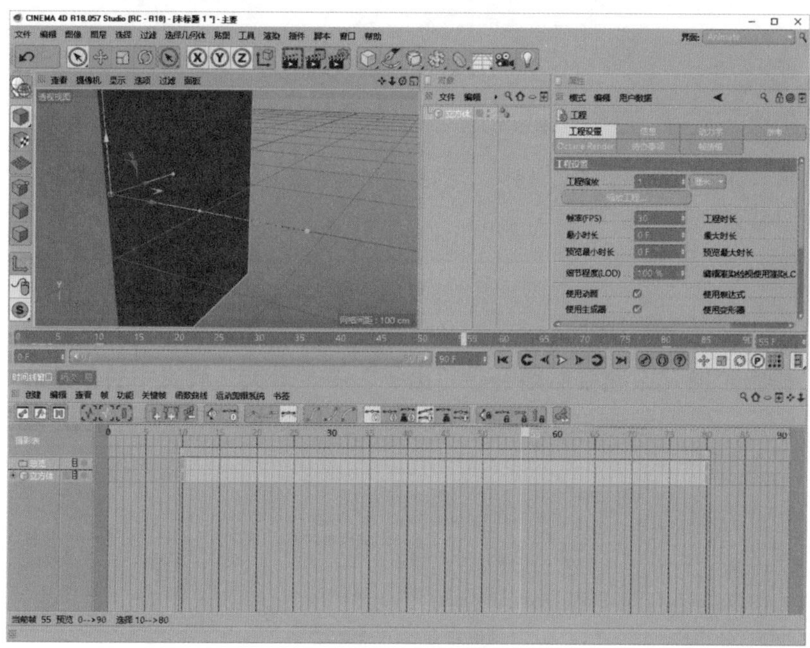

图3.6.6 动画界面

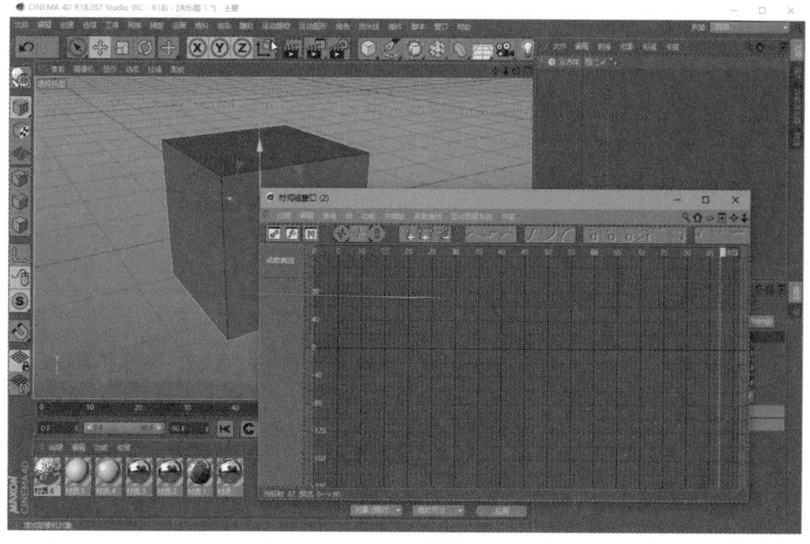

图3.6.7 “时间线窗口”窗口

5. 关键帧插值

选择运动物体，会看到运动轨迹，轨迹上有很多小点，相邻 2 个点中间的时间间隔长度相同，所以点越密集，运动速度越慢。

在“时间线窗口”窗口的上方单击“线性”按钮，小点就会在轨迹上均匀排列，物体匀速运动，如图 3.6.8 所示。

图3.6.8 匀速运动

CINEMA 4D 中，只要参数前有单选按钮，都可以制作关键帧动画。

知识窗：关键帧

动画由一系列连续播放的静态画面组成，组成动画的每一个静态画面称为帧。

记录一个动画效果开始和结束的帧称为关键帧，中间的变化过程会由软件自动生成，所以计算机动画不像传统动画一样每帧都需要绘制，效率更高。

3.6.2 制作飞机模型

1. 制作机身

01 新建圆锥，在圆锥的属性窗口中的“对象”选项卡中修改“顶部半径”“底部半径”“高度”，并适当添加分段数；在“封顶”选项中开启“顶部”和“底部”封顶，制作出机身，如图 3.6.9 所示。

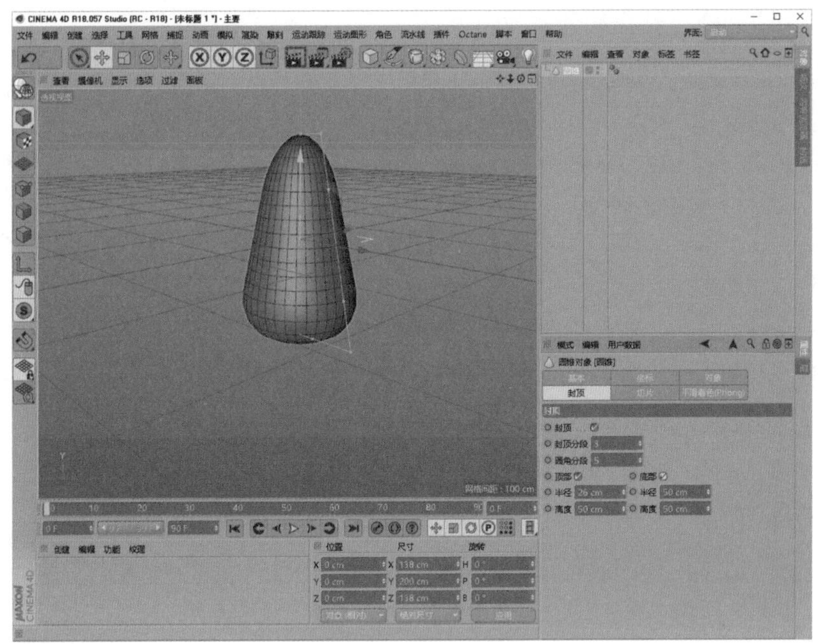

图3.6.9　制作机身

02 新建立方体，在立方体属性窗口的“对象”选项卡中开启“圆角”。调整好立方体的大小、形状、位置制作出机翼，如图 3.6.10 所示。

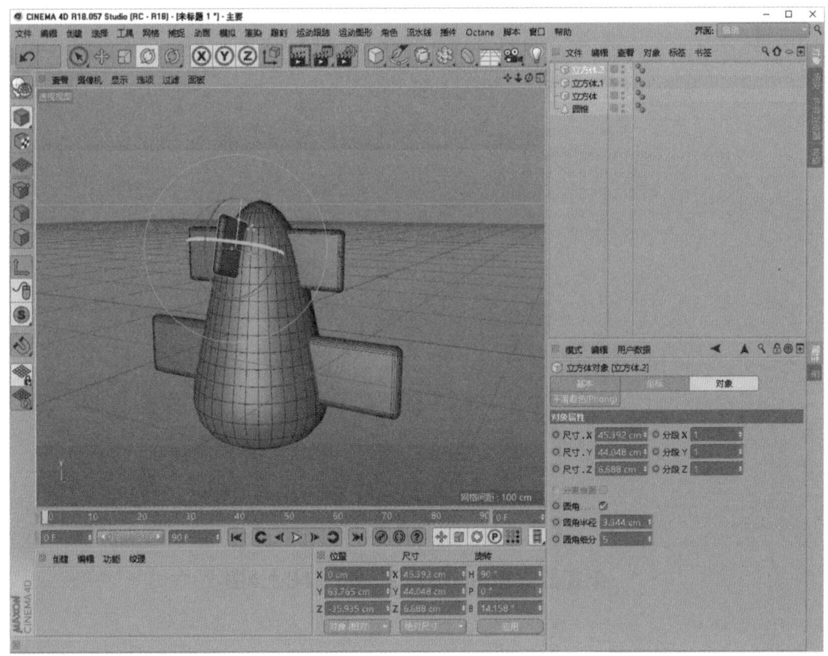

图3.6.10　制作机翼

2. 制作机舱

01 新建胶囊作为机舱，如图 3.6.11 所示。在属性窗口的“对象”选项卡中适当降低胶囊的分段数。

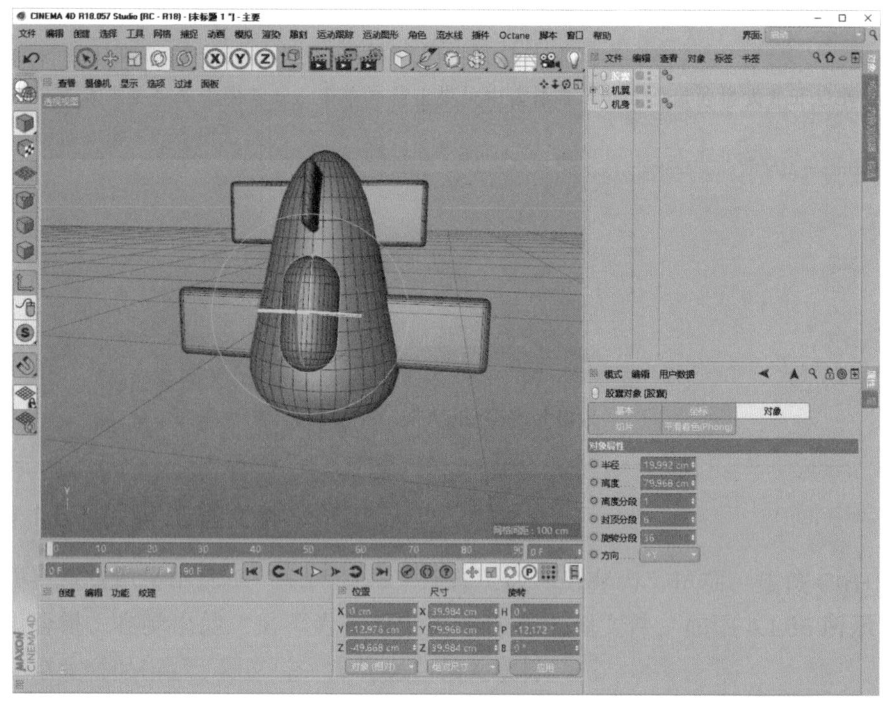

图3.6.11　制作机舱

02 复制一个胶囊，在工具栏中选择“阵列”下拉列表中的“晶格”选项作为复制的胶囊的父级，如图 3.6.12 所示。

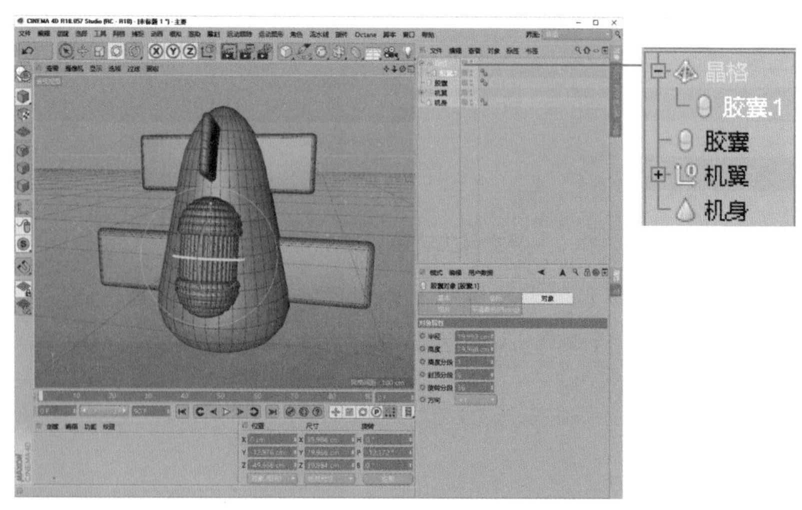

图3.6.12　添加晶格作为父级

03 适当放大复制的胶囊并减少分段数；在晶格属性窗口的“对象”选项卡中将“圆柱半径”和“球体半径”值设为相同。通过调整胶囊和晶格的参数制作出机舱盖的格子，如图 3.6.13 所示。

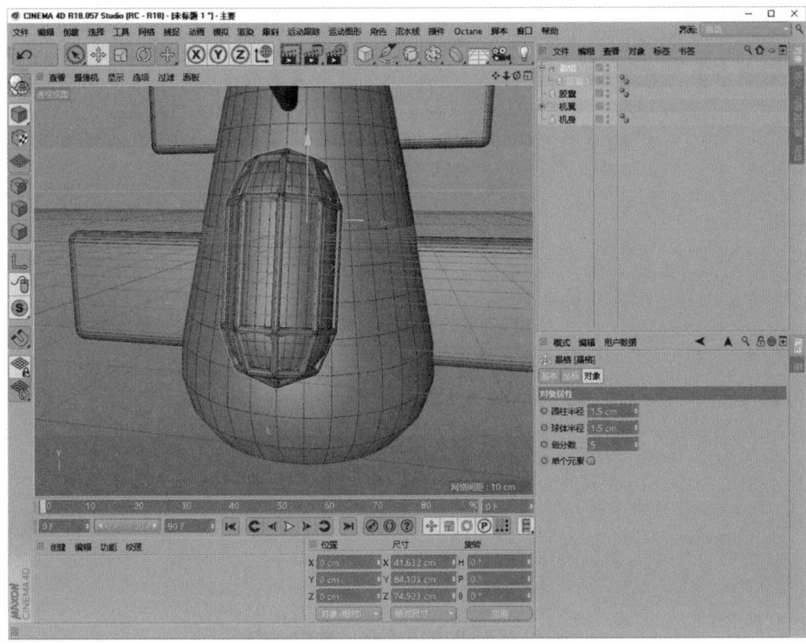

图3.6.13　完成机舱制作

3. 制作螺旋桨

01 新建胶囊作为螺旋桨轴心，如图 3.6.14 所示。

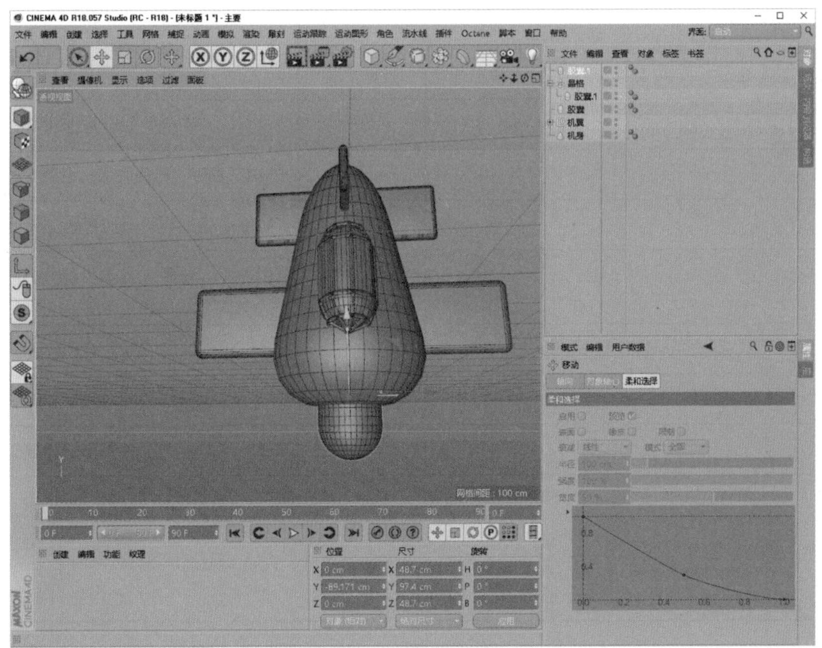

图3.6.14　制作螺旋桨轴心

02 新建立方体作为桨叶，开启圆角调整好大小，通过“克隆”制作出三叶螺旋桨，如图 3.6.15 所示。

图3.6.15 制作螺旋桨

03 将飞机组成部件编组，旋转成水平放置，机头略微向上，如图 3.6.16 所示。

图3.6.16 完成飞机制作

3.6.3　制作场景

1. 克隆云朵

用球体制作一朵 Low Poly 风格的云，添加“克隆”效果器作为云的父级。

在克隆属性窗口中选择“对象”选项卡，将“模式”设置为“网格排列”，将“数量”设置为 4×4×4，这样就有 64 朵云，如图 3.6.17 所示。如果出现卡顿，则应当减少克隆数量。

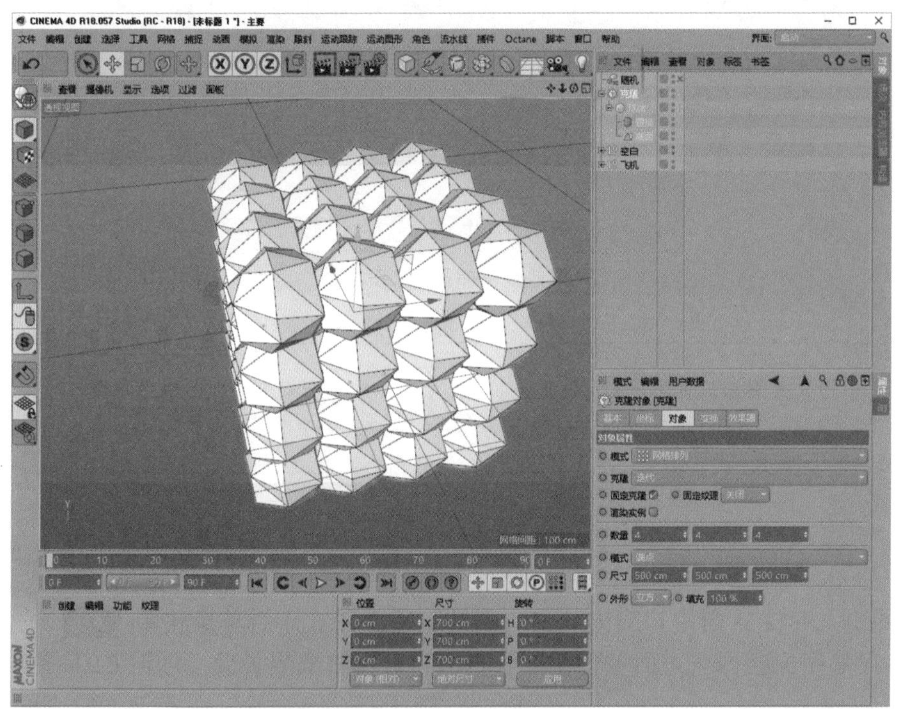

图3.6.17　克隆云

2. 云的随机分布

在对象窗口中选择克隆，选择菜单栏中的“运动图形”→“效果器”→“随机”选项，给克隆添加随机效果。

在“随机”的属性窗口中选择“参数”选项卡，飞机要沿 *X* 轴飞行一段距离，所以将“位置”选项中的 P.X 参数调大，P.Y、P.Z 的数值也适当加大，做出云扩散的效果，如图 3.6.18 所示。如果希望云的摆放不那么单调，可以开启“位置”后面的“缩放”和“旋转”随机功能。

3. 添加材质和环境光照

用 Low Poly 的方式给模型添加简单材质，添加物理天空作为光源，完成场景搭建，如图 3.6.19 所示。

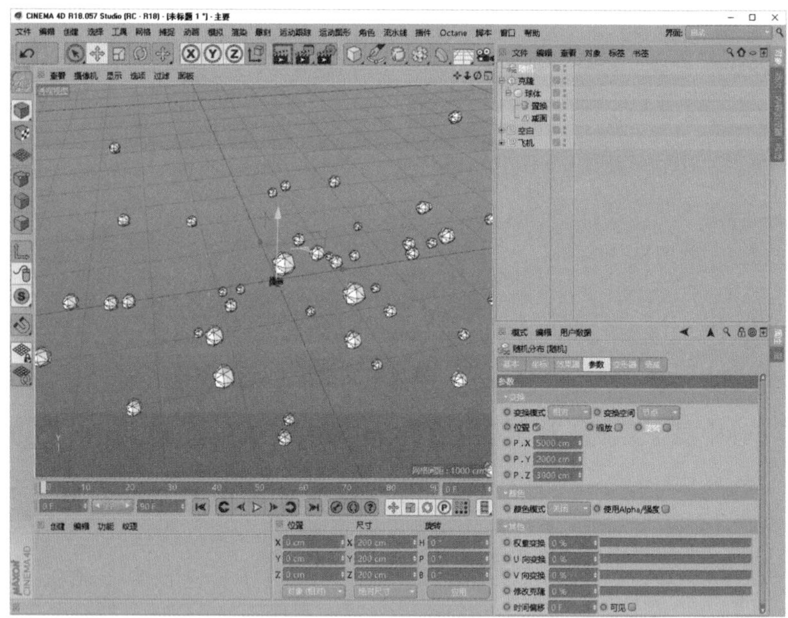

图3.6.18 随机摆放云

图3.6.19 完成场景搭建

3.6.4 制作飞机动画

1. 设置动画参数

使用 Ctrl+D 组合键在打开的工程属性窗口中的“工程设置”选项卡中，将“帧率（FPS）”设置为 25，将“工程时长”设置为 125F，将动画时长设置为 5s，如图 3.6.20 所示。

模式 编辑 用户数据
工程
工程设置 信息 动力学 参考 Octane Render
待办事项 帧插值
程设置
工程缩放 1 厘米
缩放工程...
帧率(FPS) 25 工程时长 125 F
最小时长 0 F 最大时长 90 F
预览最小时长 0 F 预览最大时长 90 F
细节程度(LOD) 100 % 编辑渲染检视使用渲染LOD级别
使用动画 使用表达式
使用生成器 使用变形器
使用运动剪辑系统
默认对象颜色 灰蓝色
颜色
视图修剪 中
线性工作流程

图3.6.20 设置动画参数

2. 制作螺旋桨旋转动画

01 将时间指针移动到 0 帧（0F）的位置，在对象窗口中找到螺旋桨，在参数窗口中选择“坐标”选项，找到旋转参数位置，在旋转角度处打上关键帧，如图 3.6.21 所示。

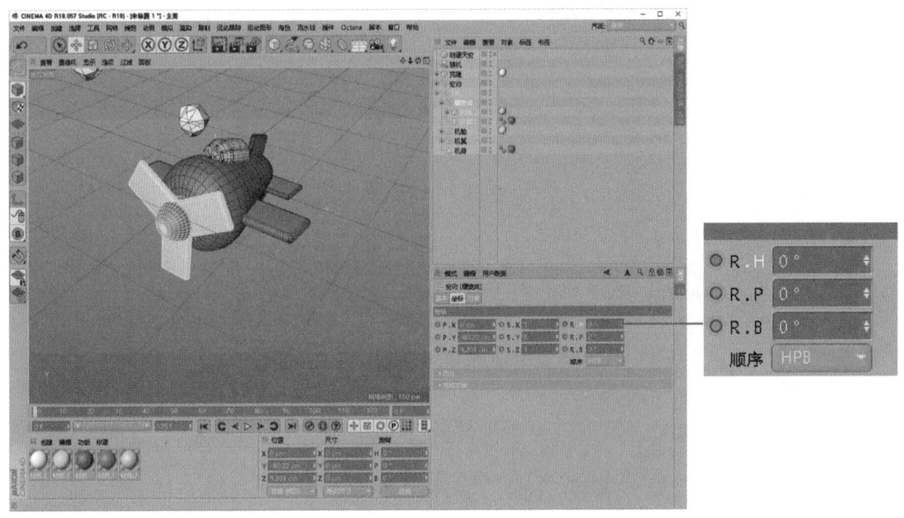

图3.6.21 记录起始角度

02 将时间指针移动到 125 帧（125F）的位置，设置好旋转角度并记录关键帧，如图 3.6.22 所示。如果需要匀速旋转，需要开启动画窗口，将关键帧插值设置为“线性”。

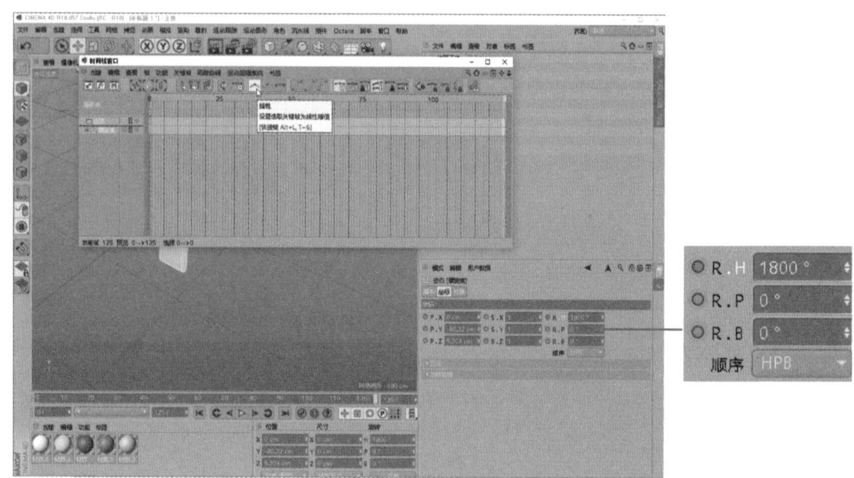

图3.6.22 记录结束角度

03 如果需要修改关键帧参数，可以在时间线上选择关键帧，在属性窗口中就会显示该关键帧属性。关键帧的标识很小，可以通过时间线下方的伸缩工具左右拖动，缩放时间线进行查看，如图 3.6.23 所示。设置完成后可以单击“向前播放”按钮查看动画效果。

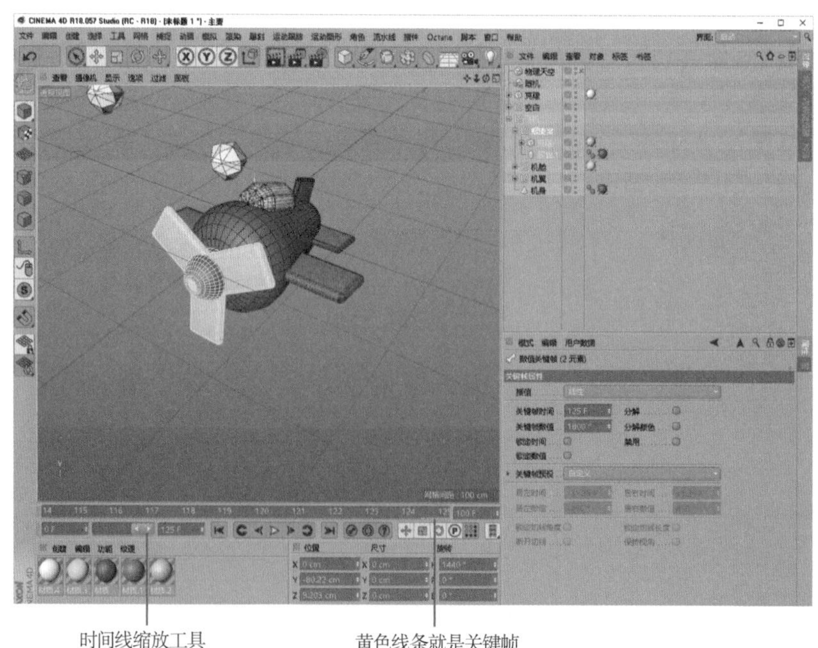

图3.6.23 查看并修改关键帧属性

3. 制作飞行动画

01 在 0 帧和 125 帧处分别设置飞机的位置，并记录关键帧，制作移动的动画，如图 3.6.24 所示。

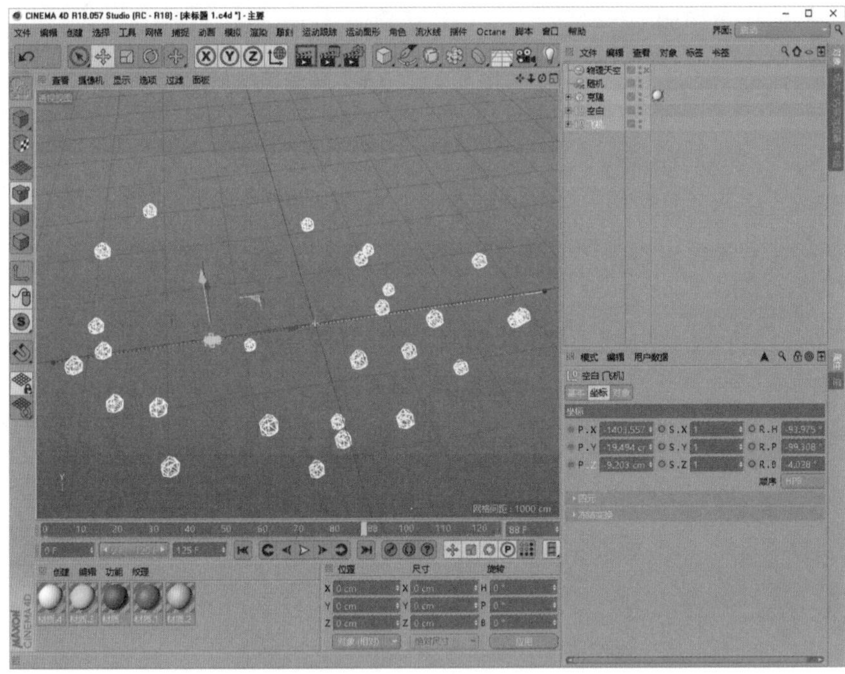

图3.6.24 移动动画

02 调整好视窗角度，即可渲染查看效果，如图 3.6.25 所示。

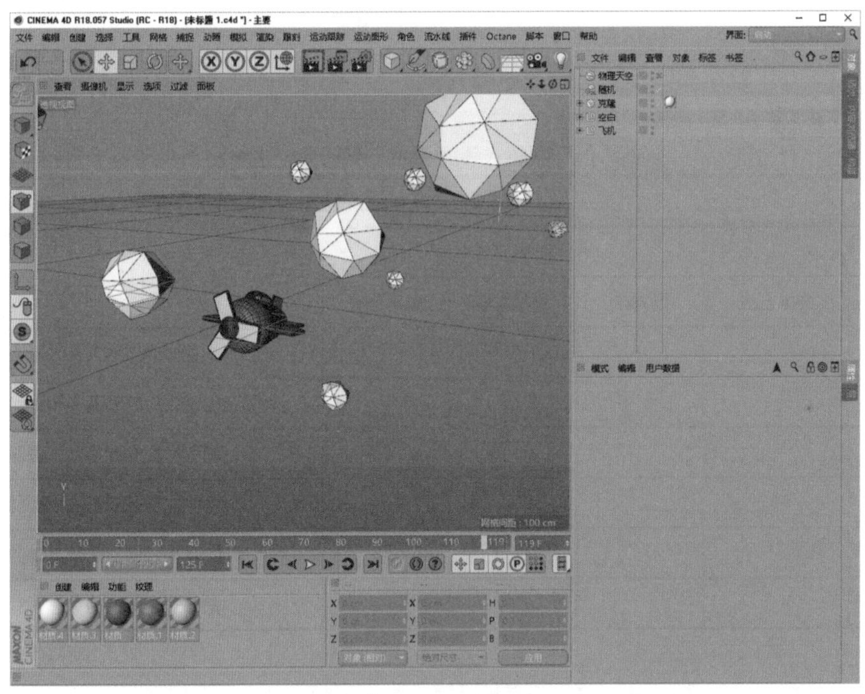

图3.6.25 完成动画制作

3.6.5 摄像机动画

1. 调整关键帧

打开“时间线窗口”窗口，展开左侧的树形目录，可以看到所有动画关键帧，选择“飞机”下的“位置”选项，删除飞机的位移动画，如图 3.6.26 所示。此处也可以做关键帧调整。

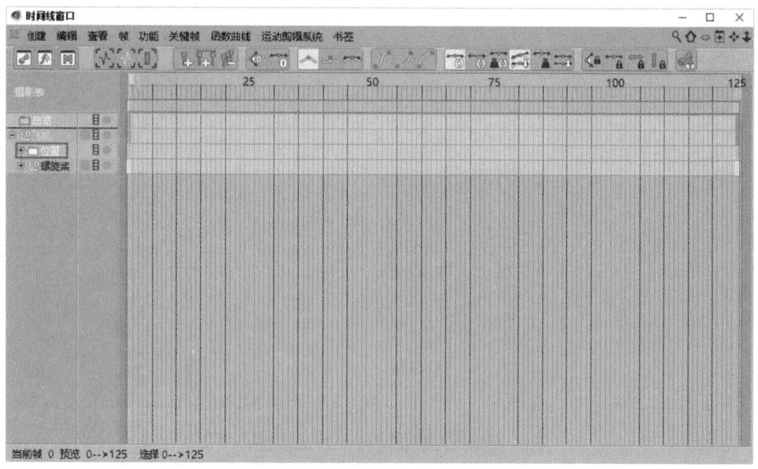

图3.6.26 删除位移动画

2. 绘制路径

01 使用工具栏中“画笔”下拉列表中的“画笔”工具绘制一条样条作为运动轨迹，如图 3.6.27 所示。

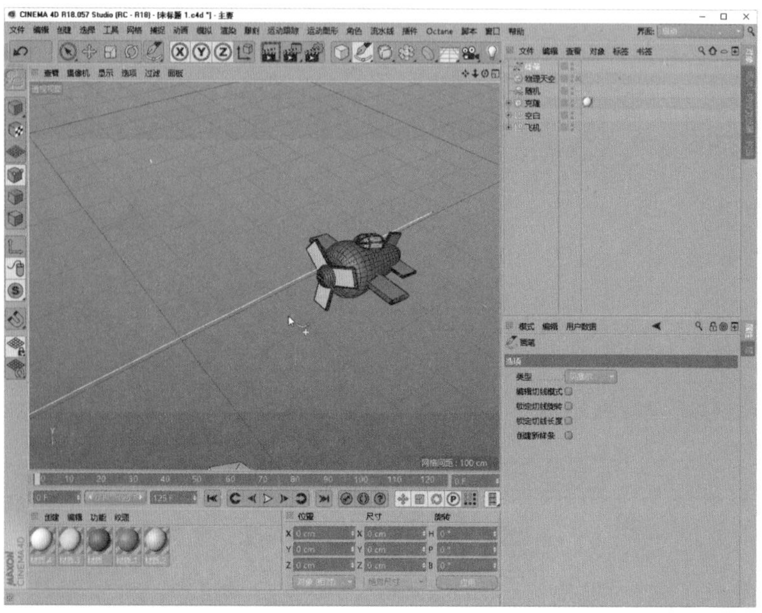

图3.6.27 绘制运动轨迹

02 右击对象窗口中的飞机，在弹出的快捷菜单中选择“CINEMA 4D”→“对齐曲线”选项，选择添加的“对齐曲线”标签，将绘制的样条拖到属性窗口的“曲线路径”中，如图 3.6.28 所示。可以通过调整样条形状修改飞行的路径。

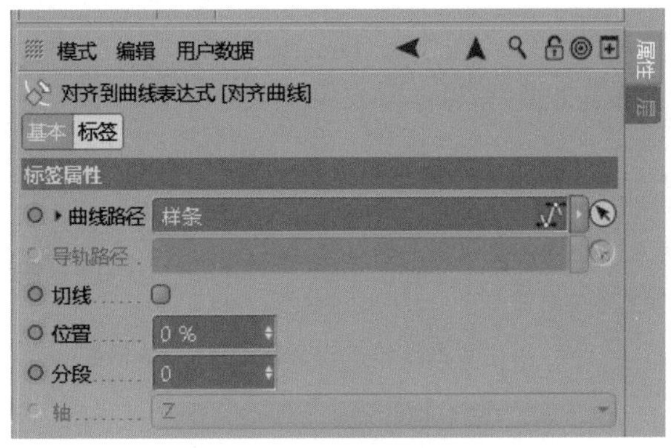

图3.6.28 添加运动轨迹

3. 制作路径动画

如果要使飞机沿样条线移动，则需进行如下设置：0 帧时，将路径标签中的“位置”参数设置为 0，添加关键帧；125 帧时，将“位置”参数设置为 100，添加关键帧，如图 3.6.29 所示。

如果绘制的样条是曲线，要让机头朝向运动方向，需要选中“切线”复选框。

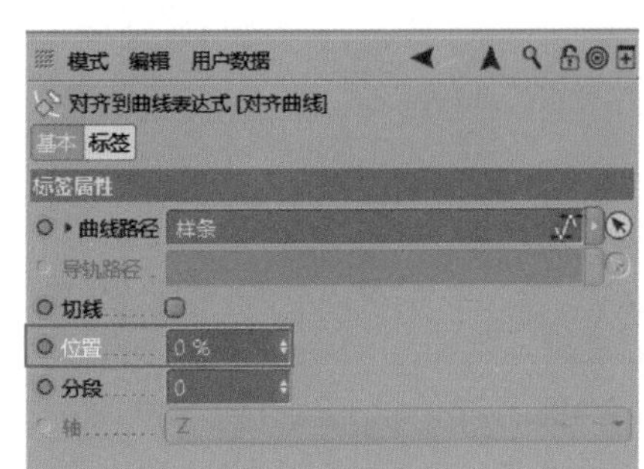

（a）起始关键帧

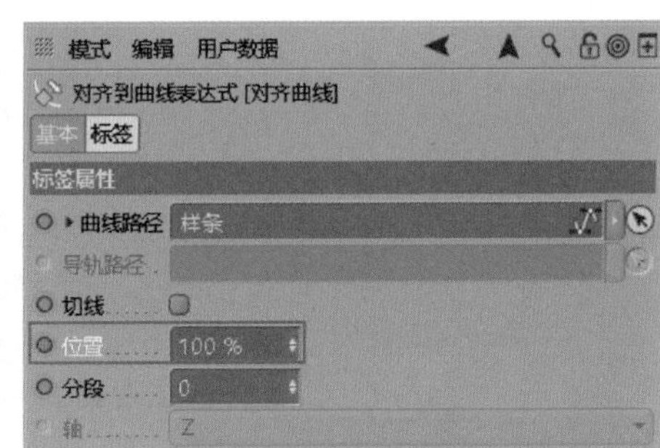

（b）结束关键帧

图3.6.29 完成位移动画制作

4. 制作摄像机运动路径

01 将时间指针移动到 0F 处，使用工具栏中的“画笔”工具绘制一个圆环，移动到以飞机为中心的位置，如图 3.6.30 所示。这个圆环将作为摄像机的运动轨迹。

02 按住 Ctrl 键的同时拖动鼠标，将对象窗口中飞机后面的“对齐曲线”标签复制给圆环，让圆环和飞机一起运动。

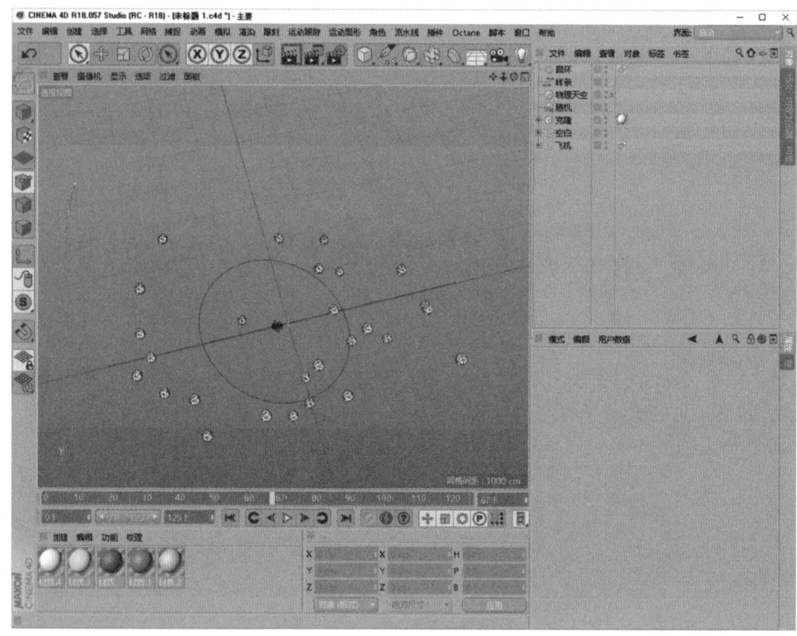

图3.6.30 复制对齐曲线标签

5. 摄像机镜头朝向

新建摄像机并右击，在弹出的快捷菜单中选择“CINEMA 4D”→“目标”选项，选择目标标签，将“目标对象”设为飞机，如图 3.6.31 所示。此时摄像机镜头就会始终朝向飞机，开启摄像机可查看效果。

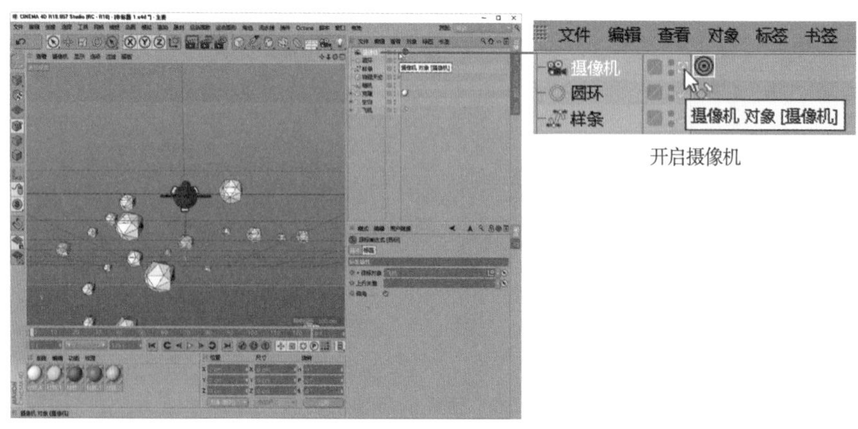

图3.6.31 设置目标标签

6. 添加摄像机运动

01 给摄像机添加“对齐曲线”标签并将“曲线路径”设置为圆环。

02 0 帧时，对“对齐曲线”标签中的“位置”参数设置关键帧；在 125 帧时调整位置，再次设置关键帧，完成摄像机动画制作，如图 3.6.32 所示。

图3.6.32　摄像机需要添加2个标签进行控制

3.6.6　渲染输出

01 打开“渲染设置”窗口，在“输出”选项中将“帧频”设置为25，与工程设置一致；“帧范围”设置为全部帧，如图 3.6.33 所示。

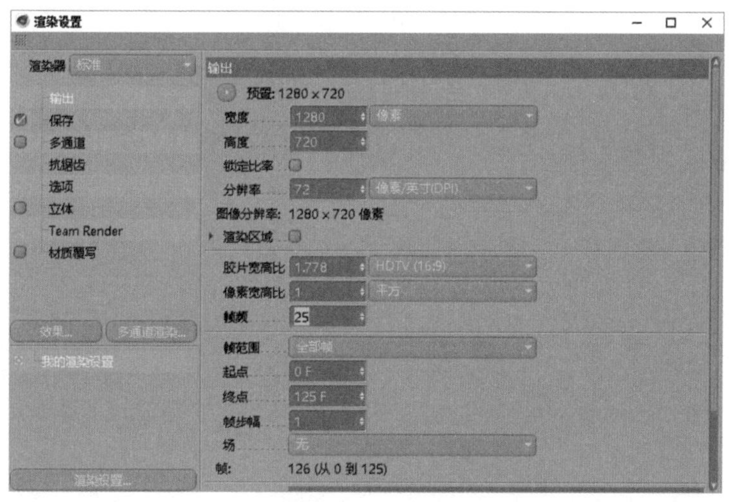

图3.6.33　输出设置

02 在“保存”选项的“文件”下拉列表中选择保存位置和名称；“格式”一般设置为 PNG，以序列图层的方式保存动画，此时设置的 125 帧，输出后就将有 125 张 PNG 图片。如果需要选择输出视频，可以选择“AVI 影片”格式，如图 3.6.34 所示。选中“Alpha 通道”复选框，输出结果会带透明背景。

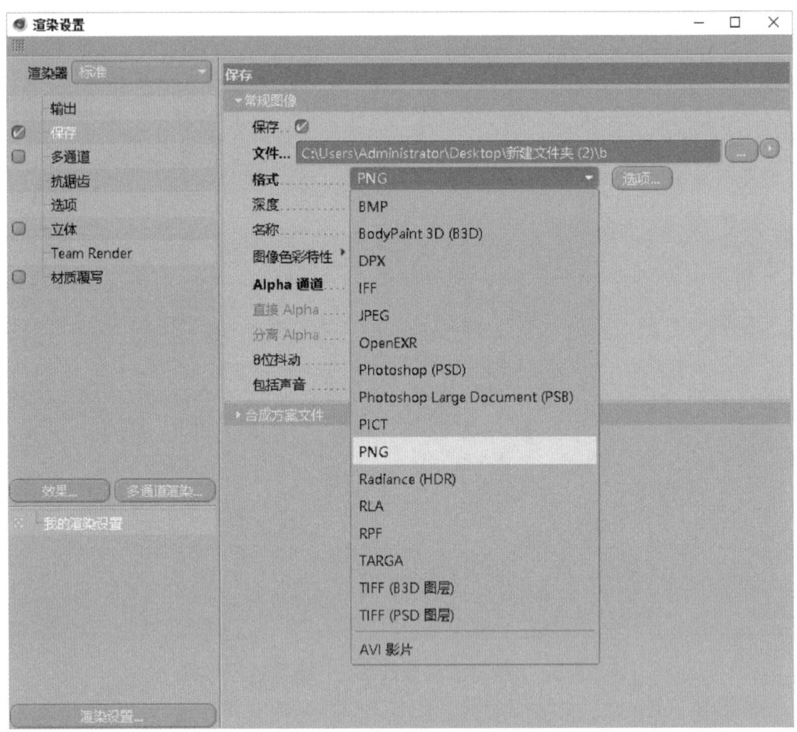

图3.6.34 保存设置

03 选中“保存”选项中“合成方案文件”选项组中的全部复选框，单击“保存方案文件”按钮，在弹出的对话框中选择保存位置，保存为AEC格式的文件，这个文件就是After Effects软件的工程文件，如图3.6.35所示。

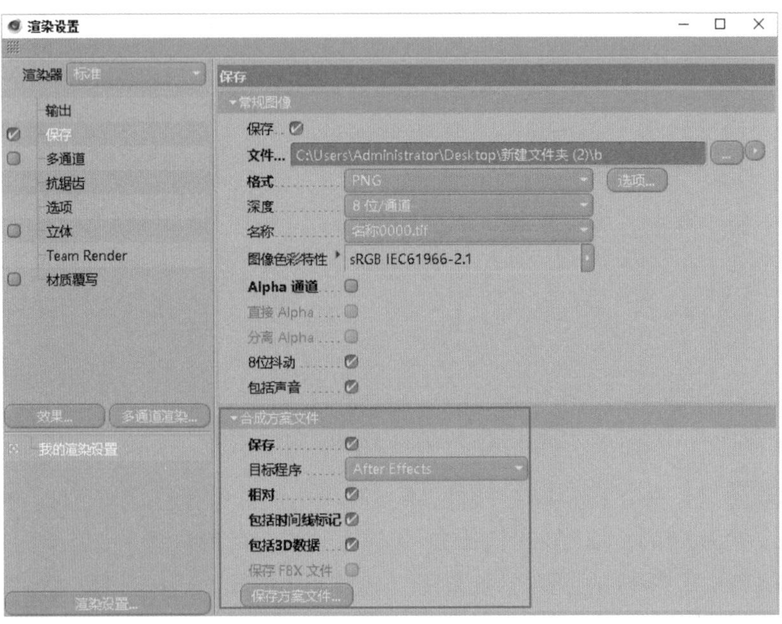

图3.6.35 保存为AE工程文件

04 设置完成后开始渲染，如图 3.6.36 所示。渲染结果如图 3.6.37 所示。

图3.6.36 逐帧渲染

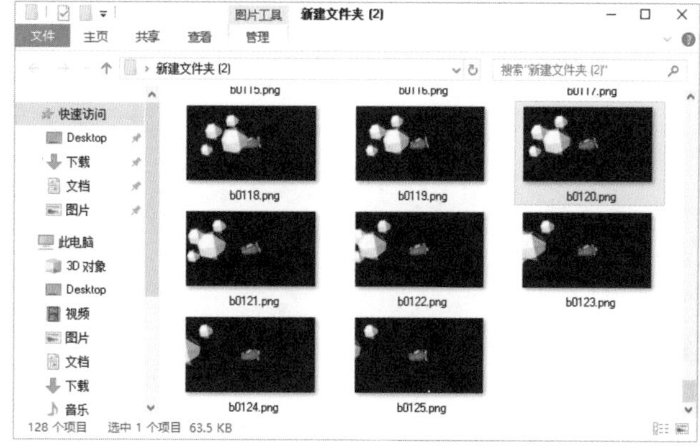

图3.6.37 渲染结果

小贴士

三维动画渲染通常需要很长时间，所以输出时应当选择图片格式，如遇到意外中断，可以从中断处的帧接着渲染而不必重新开始。也可以将工程文件复制到多台计算机上，每台计算机渲染部分帧，多台计算机同时渲染，这是常见的缩短动画渲染时间的方法。

实训练习3-6：旋转山丘

制作如图 3.6.38 所示的旋转山丘动画效果。

图3.6.38 旋转山丘

微课：旋转山丘

学习评价

进行学习评价，由学生自我评价、小组互评、教师评价相结合。

任务3.6：制作简单动画						日期	
评价内容	自我评价			小组互评			
	完全掌握	基本掌握	未掌握	完全掌握	基本掌握	未掌握	
能添加关键帧，制作基础属性动画							
了解“时间线窗口”和动画界面的打开方式及简单使用							
能使用“晶格”工具制作立体网格							
能使用“对齐曲线”标签制作路径动画							
能使用“目标”标签控制摄像机朝向							
能完成动画输出设置							

教师评价：

知识窗：CINEMA 4D 中的动画

CINEMA 4D 中动画的种类大致可分为关键帧动画和非关键帧动画。

1. 关键帧动画

（1）PSR 动画

每一个三维物体都有位置、大小、旋转（角度）3 个基础属性，调整这 3 个参数得到的动画就是 PSR 动画。任何一个模型在属性窗口的“坐标”选项卡中都可以看到 3 个参数，如图 3.6.39 所示。任务 3.6 中飞机的运动就是 PSR 动画，这也是应用最广泛的动画。

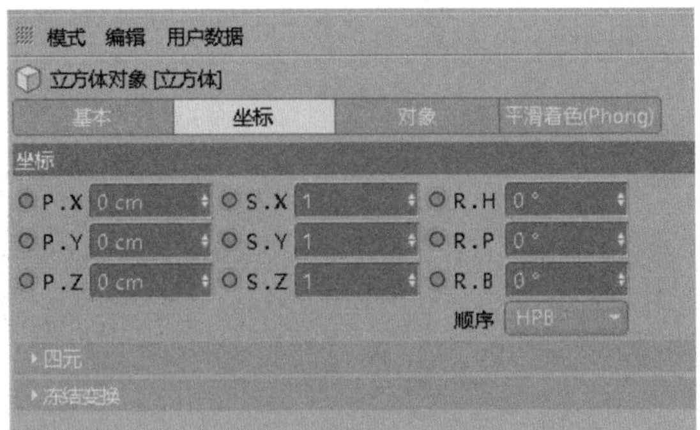

图3.6.39 三维物体的基本属性

（2）PLA 动画

PSR 动画是对模型整体进行操控，而 PLA 动画是点级别动画，是制作点、线、面的动画效果，对物体的模型进行形状变化。

新建一个球体，转为可编辑对象，并单击“点级别动画”按钮，如图 3.6.40 所示。

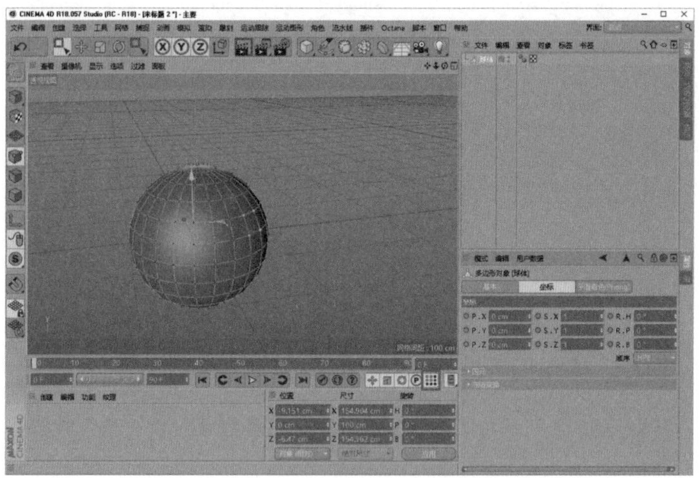

图3.6.40　单击“点级别动画”按钮

将时间指针移动到 0 帧处，单击时间线下方的“记录活动对象”按钮，建立一个关键帧记录当前物体形状。

切换到面模式，选择菜单栏中的“选择”→“循环选择”选项，选取如图 3.6.41 所示的面。

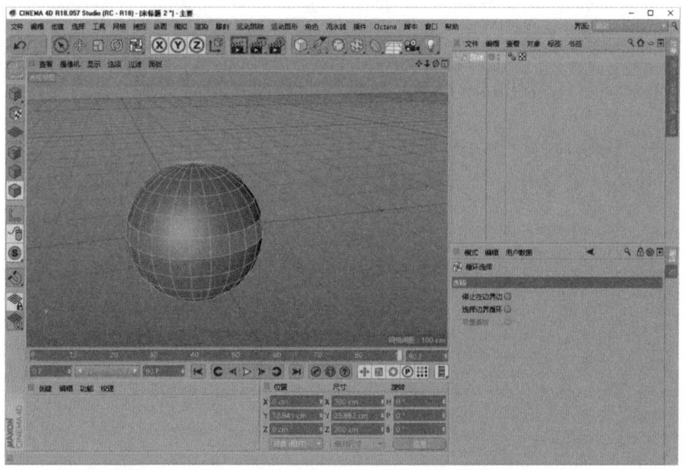

图3.6.41　记录物体初始形状并选择要变化的面

将时间指针移动到动画末尾处，使用“缩放”工具改变几何体形状，调整完成后，单击“记录活动对象”按钮记录动画结束时的模型形状，单击“播放”按钮可以看到动画效果，如图 3.6.42 所示。

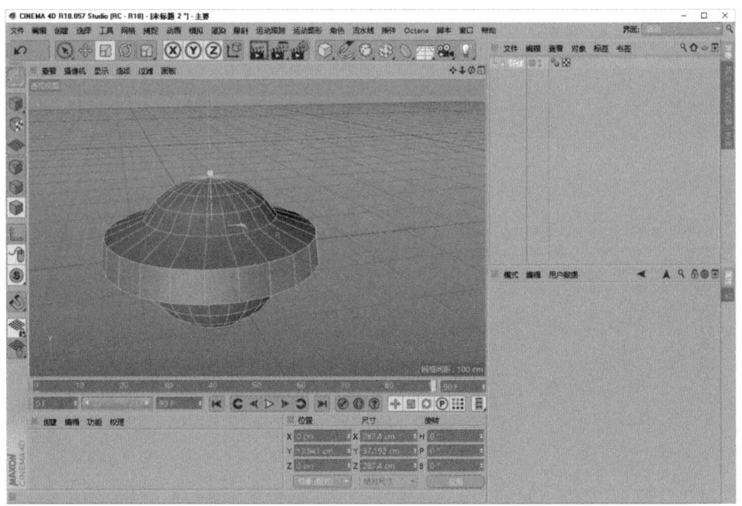

图3.6.42 物体变形动画

（3）参数动画

在 CINEMA 4D 中，选项前方有圆圈标识的参数都可以制作关键帧动画，如图 3.6.43 所示。

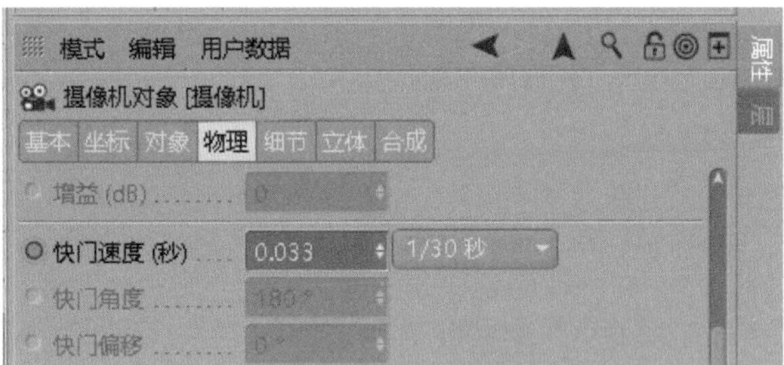

图3.6.43 摄像机的快门参数可设置动画

2. 非关键帧动画

非关键帧动画制作方式与关键帧动画完全不同，包括 Xpresso 动画和动力学控制。

Xpresso 动画需要用到“CINEMA 4D 标签”中的 Xpresso 编辑器，动力学控制可以模仿真实的物理力学效果，属于比较复杂和高阶的应用，本书不涉及。

单元

影视特效——After Effects

单元导读

After Effects 简称 AE，是 Adobe 公司开发的影视后期特效合成及设计的非线性编辑软件。其应用范围广泛，涵盖领域包括电影、电视、广告、多媒体及网页等，是制作动态影像和设计的不可或缺的工具。After Effects 在数字媒体领域的应用包括特效制作，如抠像、跟踪、调色、合成等工作，运动图形 Mation Graphics 的工作设计，栏目片头包装（这部分可能会涉及三维软件辅助），视频剪辑（不过通常是在 Premiere 中剪辑，然后切换到 After Effects 中制作转场、特效、字效等）。

学习目标

- 掌握关键帧动画的制作方法；
- 掌握 After Effects 的基本操作模式，了解常用层的作用和基础的层操作；
- 能使用 MASK、抠像、跟踪、调色等工具制作简单的特效；
- 了解粒子、光效、碎片等仿真效果的制作思路和基本方法；
- 了解效果合成的方法；
- 会将不同软件间的工程进行互导；
- 能按要求完成视频输出设置。

思政目标

- 树立正确的学习观、价值观，自觉践行行业道德规范；
- 培养尊重宽容、团结协作的团队精神；
- 发扬一丝不苟、精益求精的工匠精神。

任务4.1 制作手机动画

任务描述 After Effects功能强大，但是作为专业影视特效软件，操作较为复杂。在本任务中，我们将通过实际案例认识After Effects的大体界面布局和主要功能，初步了解软件的基本工作流程。

任务目标

1）了解软件的界面布局；
2）能导入素材、建立合成，对成片输出进行基本设置；
3）能使用素材的基本属性制作基础动画；
4）了解蒙版的简单应用；
5）能使用快捷键辅助操作。

微课：制作手机动画

本任务的要求是制作如图4.1.1所示的手机滑动动画。

图4.1.1 手机滑动动画

4.1.1 新建合成

01 打开软件，会看到After Effects的主界面由多个工作区组成，如图4.1.2所示，按~键可以最大化当前工作区。

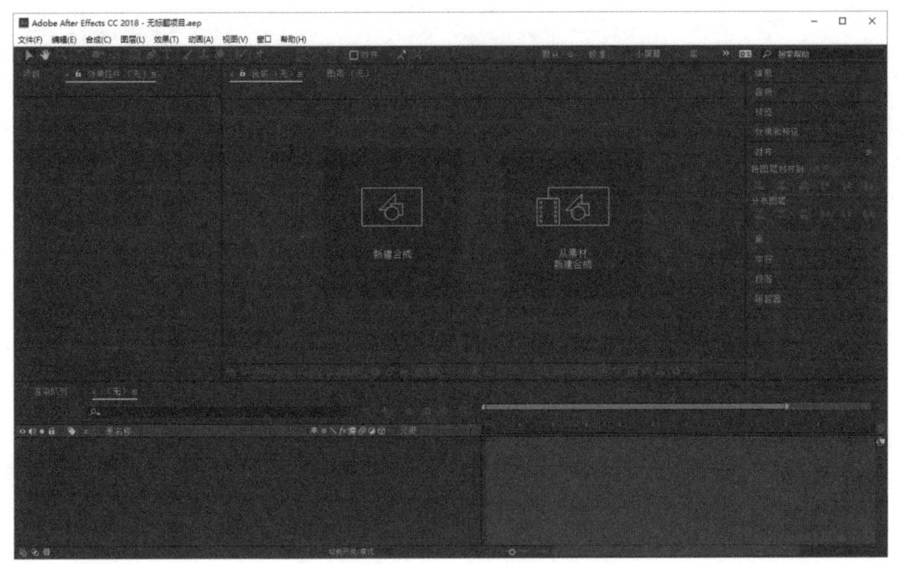

图4.1.2　After Effects的主界面

02 合成是素材和用户操作的集合，创建合成的方法较多：可以单击合成窗口中的“新建合成”按钮，如图 4.1.3 所示；在软件主界面左侧的项目窗口右击，在弹出的快捷菜单中选择“新建合成”选项，如图 4.1.4 所示；也可以使用 Ctrl+N 组合键新建合成。

图4.1.3　在初始界面中新建合成

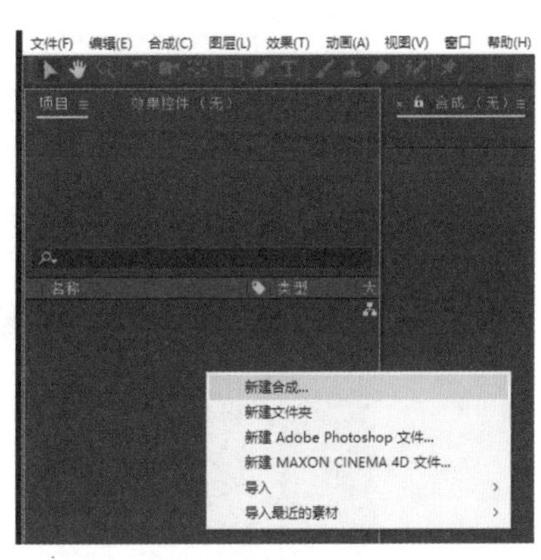

图4.1.4　在项目窗口中新建合成

03 在弹出的“合成设置”对话框中的“合成名称”文本框输入合成名称；将“高度”设为 1280，“宽度”设为 720；在“像素长宽比”下拉列表中选择“方形像素”选项；设置“帧速率”为 25；将“持续时间”设为 10s，如图 4.1.5 所示。也可以在“预设”中直接选择。

图4.1.5　项目设置

04 在项目窗口中可以看到新建的合成，右击合成，在弹出的快捷菜单中选择“重命名”选项修改项目名称，如图 4.1.6 所示。将合成名称修改为总合成。

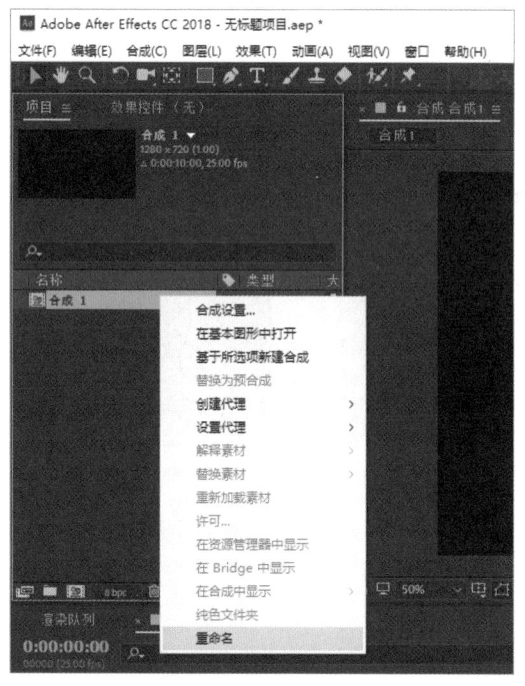

图4.1.6　修改项目名称

4.1.2　导入素材

选择菜单栏中的“文件”→“导入”选项，导入单个或多个素材；可以双击项目窗口中的空白处，在弹出的“导入文件”对话框中选择添加的素材。

直接拖动是最直接的导入方式，将例题素材拖动到项目窗口完成导入，如图 4.1.7 所示。

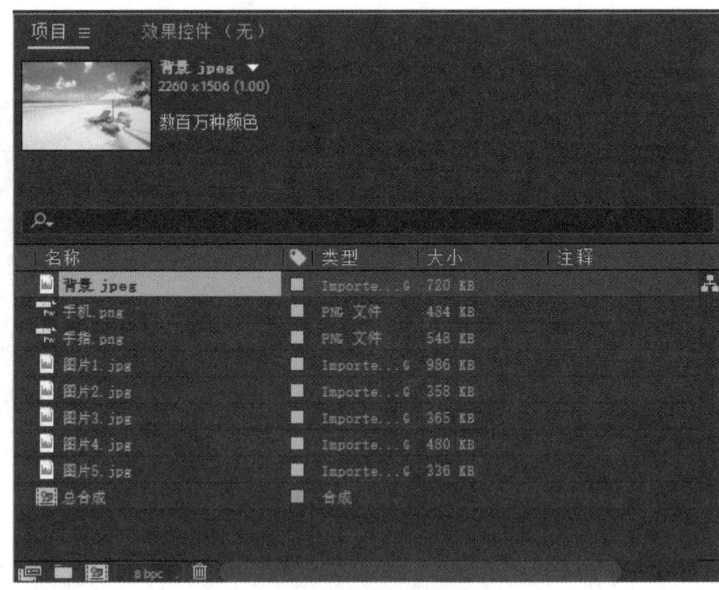

图4.1.7　导入素材

小贴士

After Effects 的素材包括图片、视频、声音。其中，视频类素材包括序列帧，即用一系列连续的图片的方式保存视频，导入时需要选中“Targa 序列”复选框，如图 4.1.8 所示，否则会导入图片。

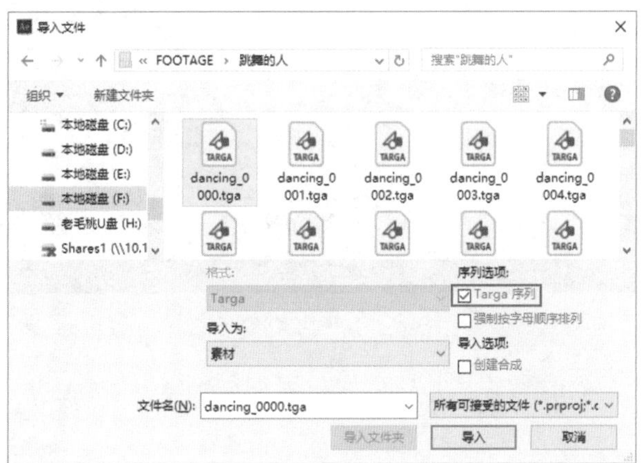

图4.1.8　导入序列帧

4.1.3 制作手指运动效果

1. 在时间线中添加素材

将背景、手机、手指依序拖动到时间线窗口中，如图 4.1.9 所示，可以看到 After Effects 以层的方式显示。

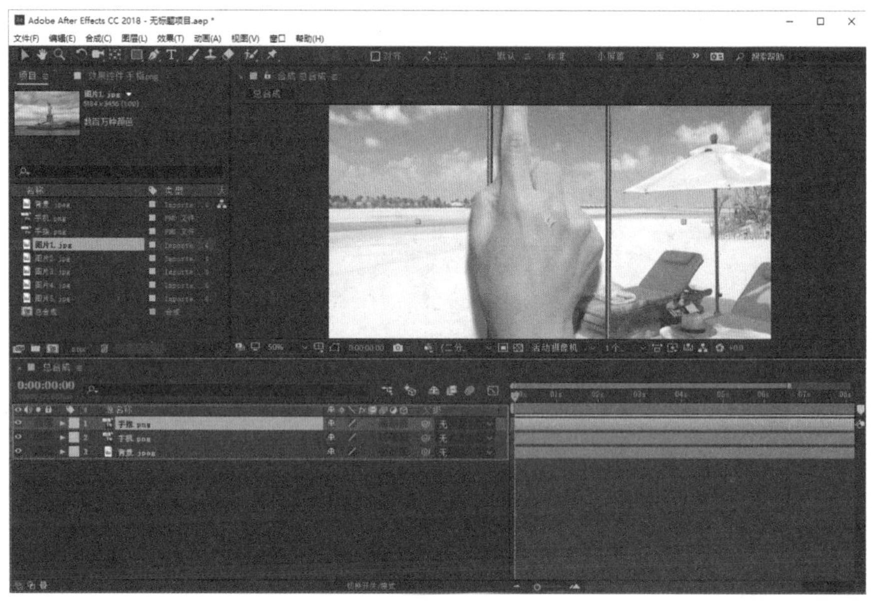

图4.1.9 以层的方式显示

素材有锚点、位置、大小（缩放）、旋转、不透明度 5 个基本要素，单击小三角形可以展开查看，如图 4.1.10 所示。

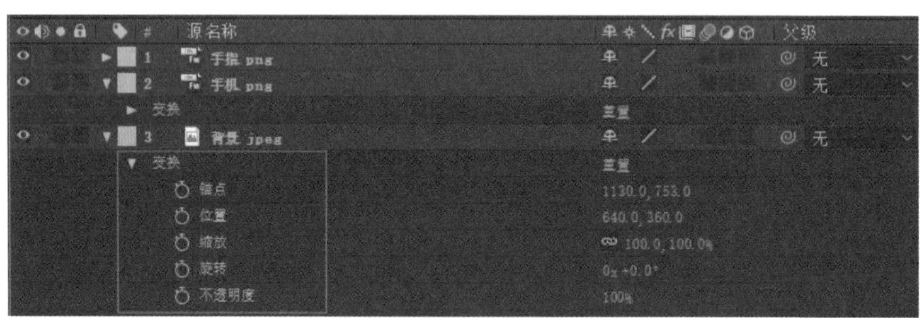

图4.1.10 基础属性

调整 3 个对象的参数，并摆放好位置，如图 4.1.11 所示。

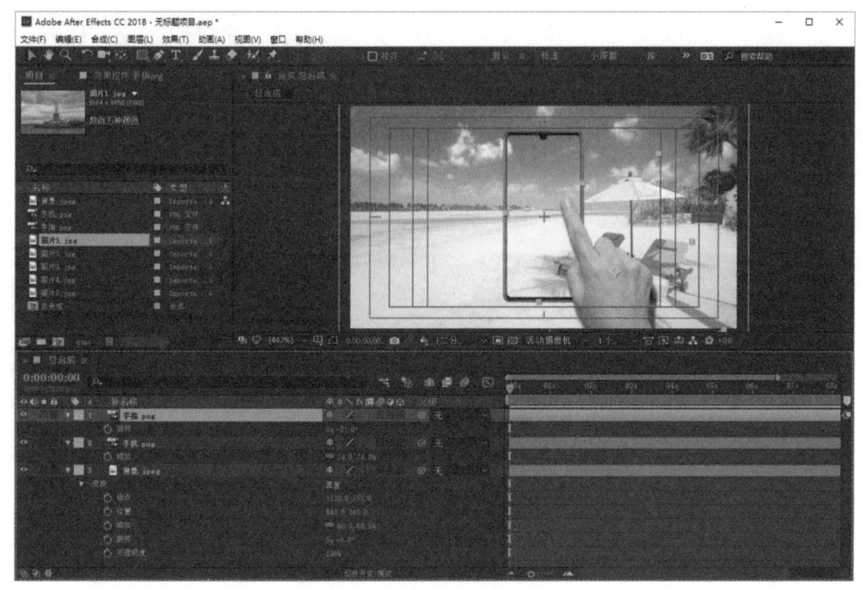

图4.1.11　调整构图

2. 制作背景的不透明度变化

在时间线窗口中选择背景所在的层，按 T 键单独调出“不透明度”选项，单击前面的码表记录关键帧：0s 时设为 0%，1s 时设为 100%，时间轴上自动生成关键帧，如图 4.1.12 所示。按 Space 键预览效果。

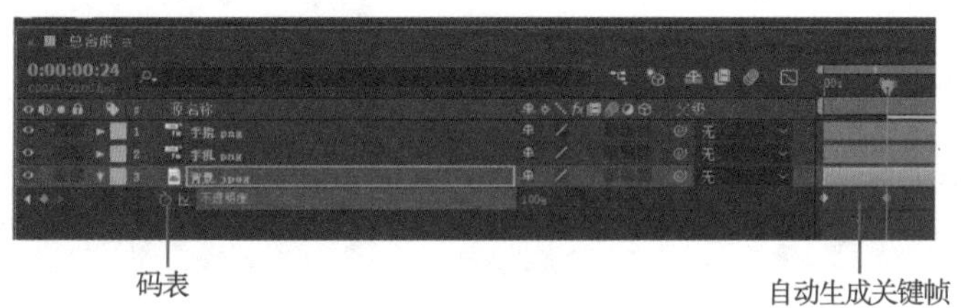

图4.1.12　不透明度动画

3. 制作手机缩放动画

在时间线窗口中选择手机所在的层，按 S 键单独调出“缩放”选项，单击前面的码表记录关键帧：1s 时设为 0%，2s 时设为 74%，如图 4.1.13 所示。

取消“锁定”，可以单独调整长和宽。

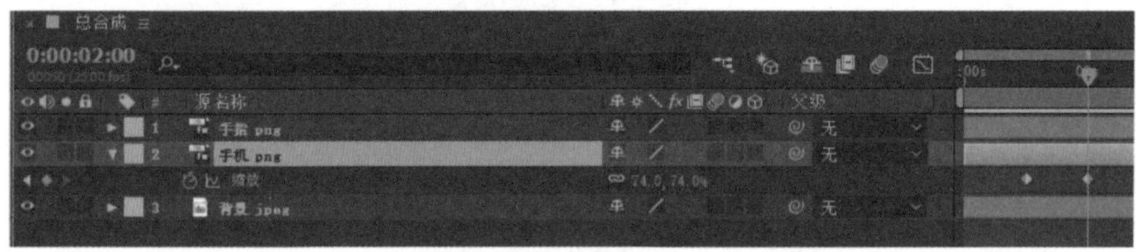

图4.1.13　缩放动画

4. 制作手指移动动画

在时间线窗口中选择手指所在的层，按P键单独调出“位置”选项，2s10帧处单击码表记录当前位置，时间指针向前移动到2s处，将手指移动到显示区域外，软件将自动生成关键帧，如图4.1.14所示。键盘上的Page Up/Page Down键可以让时间指针向前/向后逐帧移动。

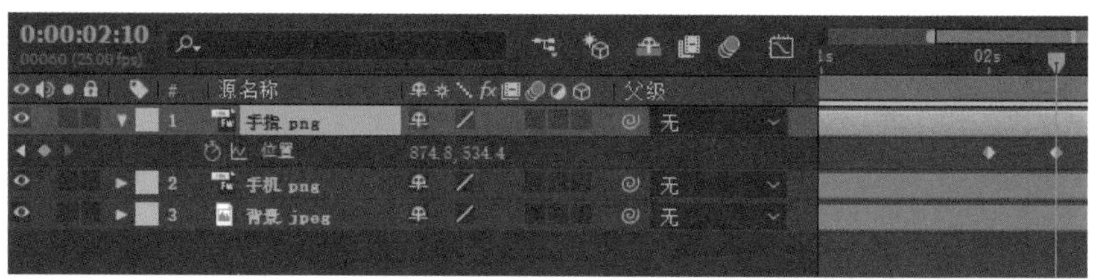

图4.1.14 移动动画

5. 制作手指滑动效果

2s10帧处记录手指位置，3s时将手指水平移动到手机屏幕左侧，3s10帧处将手指移动到屏幕右侧，使用3个帧记录一次滑动，如图4.1.15所示。软件会用一根线显示运动轨迹，如图4.1.16所示。

单击中间的小菱形，可以在时间指针处添加关键帧

图4.1.15 滑动动画

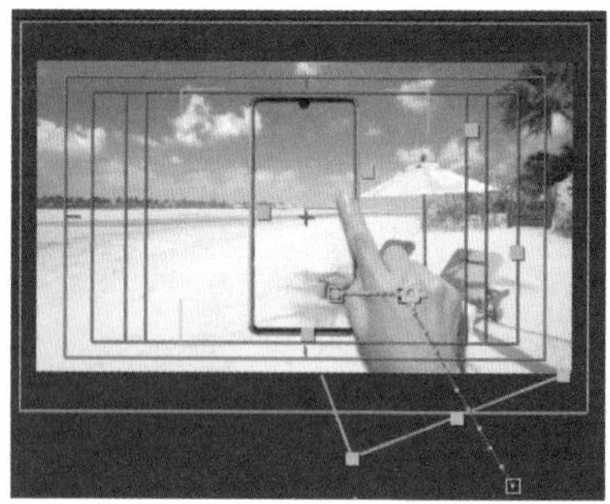

图4.1.16 运动轨迹

框选左右滑动的3个关键帧，移动时间指针位置复制3次，做出循环滑动效果，如图4.1.17所示。

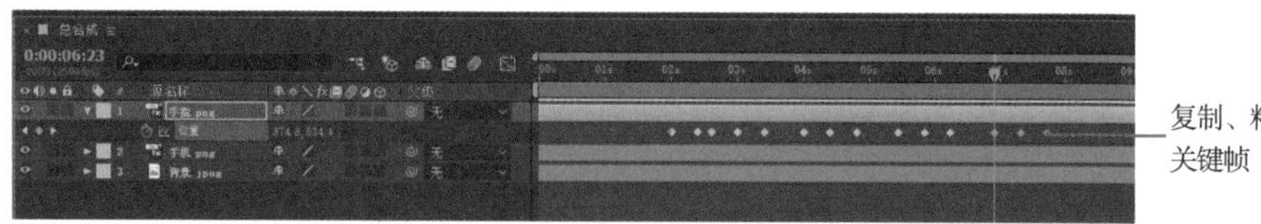

复制、粘贴关键帧

图4.1.17 循环滑动

知识窗：调整运动轨迹

如果需要将运动路径调为曲线，可以选择相应关键帧右击，在弹出的快捷菜单中选择“关键帧插值”选项，在弹出的“关键帧插值”对话框中将“空间插值”设为贝塞尔曲线，如图 4.1.18 所示。在合成窗口中通过单击出现的手柄调节曲线，如图 4.1.19 所示。

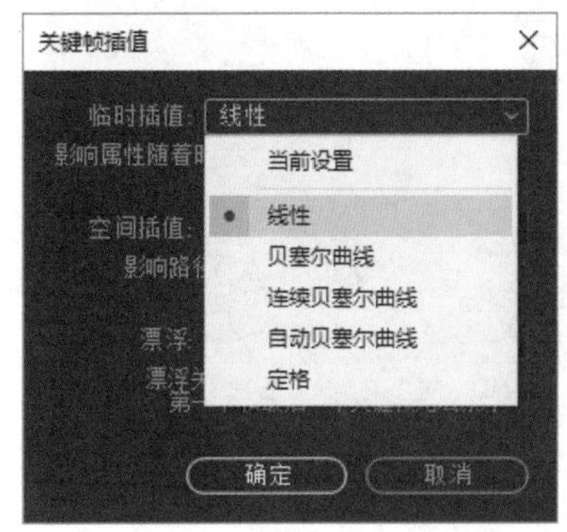

图4.1.18　导入序列帧

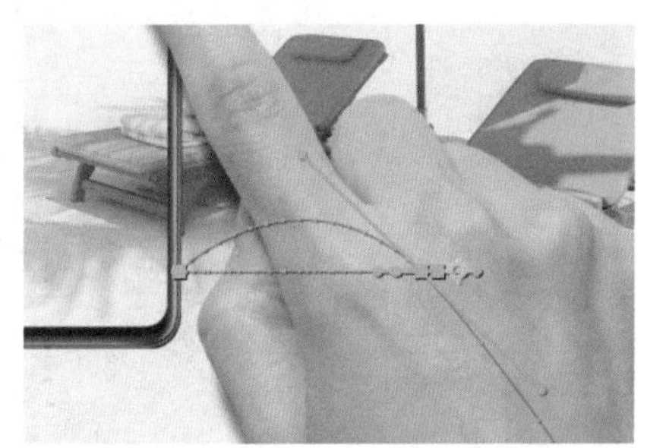

图4.1.19　通过手柄调节曲线

4.1.4　制作屏幕滑动效果

1. 制作屏幕图片滑动

01 新建合成，长宽比设为 230×500，在项目窗口中选择新建立的合成，然后使用 Ctrl+D 组合键复制 4 个。

02 双击新建的第一个合成，将图片 1 放入其中并调整好位置和大小，如图 4.1.20 所示。其余 4 个合成分别放入其他 4 张图片。

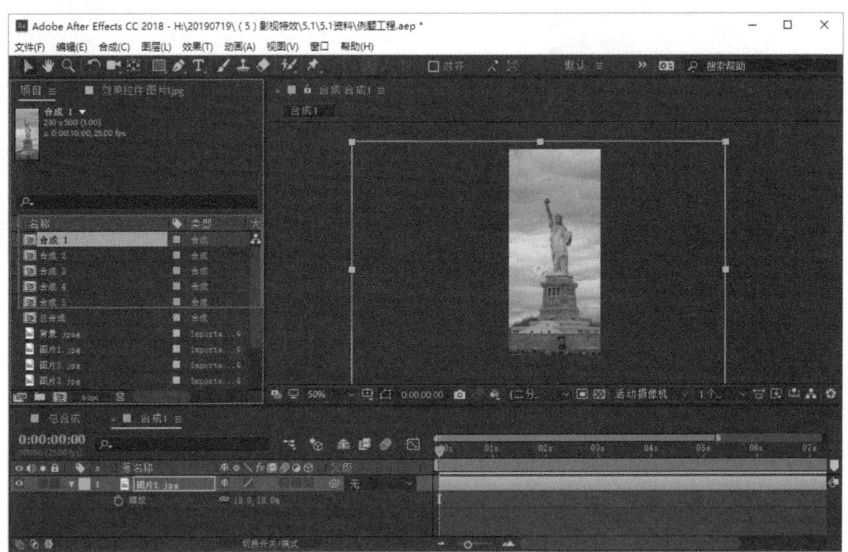

图4.1.20　复制合成并放入图片

03 新建合成，命名为“手机屏幕”，长宽比设为1150×500，放入添加图片的5个合成，均匀摆放，如图4.1.21所示。

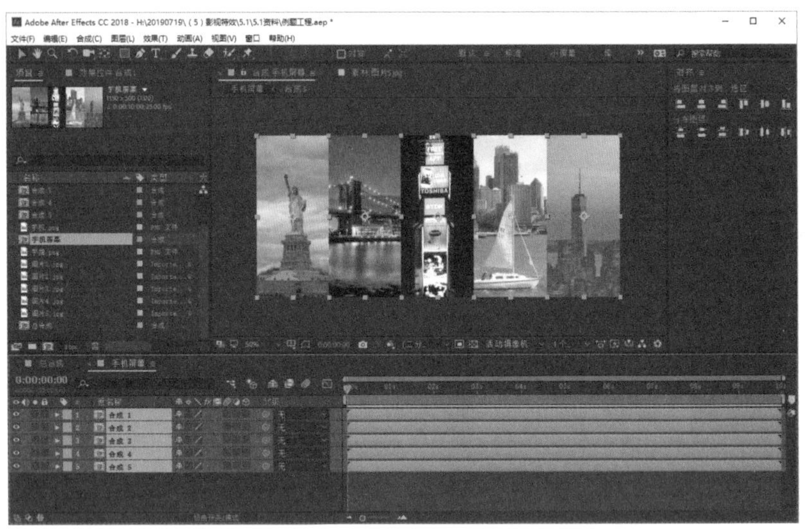

图4.1.21 均匀摆放

04 将“手机屏幕”合成放入总合成中，位于手机和手指层下方，调整好位置和大小，如图4.1.22所示。

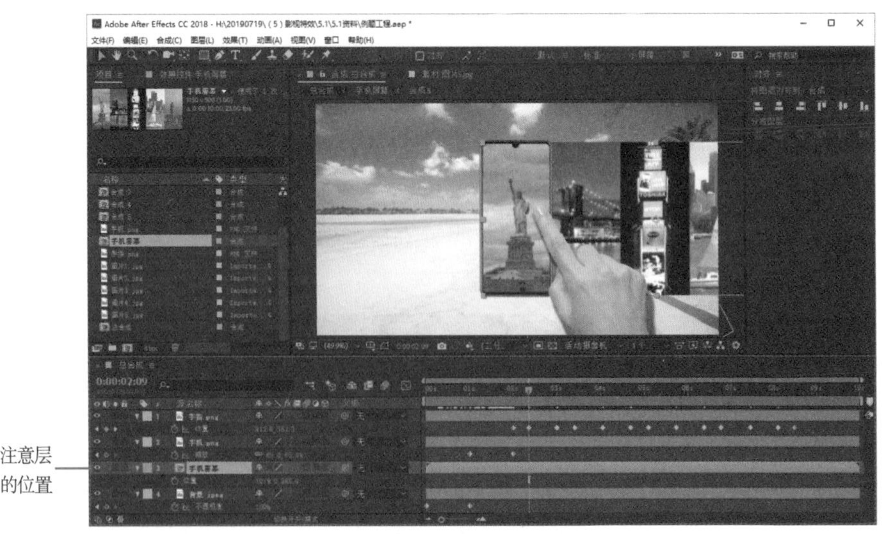

图4.1.22 屏幕滑动的起始状态

05 对照手指运动的关键帧，给手机屏幕图片添加位移关键帧，制作向左滑动的效果，如图4.1.23所示。使用快捷键J、K，可以让时间指针定位到前/后面一个关键帧。

图4.1.23　屏幕滑动效果

2. 保留屏幕区域画面

01 在菜单栏中选择“图层”→“新建”→“纯色”选项，在“手机屏幕”层上方新建纯色层，如图 4.1.24 所示。

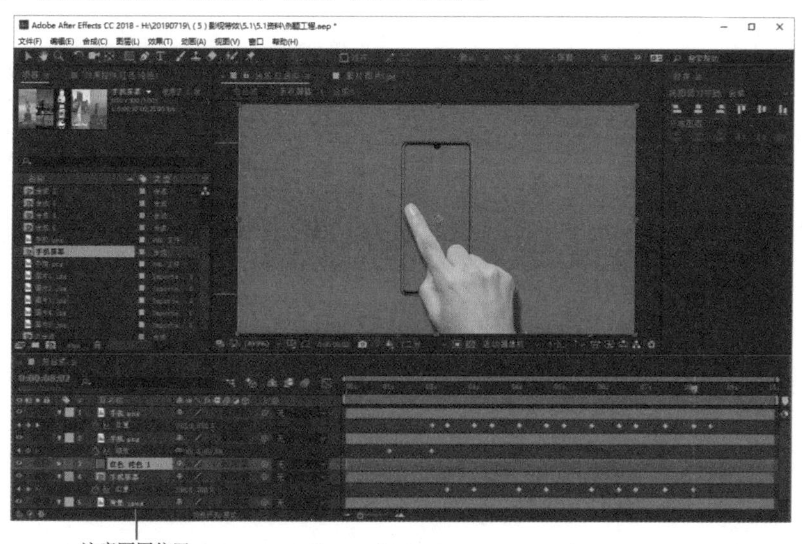

图4.1.24　建立纯色层

02 使用“钢笔工具”在纯色层上勾勒出手机轮廓，封闭勾画的曲线后会只保留封闭曲线内的部分，如图 4.1.25 所示。

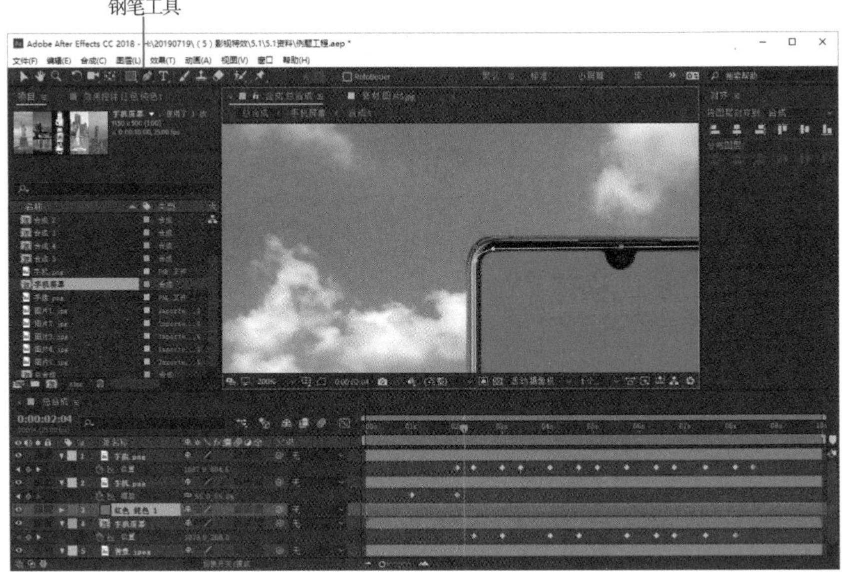

图4.1.25 勾画遮挡形状

03 打开“转换控制”窗格，在手机屏幕的遮罩选项中，将纯色层设为 Alpha 遮罩，如图 4.1.26 所示。此时手机屏幕层只有纯色层遮挡的部分才会显示。

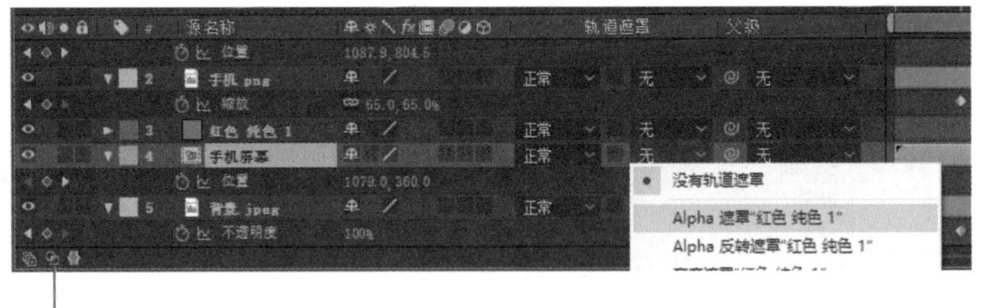

图4.1.26 通过遮罩控制显示区域

04 拖动纯色层中的◎到手机轨道，将手机设为父级，如图 4.1.27 所示。设置父子级后可以将手机的缩放、位移效果赋予纯色层，手机屏幕层也照此处理。

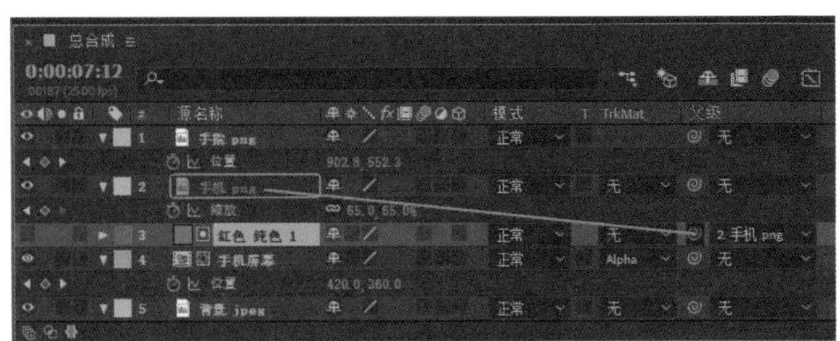

图4.1.27 制作父子级

05 将手机屏幕轨道的位置关键帧向后移动 10 帧，完成动画制作，如图 4.1.28 所示。按 Space 键或小键盘上的 0 键预览效果，调整运动不流畅的地方。

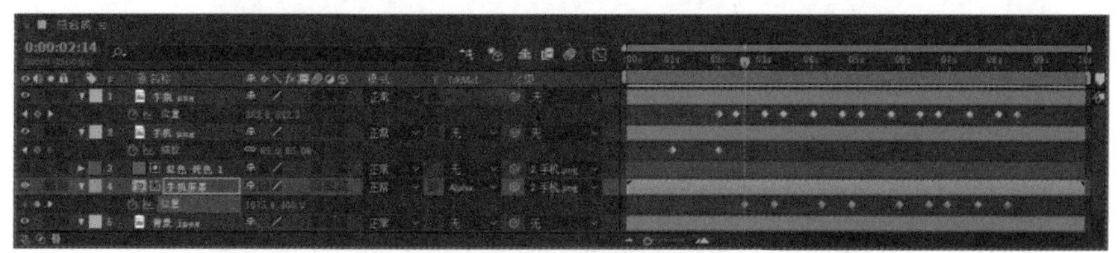

图4.1.28　完成制作

小贴士

选择图层，按 U 键可以查看该图层的所有关键帧；按 J、K 键可以将时间针定位到前 / 后一个关键帧。

4.1.5　成片输出

在菜单栏中选择“文件”→“导出”→“添加到渲染队列”选项，或按 Ctrl+M 组合键打开“渲染队列”选项，如图 4.1.29 所示。

图4.1.29　渲染队列

1. 渲染设置

设置输出影片质量，如图 4.1.30 所示，通常只需要检查帧速率，其他选项通常不做改动。

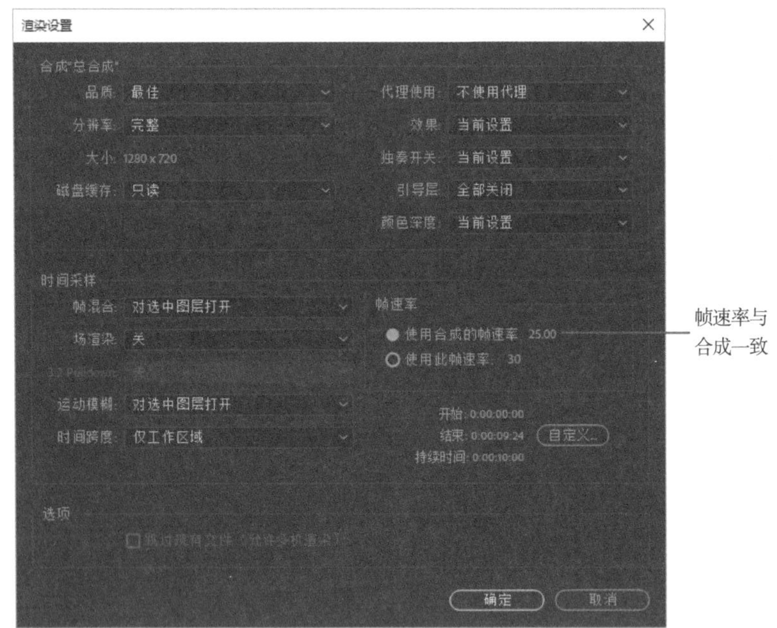

图4.1.30 渲染设置

2. 输出模块设置

选择输出格式，如图 4.1.31 所示。单击“格式选项”按钮，在弹出的对话框中可以进一步设置，如图 4.1.32 所示。

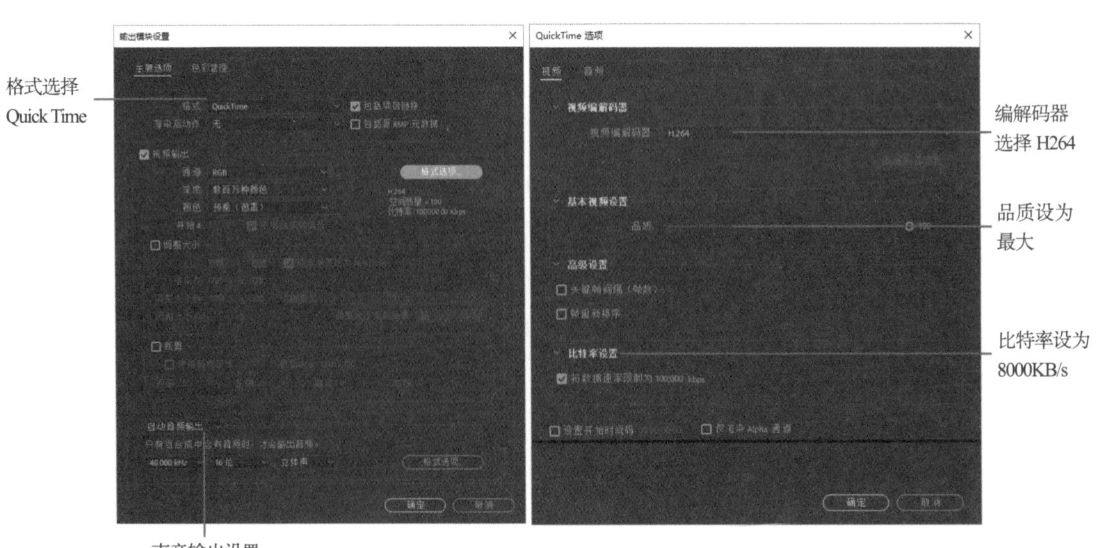

图4.1.31 输出模块设置

图4.1.32 格式的详细设置

3. 开始渲染

“输出到”选项用于设置保存位置和名称，检查无误后单击“渲染”按钮开始输出，如图 4.1.33 所示，渲染时软件无法操作。

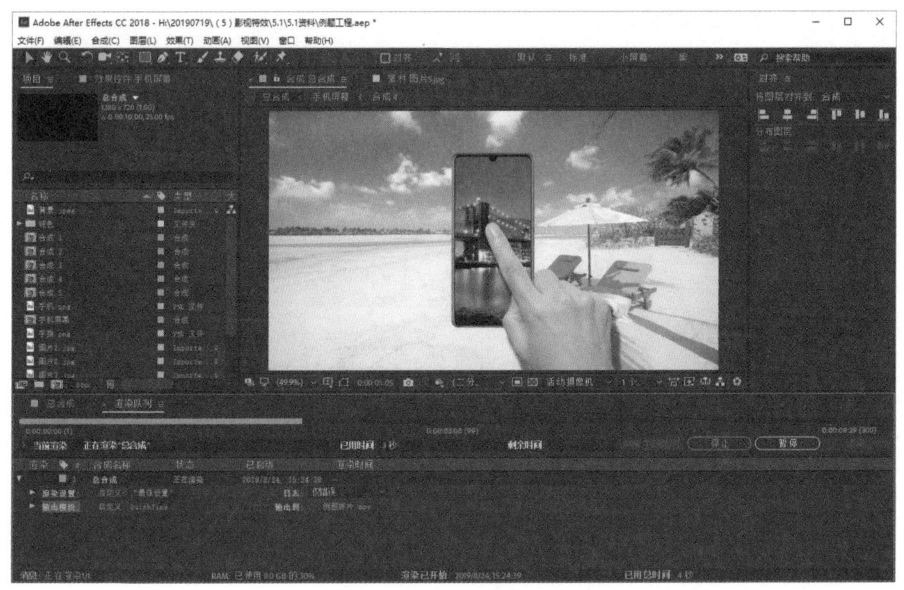

图4.1.33　渲染输出

单击“AME 中的队列”可以打开 Adobe 组件中的渲染器 Media Encoder 进行渲染，使用渲染器的优点是可以安排多个任务依序渲染，同时不影响 After Effects 的继续使用，如图 4.1.34 所示。

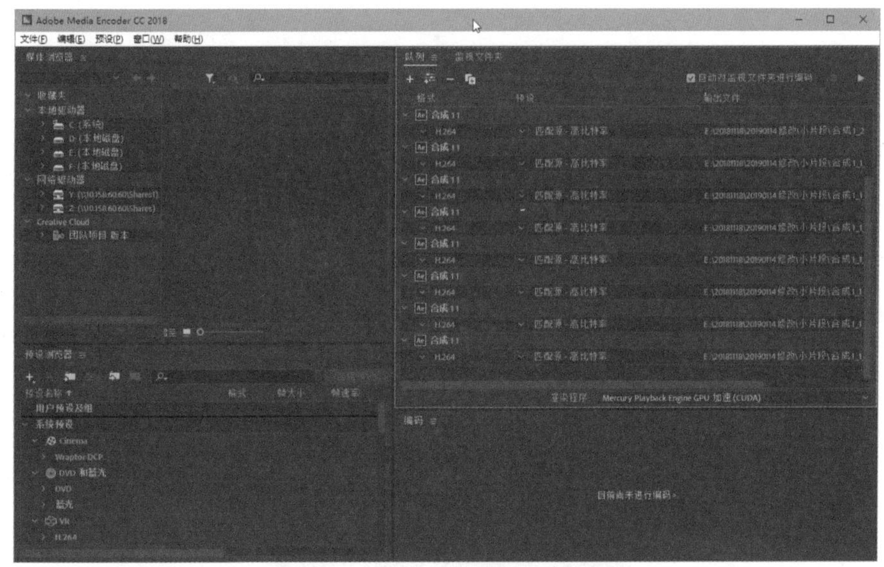

图4.1.34　Media Encoder渲染器渲染

小贴士

人们平时所说的 AVI、MP4 等是指影片格式，同样的格式还需要考虑编解码方式，H264 是目前最常用的一种。

如果要生成透明背景，需要在输出模块中选择带 Alpha 通道的格式并开启通道，如图 4.1.35 所示。

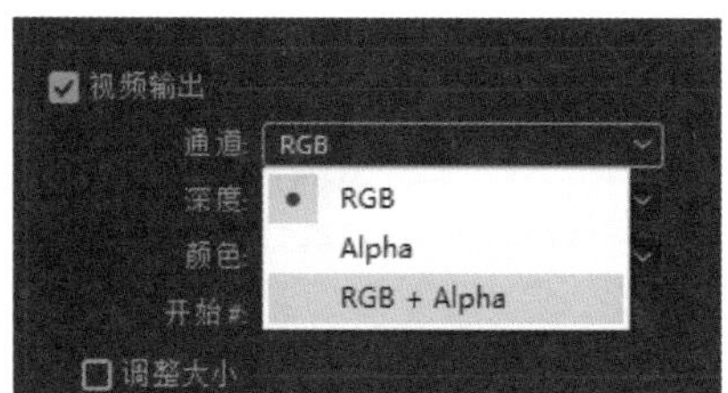

图4.1.35 带Alpha通道的格式

4.1.6 保存工程文件

在菜单栏中选择“文件”→“保存”或“另存为”选项，或按 Ctrl+S 组合键，在弹出的“另存为”对话框中保存工程文件，如图 4.1.36 所示。注意此时保存了工程文件，没有保存相关素材。

图4.1.36 保存工程文件

如果需要保存素材，在菜单栏中选择“文件”→“整理工程”→“收集文件”选项，在弹出的“收集文件”对话框中保存素材，如图 4.1.37 所示。

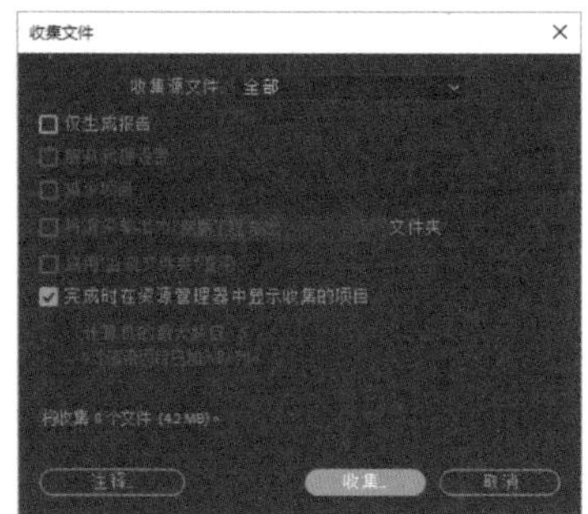

图4.1.37 打包素材

实训练习4-1：汽车小广告手机动画☞

制作如图 4.1.38 所示的汽车小广告手机动画。模仿练习样片制作，输出格式与样片一致。

动画：汽车小广告

图4.1.38　汽车小广告手机动画

学习评价☞

进行学习评价，由学生自我评价、小组互评、教师评价相结合。

任务4.1：制作手机动画						日期	
评价内容	自我评价			小组互评			
	完全掌握	基本掌握	未掌握	完全掌握	基本掌握	未掌握	
能按要求建立合成并保存							
能导入图片、序列图层、视频、声音							
能进行工程管理，保存工程							
能制作位移、旋转、缩放、不透明度动画							
能灵活应用合成嵌套辅助操作							
了解图层、遮罩的简单应用							
能按要求输出成片							
教师评价：							

任务 4.2 制作文字动画

任务描述☞

文字动画是After Effects的一个较大功能领域，软件专门提供一系列的文字动画效果，结合其他特效，可以制作出各种绚丽的视觉效果。

任务目标☞

1）了解如何查找和添加效果；
2）能创建文字层，调整文字显示效果；
3）能制作简单的文字动画效果；
4）能添加使用梯度渐变。

微课：制作文字动画

本任务的要求是制作如图 4.2.1 所示的文字动画效果。

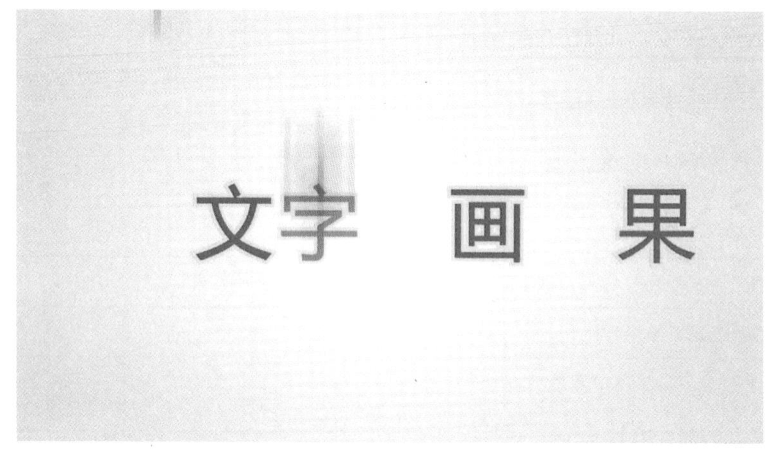

图4.2.1 样片“文字动画”效果

4.2.1 制作背景

01 使用 Ctrl+N 组合键新建合成，命名为“文字特效”，宽高设为1280×720，方形像素，帧速率为 25，时长设为 4s。

02 在时间线窗口左侧层显示区域右击，在弹出的快捷菜单中选择“新建”→“纯色”选项，或按 Ctrl+Y 组合键新建纯色层，命名为“背景”。

03 在菜单栏中选择“效果”→“生成”→“梯度渐变”选项，给背景添加一个渐变效果，设置如图 4.2.2 所示。添加的效果可在“效果控件”面板中进行查看，“效果控件”面板位于项目窗口，通过标签切换。一个对象可以添加多个效果，单击效果名称前面的“fx”图标可以开启 / 关闭相应的效果。

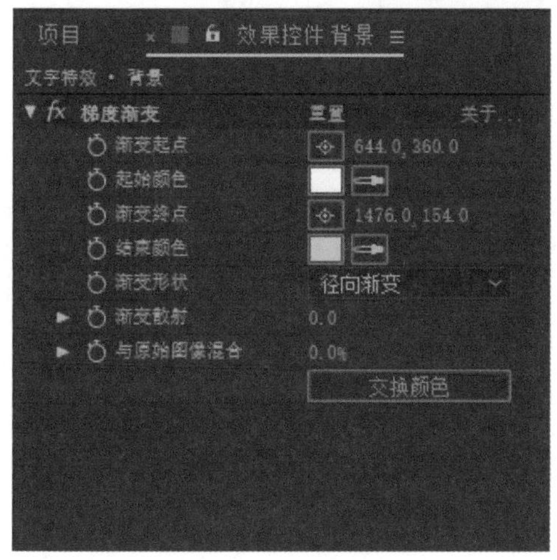

图4.2.2　添加渐变效果

知识窗：导入素材

菜单栏中的“效果”选项中罗列了 AE 的大部分效果；也可以选择菜单栏中的“窗口”→“效果和预设”选项，打开效果和预设面板查找添加。

4.2.2　添加文字

01 单击菜单栏下方的文字工具T，在合成窗口中输入文字，效果如图 4.2.3 所示。此时界面右侧会自动打开“字符”面板，调整文字参数，如图 4.2.4 所示。

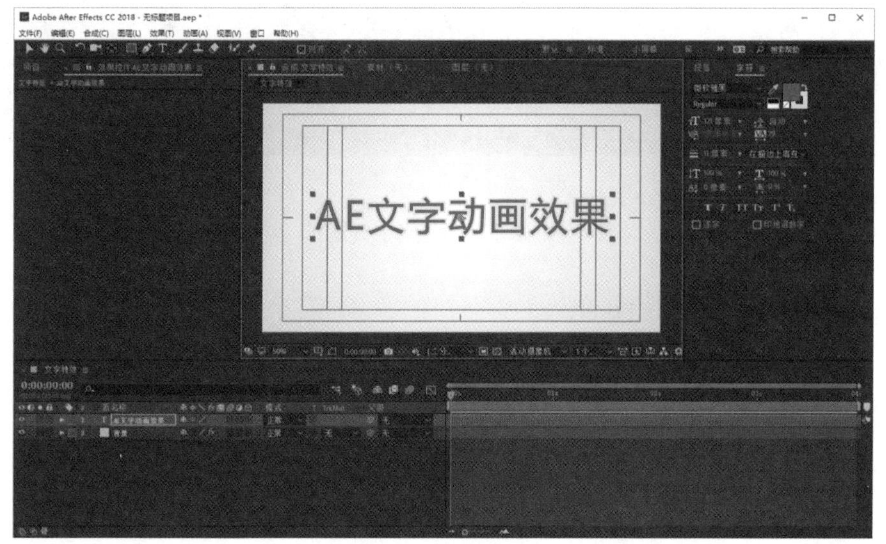

图4.2.3　输入文字

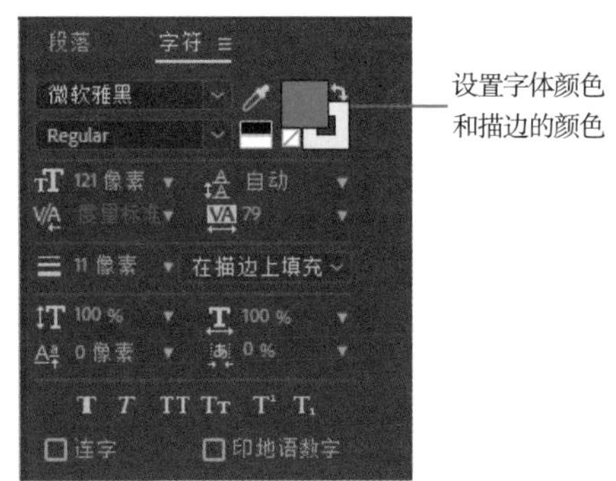

图4.2.4 调整文字参数

02 使用工具将文字层的中心点由左下方移动到文字层中心。

4.2.3 制作文字随机下落效果

1. 添加文字动画

01 展开时间线中文字层，单击文本后面中的“动画”下拉按钮，在弹出的下拉列表中选择“位置”选项，可以看到文字层添加了“动画制作工具 1”选项。

02 调整“范围选择器 1”的“位置”参数，将文字移除显示区域外，如图 4.2.5 所示。

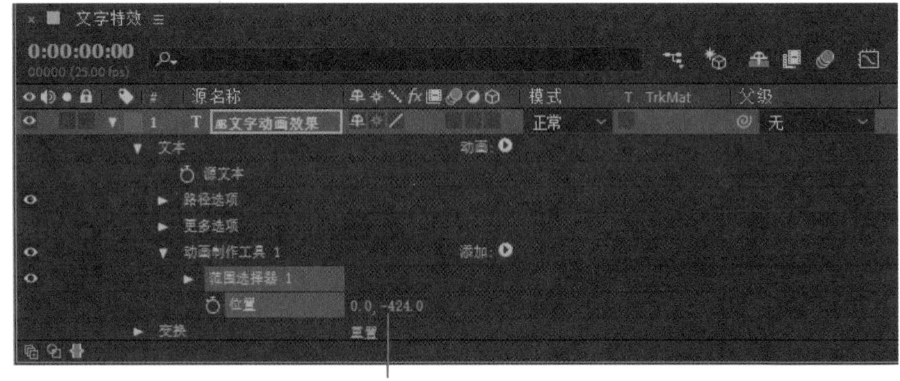

图4.2.5 调整文字位置

2. 调整范围选择器

单击“范围选择器 1”前的小三角形展开下级选项，在 15 帧时，给偏移添加关键帧，并设为 0%；1s15 帧时设为 100%，如图 4.2.6 所示。如果需要随机下落，则需要开启“高级”选项组中的“随机排序”功能。

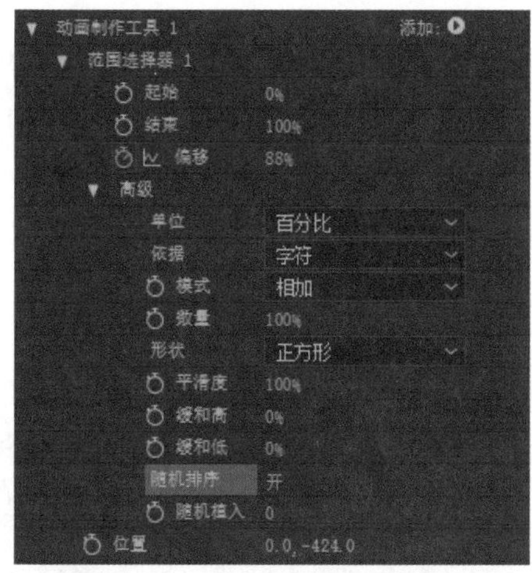

图4.2.6　通过效果偏移制作下落动画

4.2.4　制作逐字旋转效果

1. 新建动画并开启逐字3D化

再次选择文字层下的“文本”，单击“动画”下拉按钮，在弹出的下拉列表中添加旋转，可以看到出现了“动画制作工具 2”。单击“动画制作工具 2”后面的“添加”下拉按钮，在弹出的下拉列表中选择“属性”→“启用逐字 3D 化”选项，旋转轴变为 3 个，现在需要沿 *Y* 轴旋转 90°，如图 4.2.7 所示。

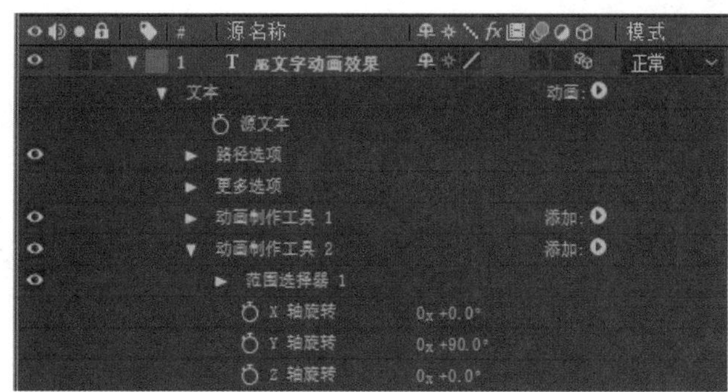

图4.2.7　旋转效果的启用逐字3D化

2. 调整“偏移”参数制作逐字旋转

通过范围选择器中的“偏移”选项，制作旋转效果，2s 时偏移 100%，2s15 帧时偏移 0%，如图 4.2.8 所示。

图4.2.8 旋转效果的逐字3D化

4.2.5 制作缩放效果

在 3s 到 3s15 帧给文字层制作放大动画，运动结束时文字全部放大到显示区域外，如图 4.2.9 所示。为了获取更好的视觉效果，可以开启动态模糊。

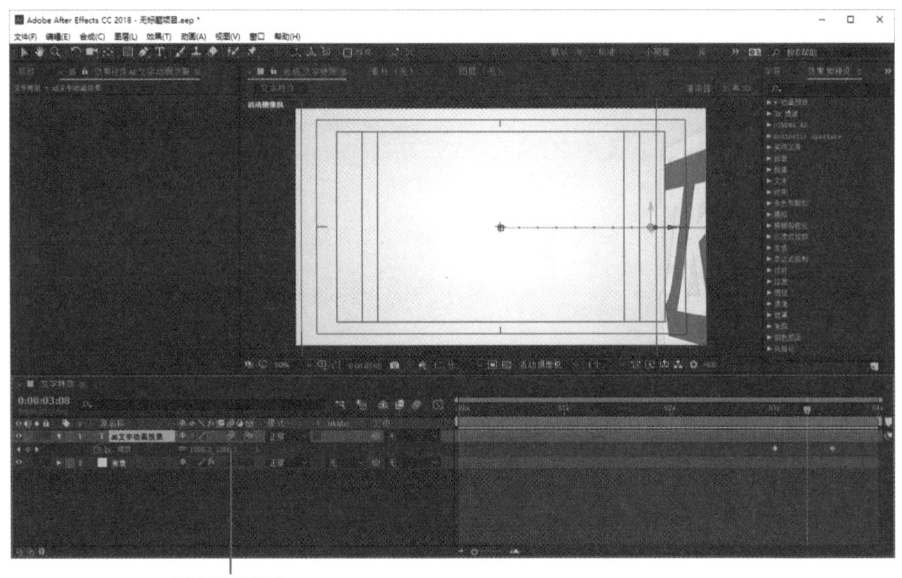

开启动态模糊

图4.2.9 文字放大效果

实训练习4-2：制作摇摆文字

制作如图4.2.10所示的摇摆文字。

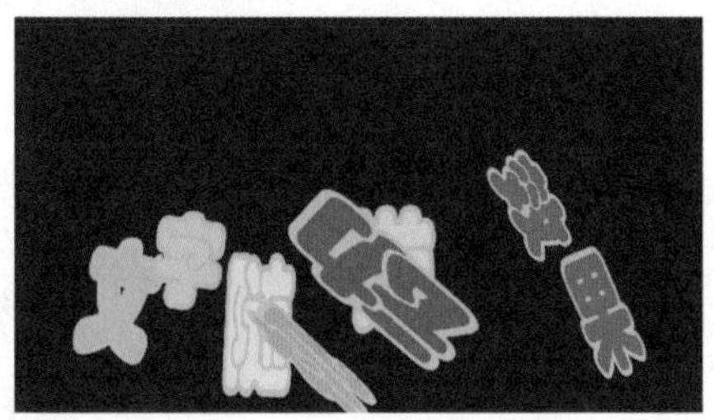

图4.2.10 摇摆文字

动画：摇摆文字

拓展练习：制作路径文字

制作如图4.2.11所示的路径文字。

动画：路径文字

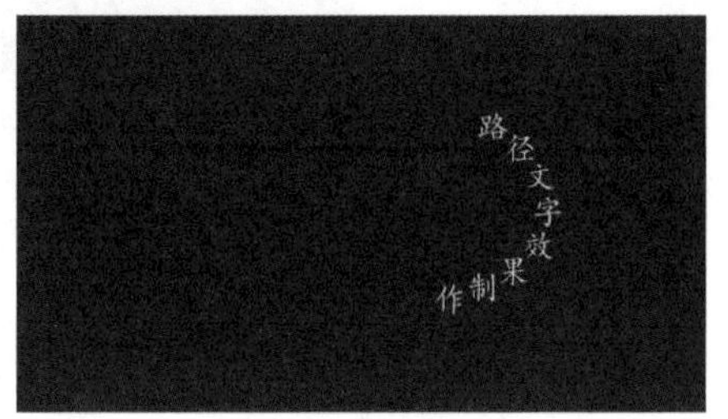

图4.2.11 路径文字

学习评价

进行学习评价，由学生自我评价、小组互评、教师评价相结合。

任务4.2：制作文字动画				日期		
评价内容	自我评价			小组互评		
	完全掌握	基本掌握	未掌握	完全掌握	基本掌握	未掌握
了解效果的添加和调整						
能根据需要开启或关闭功能面板						
能通过偏移制作文字动画						
能使用摇摆器制作文字动画						
能制作路径运动效果						
能添加使用梯度渐变效果						
教师评价：						

小贴士

After Effects 的功能繁多，为了保证有足够的显示区域用于操作，用户需要根据实际情况开关功能面板，在菜单栏的“窗口”中选择开启、关闭相应的功能面板。“窗口”→“工作区”中有默认布局供用户选择，如图 4.2.12 所示。

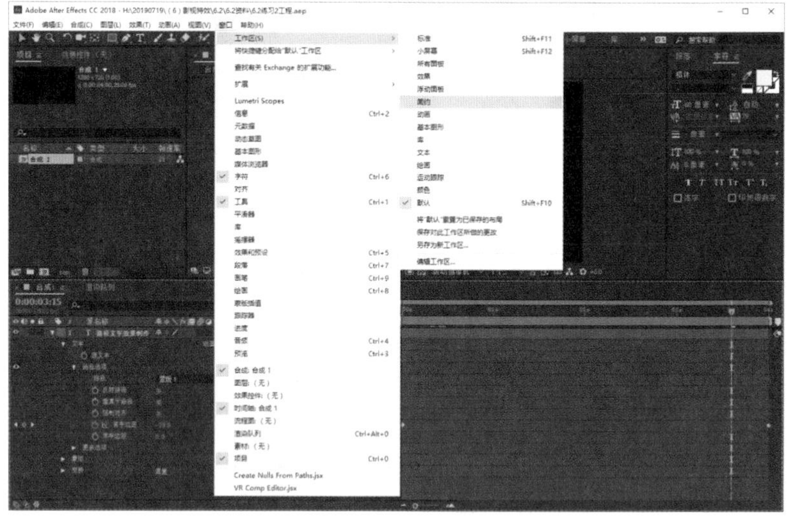

图4.2.12　界面布局调整

在菜单栏中选择“动画”→“浏览预设”选项，在弹出的对话框中可以直接选择搭配好的效果，如“text”文件夹中有各种制作好的文字特效，如图 4.2.13 所示。

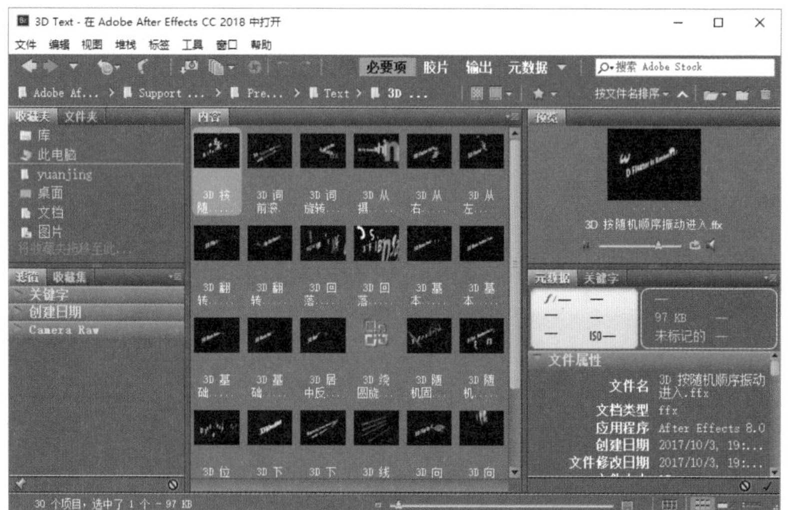

图4.2.13　文字动画预设

任务 4.3 制作三维动画

任务描述 After Effects能够实现三维效果制作，包括物体三维运动和摄像机运动。当然，对于复杂的三维运动制作，就需要使用插件或其他三维软件辅助。

任务目标

1）能进行简单的三维场景搭建；
2）能添加摄像机制作简单的摄像机运动；
3）了解空图层的应用。

微课：三维效果

本任务的要求是制作如图 4.3.1 所示的城市剪影动画。

图4.3.1　三维城市

4.3.1　制作背景

1. 新建合成

新建合成，时长设为 8s，命名为“三维城市”。新建纯色层，添加一个蓝色到白色的上下渐变，命名为“背景”，如图 4.3.2 所示。

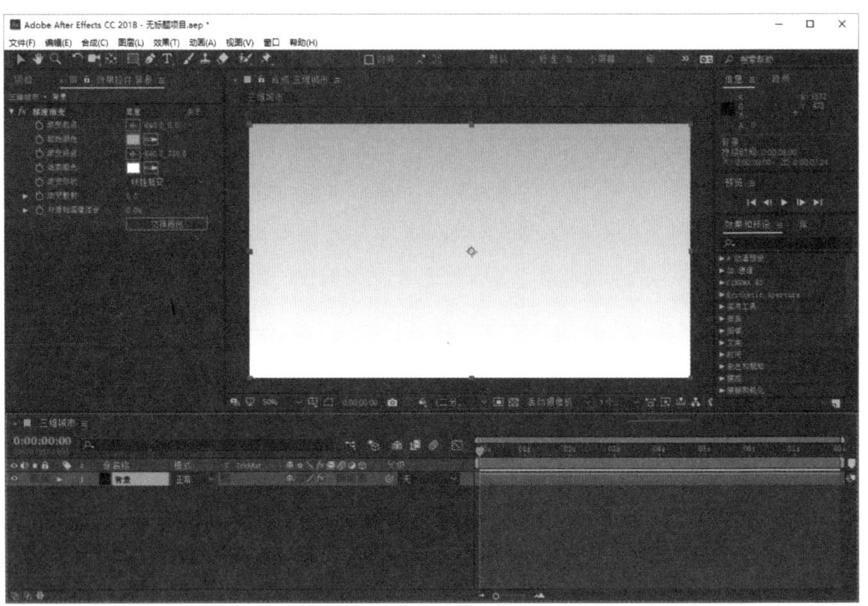

图4.3.2 制作渐变背景

2. 添加“分形杂色”

01 新建纯色层，命名为“云彩”，添加“杂色和颗粒”效果组中的“分形杂色”。

02 在“分形杂色”参数中，取消选中“变换”选项组中的“统一缩放”复选框，如图 4.3.3 所示分别调整分形杂色的宽度和高度，调整出云彩形状。

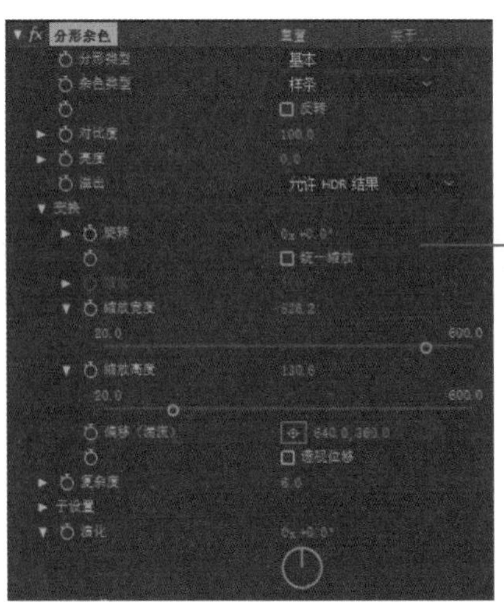

图4.3.3 调整分形杂色参数

3. 制作蓝天白云

将云彩层的叠加模式设为“叠加”或“柔光”，完成背景制作，如图 4.3.4 所示。

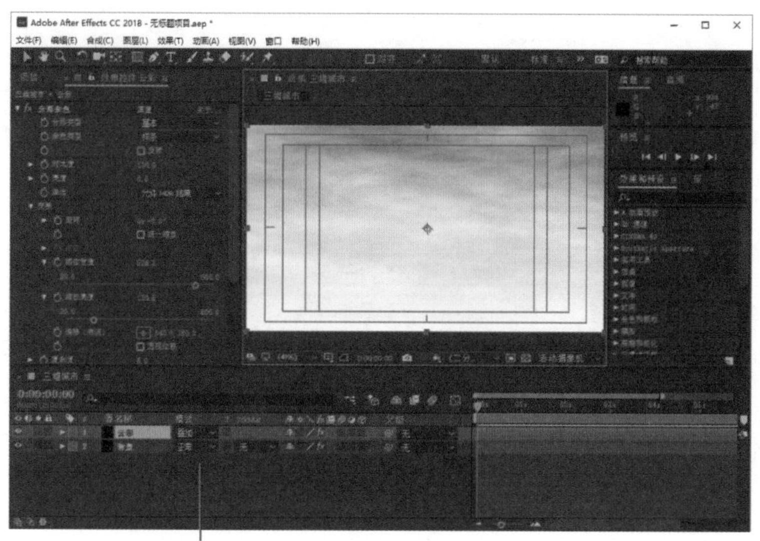

图4.3.4 选择叠加模式

小贴士

时间线中开启的列过多不便于操作，所以用户应当根据需要开启或关闭列，如图 4.3.5 所示。

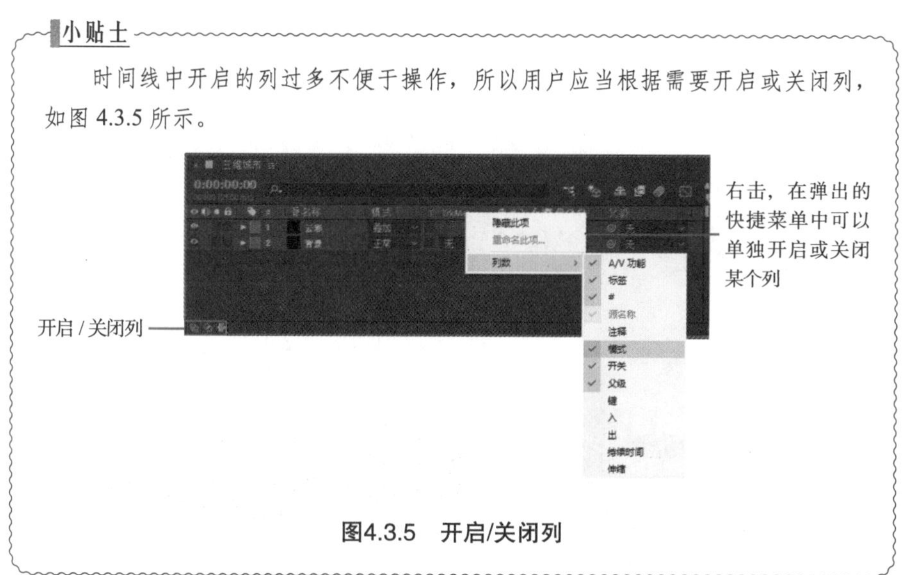

图4.3.5 开启/关闭列

4.3.2 制作运动效果

1. 制作黑色城市剪影

将城市剪影添加到时间线，给城市倒影添加“生成”效果组中的“填充”效果，颜色改为黑色。

2. 切换视图

开启城市剪影层的三维开关，并将合成窗口的显示模式改为“4 个视图 - 左侧”，如图 4.3.6 所示。

图4.3.6 启用三维效果与三维视图

3. 摆放城市剪影

将城市剪影层复制3次，沿 *Z* 轴方向依次排列，如图4.3.7所示。

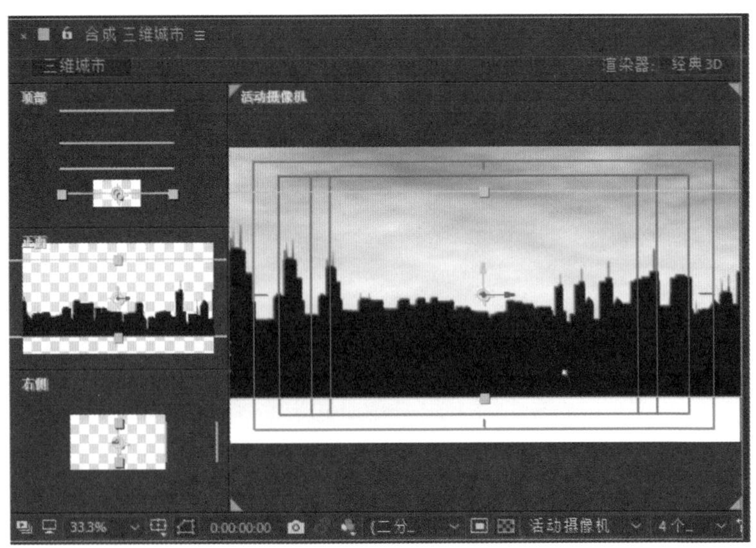

图4.3.7 摆放剪影位置

4. 制作摄像机运动

选择菜单栏中的“图层”→“新建”→“摄像机”选项添加摄像机；选择菜单栏中的“图层”→“新建”→“空对象”选项添加空图层。开启空图层的三维开关并作为摄像机的父级，在位置属性上添加关键帧，制作 *Z* 轴上的位移动画，通过空图层带动摄像机运动，如图4.3.8所示。

图4.3.8　通过空图层制作摄像机运动

小贴士

空对象常被称为空图层，渲染后不可见，主要用于父级辅助操作，合理利用空对象可以简化操作，提高效率。

4.3.3　制作阳光

01 新建纯色层，命名为阳光，在菜单栏中选择“效果”→“生成”→“镜头光晕”选项，将阳光层的叠加模式设为“叠加”或“柔光”，如图 4.3.9 所示。

图4.3.9　添加镜头光晕

02 将“镜头类型”设为“105 毫米定焦”，调整亮度，如图 4.3.10 所示。如果要制作阳光的运动，则需对“光晕中心”添加关键帧。

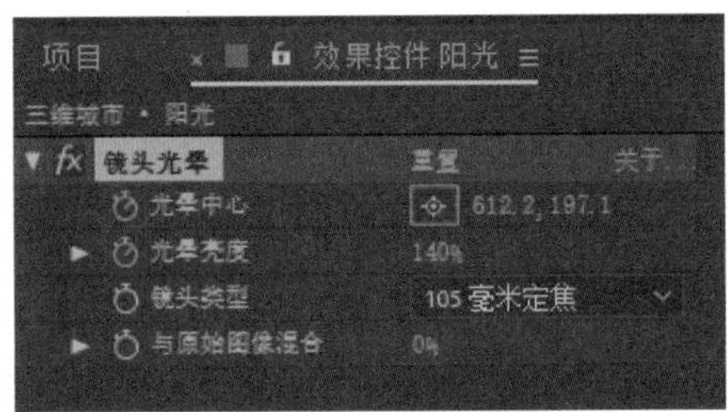

图4.3.10 调整参数

实训练习4-3：制作山水场景三维运动

制作如图 4.3.11 所示的山水场景运动。

动画：山水场景运动

图4.3.11 山水场景运动

学习评价

进行学习评价，由学生自我评价、小组互评、教师评价相结合。

<table>
<tr><td colspan="5">任务4.3：制作三维动画</td><td>日期</td><td colspan="2"></td></tr>
<tr><td rowspan="2">评价内容</td><td colspan="3">自我评价</td><td colspan="3">小组互评</td></tr>
<tr><td>完全掌握</td><td>基本掌握</td><td>未掌握</td><td>完全掌握</td><td>基本掌握</td><td>未掌握</td></tr>
<tr><td>能开启对象的三维效果</td><td></td><td></td><td></td><td></td><td></td><td></td></tr>
<tr><td>了解三维化后对象的各项参数</td><td></td><td></td><td></td><td></td><td></td><td></td></tr>
<tr><td>能制作三维运动效果</td><td></td><td></td><td></td><td></td><td></td><td></td></tr>
<tr><td>能添加摄像机并简单调整摄像机参数</td><td></td><td></td><td></td><td></td><td></td><td></td></tr>
<tr><td>能添加空对象，利用空对象制作动画</td><td></td><td></td><td></td><td></td><td></td><td></td></tr>
<tr><td>能添加分形杂色、镜头光晕效果制作云彩和光效</td><td></td><td></td><td></td><td></td><td></td><td></td></tr>
<tr><td>能合理切换视图辅助操作</td><td></td><td></td><td></td><td></td><td></td><td></td></tr>
<tr><td colspan="7">教师评价：</td></tr>
</table>

知识窗：导入 PSD 文件

PSD 作为 Photoshop 的工程文件，可以作为素材直接导入 After Effects，用户可以根据需要，选择作为一张图片导入还是分图层导入，如图 4.3.12 所示。“导入种类”设置为“合成”，“图层选项”设置为“可编辑的图层样式”。

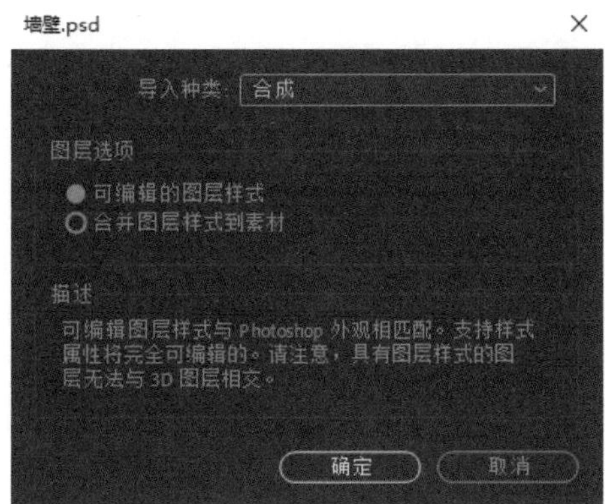

图4.3.12 导入设置

在项目窗口中可以看到 PSD 文件的每个图层分别独立导入，如图 4.3.13 所示。

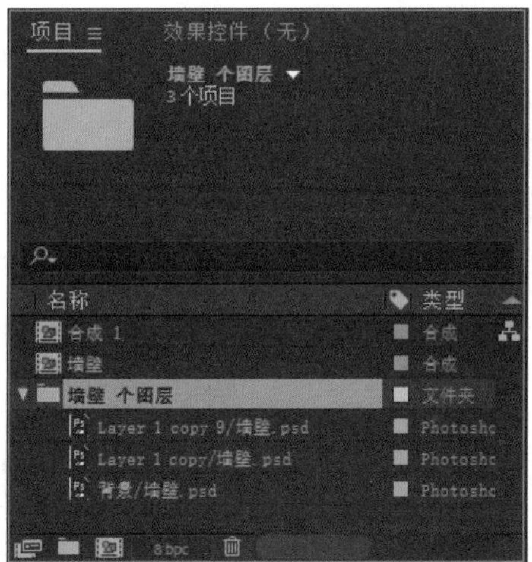

图4.3.13 导入效果

任务4.4 跟踪和稳定

任务描述

很多时候我们需要使用After Effects在拍摄素材上添加各种特效，为了让添加的效果与实拍画面融合得更自然，需要使用跟踪器；拍摄素材效果不太理想，存在抖动的现象时，还需要在制作前稳定画面。

任务目标

1）能使用变形稳定器消除画面抖动；
2）能使用跟踪器进行跟踪操作；
3）具备根据情况选择合适的跟踪方式的能力；
4）能选择合适的跟踪对象，灵活地布置、调整跟踪点。

微课：跟踪和稳定

制作如图4.4.1所示的跟踪与稳定实例。

稳定效果

跟踪摄像机

跟踪运动——变换

跟踪运动——透视边角定位

图4.4.1 跟踪与稳定实例

4.4.1 稳定效果

新建合成，在时间线中导入素材并右击，在弹出的快捷菜单中选择“变形稳定器VFX”选项，自动开始画面稳定，如图4.4.2所示。

在菜单栏的“动画”下拉列表中也可以选择“变形稳定器VFX”选项。

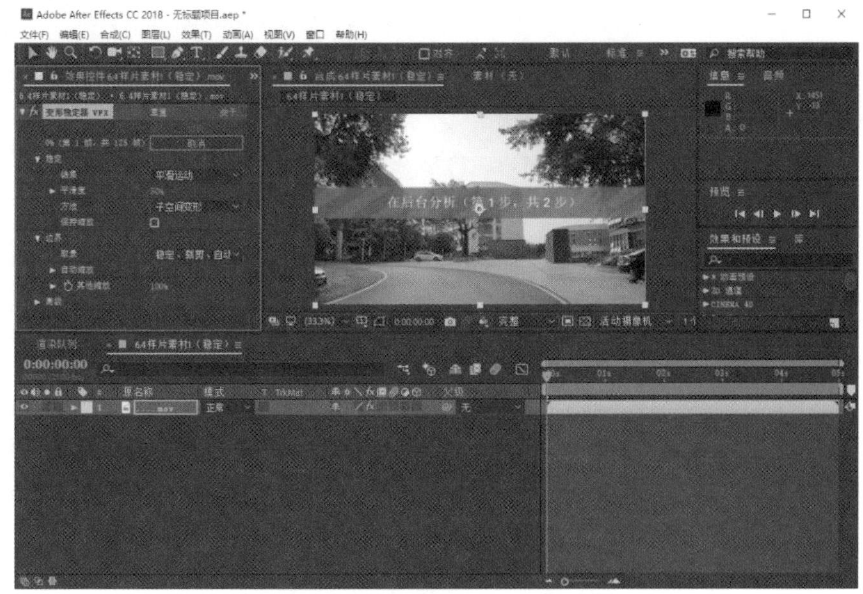

图4.4.2 变形稳定器VFX

4.4.2 跟踪摄像机

1. 分析素材

右击时间线中的素材，在弹出的快捷菜单中选择“跟踪摄像机”选项或通过菜单栏中的“动画”下拉列表中的“跟踪摄像机”选项打开跟踪器，单击“跟踪器”面板中的“跟踪摄像机”按钮分析跟踪点，如图 4.4.3 所示。分析完成后会生成多个跟踪点。

图4.4.3 分析跟踪点

2. 确定跟踪平面

将鼠标指针在跟踪点上移动，出现靶环时单击，此时会自动选择 3 个点确定跟踪平面，如图 4.4.4 所示。也可以手动选择 3 个点确定跟踪平面。

图4.4.4 确定跟踪平面

3. 创建跟踪摄像机

在选择的跟踪点上右击，在弹出的快捷菜单中选择“实底与摄像机”选项，此时会自动生成摄像机和对应的固态层，如图 4.4.5 所示。

图4.4.5 生成跟踪实底

4. 替换跟踪实底

按住 Alt 键，将图片素材拖放到时间线中作为跟踪实底的固态层上，替换掉跟踪实底，并调整好角度和大小，如图 4.4.6 所示。

图4.4.6　替换跟踪实底

如果跟踪点数量不够，可以在效果面板中开启“高级”选项中的“详细分析”功能。

4.4.3　跟踪运动——变换

1. 添加“跟踪运动”

打开跟踪器，单击“跟踪运动”按钮，此软件会自动切换到图层窗口。

设置“跟踪类型”为“变换”，将跟踪点移动到跟踪目标上，如图 4.4.7 所示。

图4.4.7　调整跟踪点

2. 分析运动对象

单击“跟踪”面板中的◀ ▶按钮向前 / 向后分析，结果如图 4.4.8 所示。

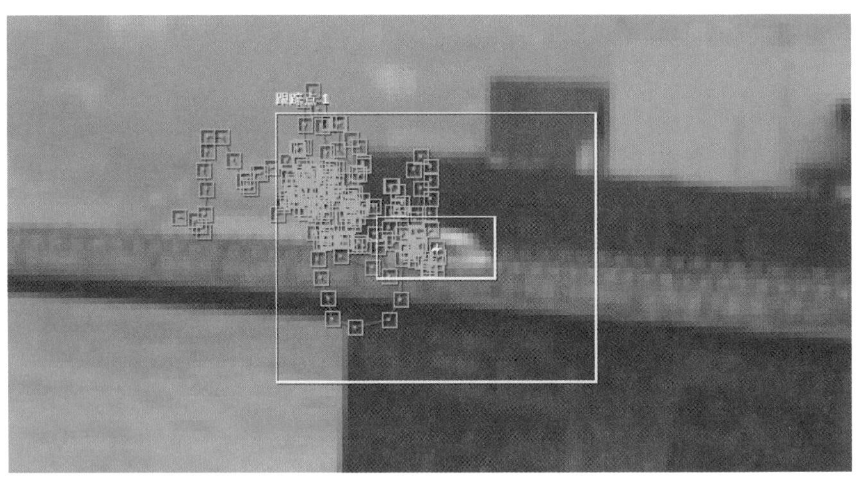

图4.4.8 完成跟踪分析

3. 添加跟踪应用对象

回到合成窗口，使用画笔工具绘制一个形状图层，摆放好位置，如图 4.4.9 所示。

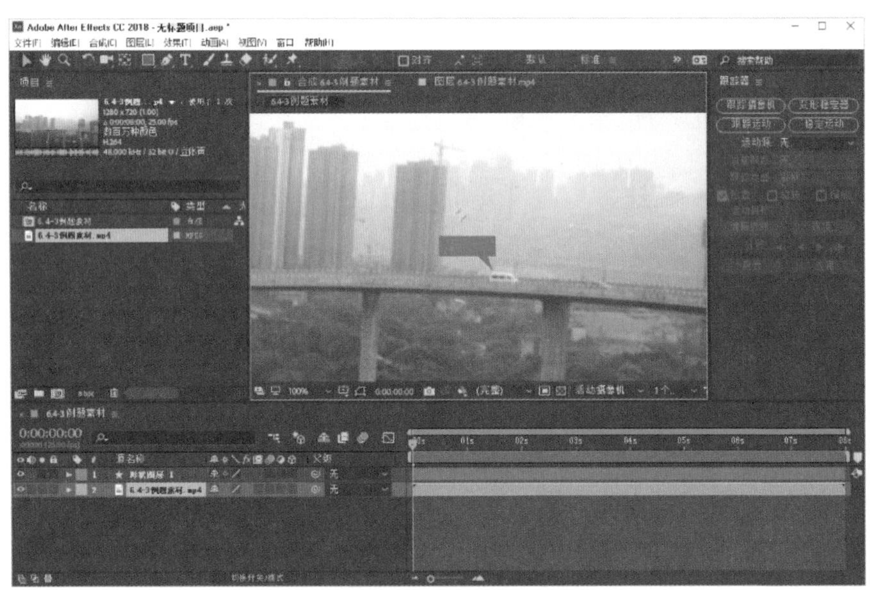

图4.4.9 添加跟踪应用对象

切换回视频素材的图层窗口，单击“跟踪器”面板中的“编辑目标”按钮，在弹出的“运动目标”对话框中将形状图层设为跟踪应用对象，如图 4.4.10 所示，确定后单击“跟踪器”面板中的“应用”按钮，完成跟踪效果制作。

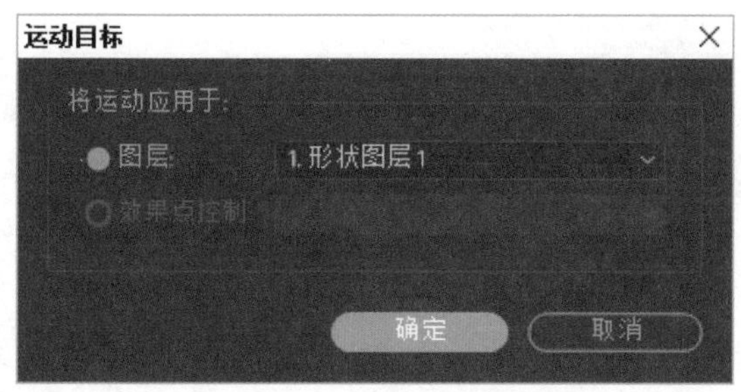

图4.4.10 设置跟踪应用对象

小贴士

跟踪点里面的方框是特征框，应当尽量贴合跟踪对象；外部是搜索框，搜索框越大分析时间越长。如果跟踪失败就需要重新调整 2 个框的位置大小。

4.4.4 跟踪运动——透视边角定位

01 新建合成并导入素材，在“跟踪器”面板中单击“跟踪运动”按钮，将“跟踪类型”设为“透视边角定位”，此时会出现 4 个跟踪点，将 4 个跟踪点分别放到画面矩形的 4 个顶点处进行分析，如图 4.4.11 所示。

图4.4.11 确定4个跟踪点位置

02 导入图片素材，将图片素材设置为跟踪应用对象，如图 4.4.12 所示。

视频：样片（一）

视频：样片（二）

视频：样片（三）

图4.4.12　完成跟踪效果制作

实训练习4-4：样片分析与模仿制作

1）分析任务4.1的素材，对画面进行稳定。

2）分析任务4.2的样片，完成样片模仿制作。

3）分析任务4.3的样片，完成样片模仿制作。

4）分析任务4.4的样片，完成样片模仿制作。

学习评价

进行学习评价，由学生自我评价、小组互评、教师评价相结合。

任务4.4：跟踪和稳定						日期	
评价内容	自我评价			小组互评			
	完全掌握	基本掌握	未掌握	完全掌握	基本掌握	未掌握	
能使用变形稳定器消除画面抖动							
能使用跟踪摄像机实现跟踪效果							
能使用变换实现跟踪效果							
能使用透视边角定位实现跟踪效果							
能根据情况选择跟踪方式							
能正确判断、调整跟踪点							
教师评价：							

任务 4.5 制作粒子光效

任务描述

粒子烟雾光效是After Effects擅长的领域，软件自带强大的制作工具供用户使用，如果有需要，还可以搭配相关插件，制作出绚丽的粒子、烟雾、火焰效果。

任务目标

1）能使用分形杂色制作烟雾效果、光线；

2）能使用CC Particle World制作简单光效；

3）能使用CC Particle Systems II制作简单光效；

4）了解仿真效果特效组的应用。

微课：粒子光效

本任务的要求是制作如图 4.5.1 所示的仿真效果。

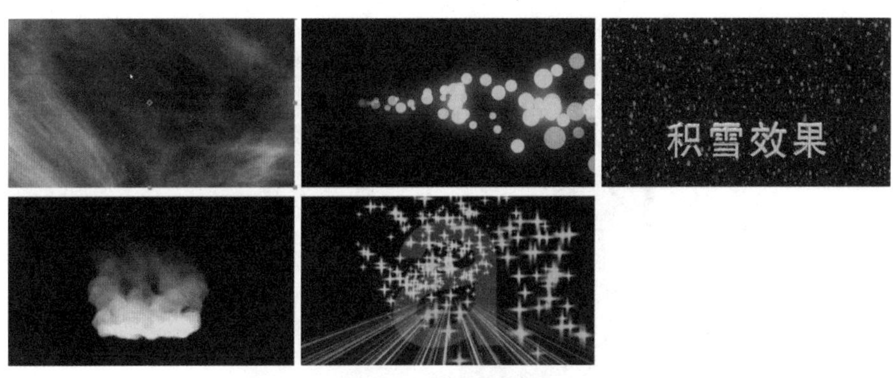

图4.5.1　仿真效果

4.5.1　烟雾效果

01 新建一个时长 5s 的合成。新建纯色层，纯色层颜色决定烟雾颜色。

02 给纯色层添加“效果”→“杂色和颗粒”中的“分形杂色”效果，如图 4.5.2 所示。

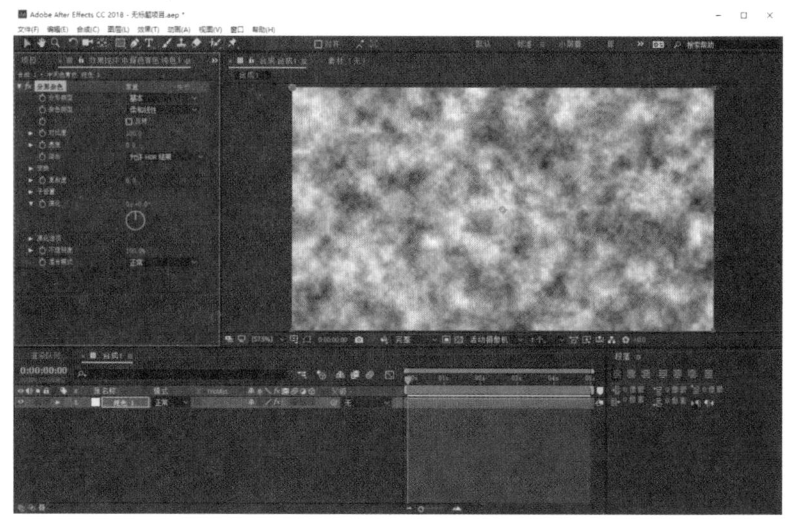

图4.5.2　添加分形杂色效果

03 设置分形杂色参数。

① 设置“分形类型”为“涡旋”，启用“反转”功能；在“变换”选项组中调整缩放大小，设为1260，开启“透视位移”功能；设置“复杂度”和“子设置”以调整形状。

将“混合模式”设为“相乘”，完成设置，如图4.5.3所示。

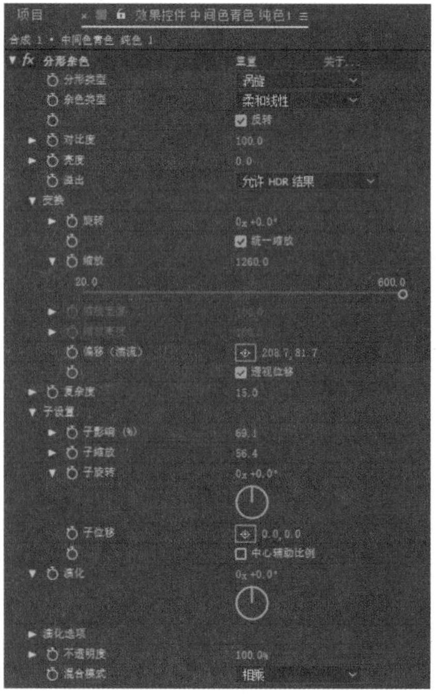

图4.5.3　设置分形杂色参数

② 找到“演化”参数添加关键帧，制作烟雾运动效果，如图4.5.4所示。

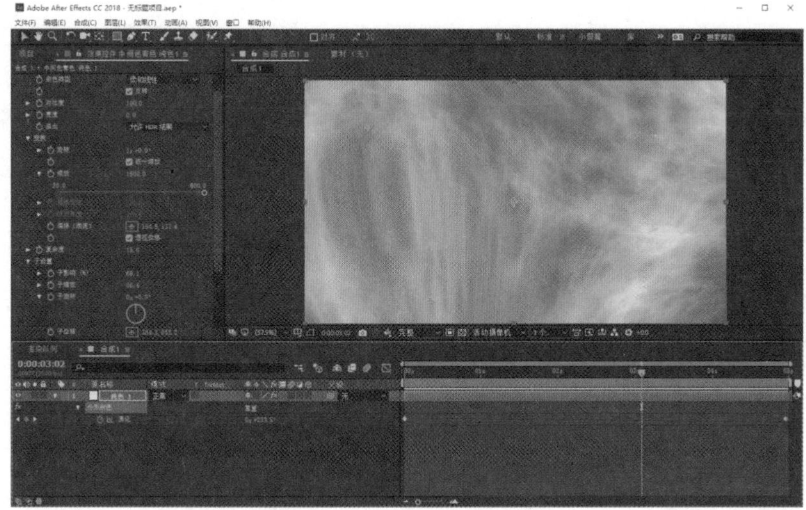

图4.5.4 制作烟雾的运动

③ 添加“颜色校正”中的“色阶”，调整烟雾密度，如图 4.5.5 所示。

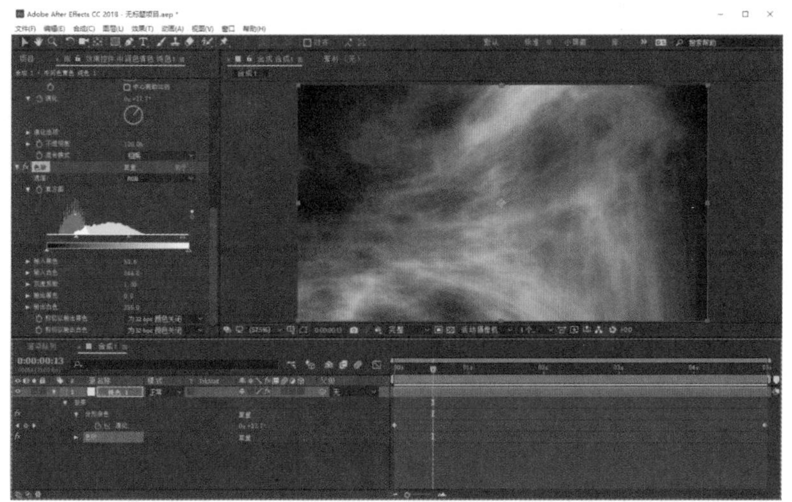

图4.5.5 添加色阶

小贴士

分形杂色结合粒子效果可以制作烟雾、云层、水波等效果，还可以制作光线。添加“颜色校正”中的“三色调”可以修改分形杂色的颜色。

4.5.2 粒子飞舞

1. 添加“CC Particle World”

新建合成，新建纯色层，给纯色层添加“模拟”中的“CC Particle World”（CC 粒子仿真世界），如图 4.5.6 所示。

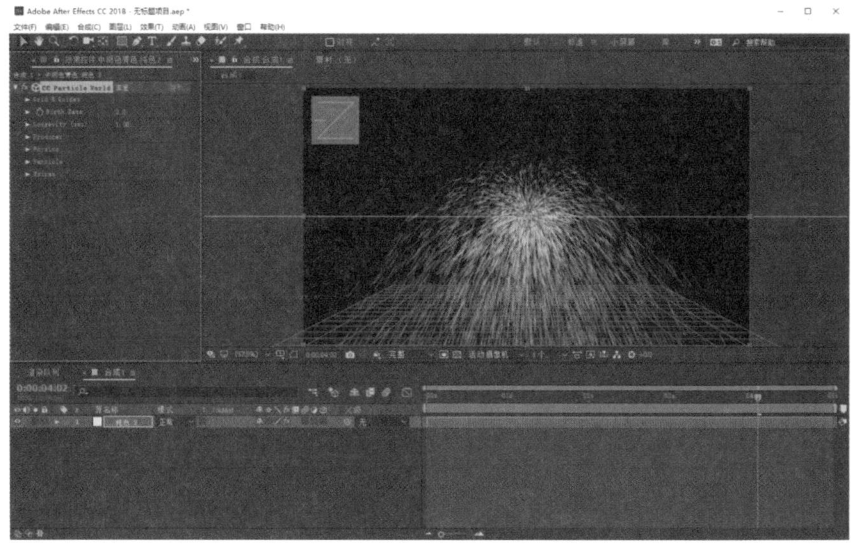

图4.5.6 添加粒子效果

2. 设置参数

"CC Particle World"中的参数较多，这里只需要设置主要部分，如图4.5.7所示。

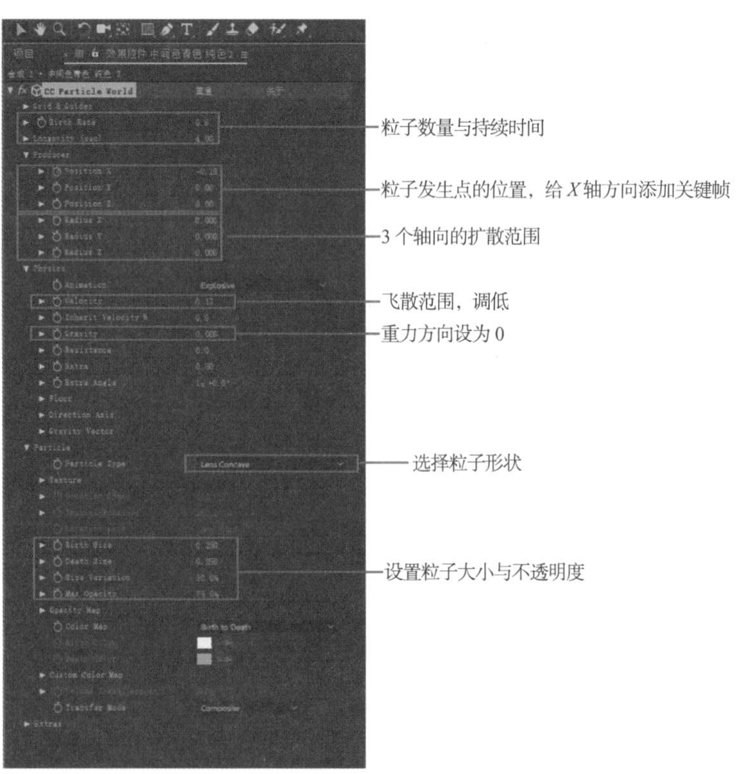

图4.5.7 设置参数

3. 添加发光效果

选择“效果”→“风格化”→“发光”选项，给粒子添加发光效果，如图 4.5.8 所示，完成粒子飞舞效果的制作。

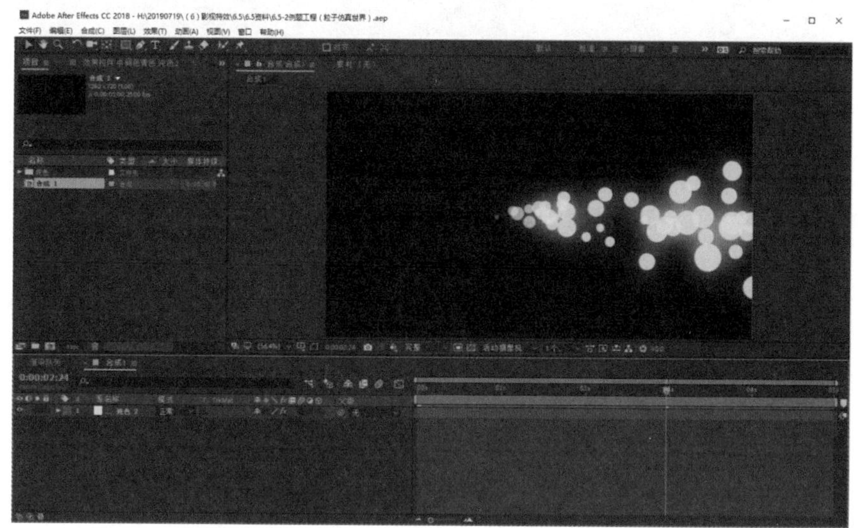

图4.5.8　添加发光效果

4.5.3　积雪文字

1. 设置轨道遮罩

新建合成，新建文本层，输入文字“积雪效果”，将文字层中心点放到文字下方边缘的中心；使用 Ctrl+D 组合键复制 2 层，设置第二层的轨道遮罩，如图 4.5.9 所示。

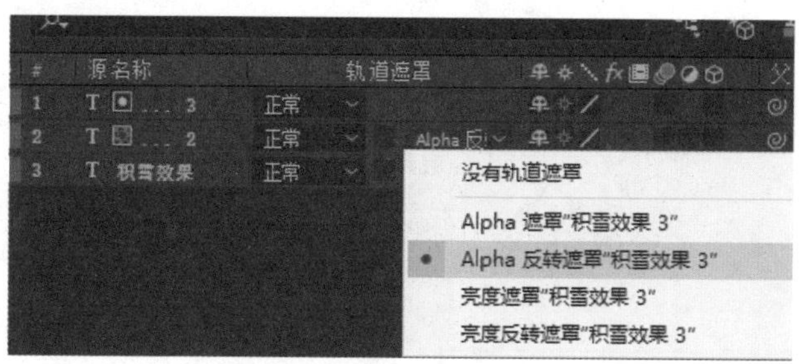

图4.5.9　设置轨道遮罩

2. 制作遮罩效果

给第二层文字制作缩放动画，解除长宽锁定，0 帧时高度设为 100%，5s 时设为 105%，制作出文字积雪堆积效果，如图 4.5.10 所示。

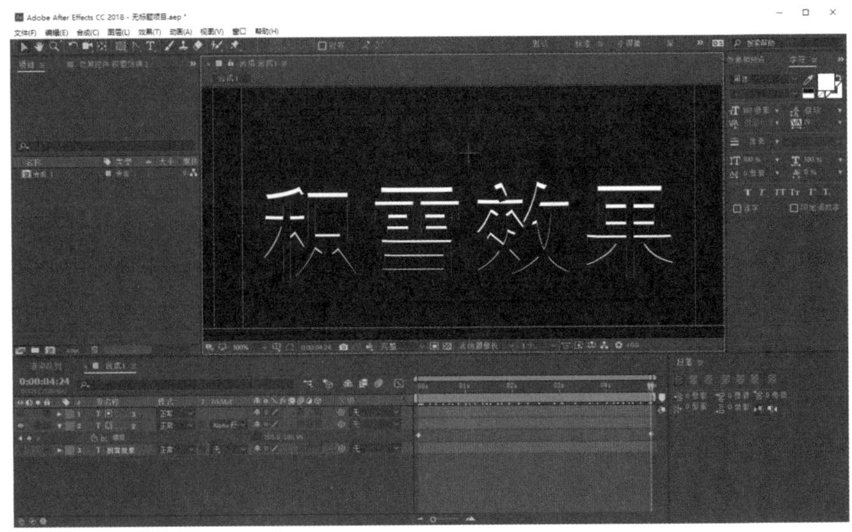

图4.5.10 制作积雪

3. 制作文字的积雪堆积

给第二层文字添加“效果”→“风格化”中的“毛边”效果；修改第一层文字字体颜色，并添加“效果”→“透视”中的“斜面 Alpha”效果。

4. 添加雪花

给第二层文字添加“效果”→“模拟”中的“CC snowfall”效果，调整参数，完成积雪文字效果制作，如图 4.5.11 所示。

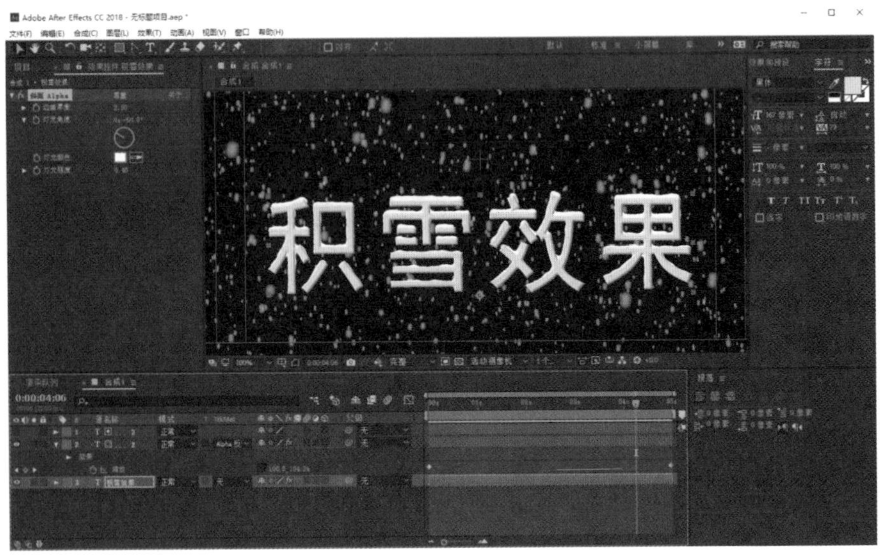

图4.5.11 添加雪花

4.5.4 粒子描边

1. 制作条纹

01 新建合成，新建固态层，添加“效果”→“杂色和颗粒”中的“分形杂色”效果。

02 关闭“变换”中的“统一缩放”功能，将“缩放宽度”设为 10，“缩放高度”设为 5000，制作出条纹效果。在“子设置”中为“演化”添加关键帧，制作出条纹变换效果，如图 4.5.12 所示。

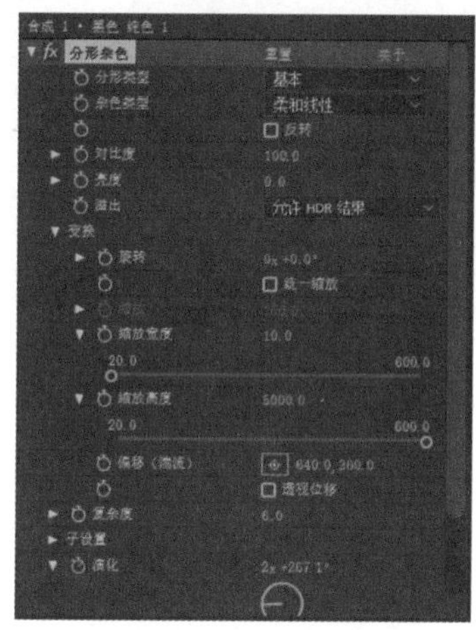

图4.5.12 制作条纹

2. 制作光线

添加“效果”→“颜色校正”中的“色阶”效果，调整光线数量；添加“效果”→“颜色校正”中的“三色调”效果，调整光线颜色；添加“效果”→“风格化”中的“发光”效果，制作发光效果，如图 4.5.13 所示。

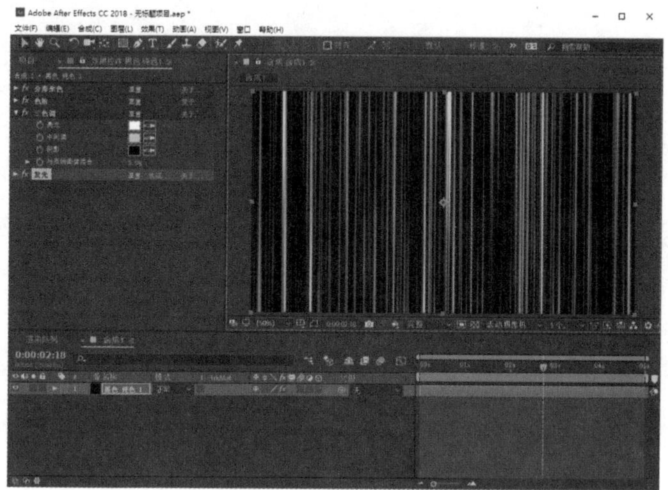

图4.5.13 制作光线

3. 制作光路

添加“效果”→“扭曲”中的“边角定位”效果，调整4个定点的位置制作出光路效果，如图4.5.14所示。

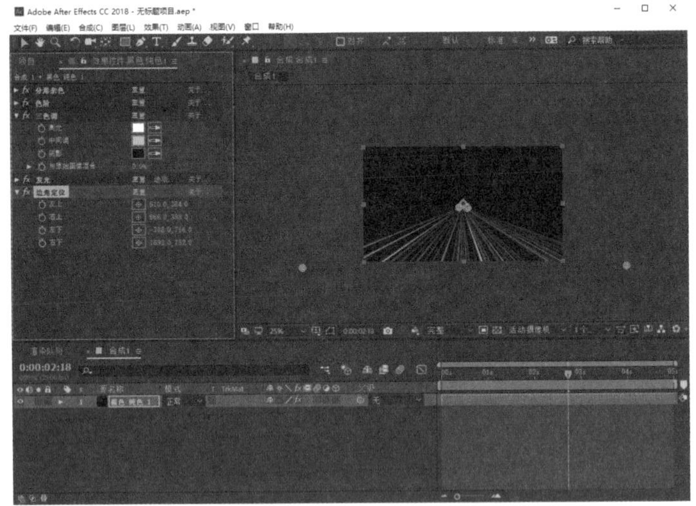

图4.5.14 制作光路

4. 提取粒子运动路径

01 输入文字，选中文字层，选择菜单栏中的“图层”→“从文本创建蒙版”（2020版本为“图层”→“创建”→“从文本创建蒙版”）选项，会自动生成蒙版层。

02 展开蒙版层，找到需要作为路径的蒙版，选择蒙版路径，按Ctrl+C组合键或选择“编辑”菜单中的“复制”选项复制，如图4.5.15所示。

图4.5.15 提取运动路径

5. 制作粒子沿路径运动

01 新建纯色层，选择“效果”→“模拟”→“CC Particle Systems II”选项，在参数面板中找到“Producer”选项中的“Position”，开启关键帧，按 Ctrl+V 组合键将复制的路径粘贴为关键帧，如图 4.5.16 所示。

02 在时间线中选择粒子所在层，按 U 键查看关键帧，左右拖动最后一个关键帧可以调整粒子移动的速度。

图4.5.16　粒子发生点沿路径运动

6. 调整粒子参数

按照如图 4.5.17 所示调整参数，即可完成制作。

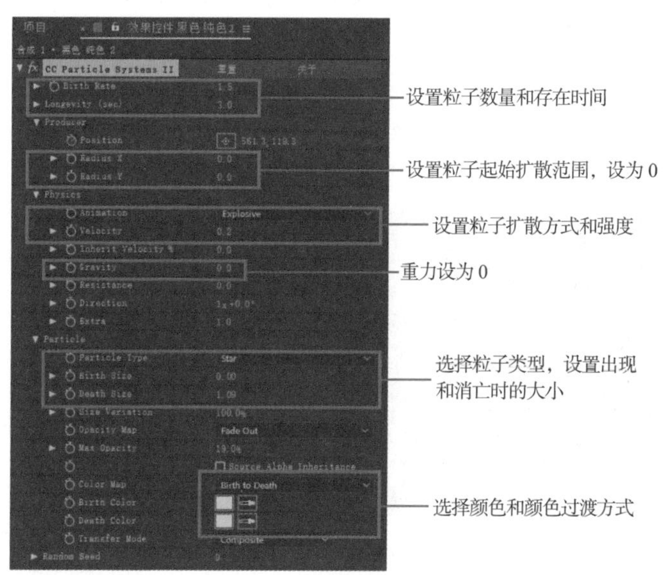

图4.5.17　设置粒子参数

4.5.5 火焰效果

1. 添加粒子效果制作火焰形状

新建合成，新建纯色层，选择“效果”→“模拟”→“CC Particle Systems II”选项，参数调整如图 4.5.18 所示，制作火焰基本形状。

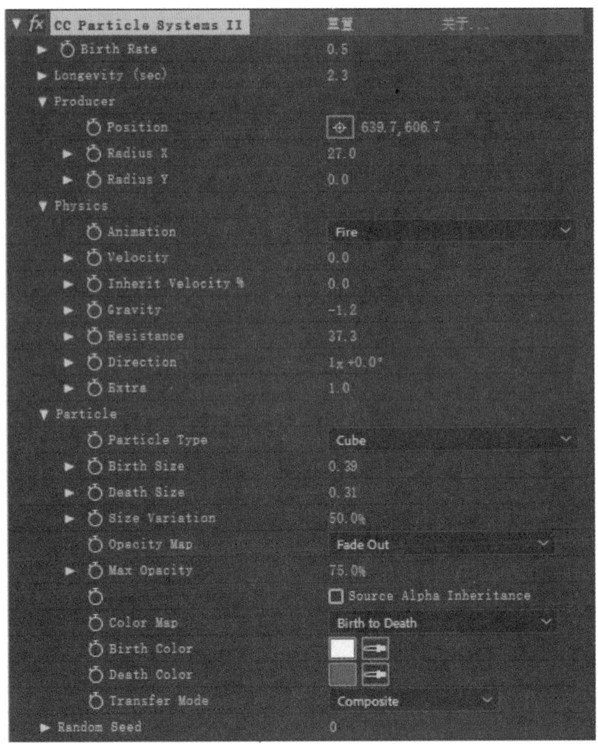

图4.5.18 调整CC Particle Systems II参数

2. 制作火焰的模糊效果

添加“效果”→“模糊和锐化”中的“CC Vector Blur”效果，参数设置如图 4.5.19 所示。

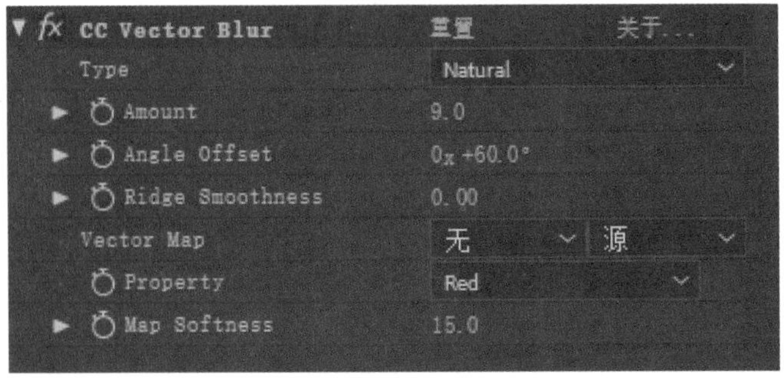

图4.5.19 调整CC Vector Blur参数

3. 制作火焰的扭曲效果

添加“效果”→“扭曲”中的“湍流置换”效果，参数设置如图 4.5.20 所示。

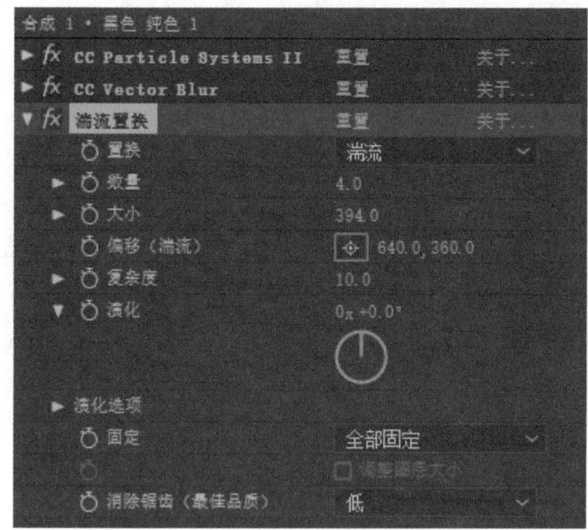

图4.5.20　调整湍流置换参数

4. 添加发光效果

添加“效果”→“风格化”中的“发光”效果，完成火焰制作，如图 4.5.21 所示。

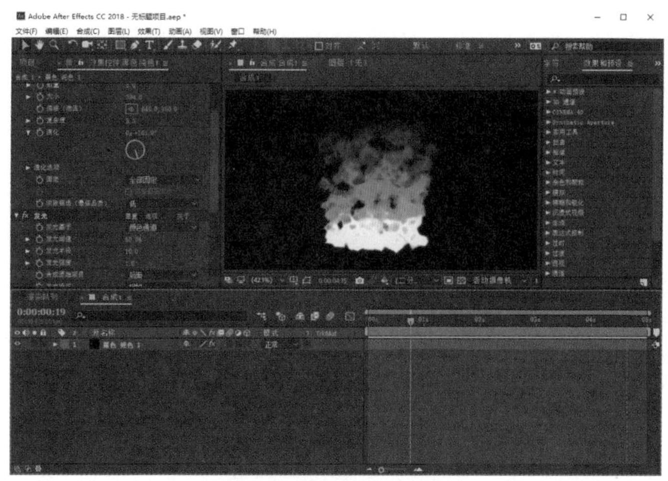

图4.5.21　添加发光效果

小贴士

火焰效果的制作较为复杂，需要对粒子及其他效果的参数熟练掌握，反复调整。同时，为了制作出更逼真的效果，还可能用到“效果”→“模拟”中的“CC Mr Mercury”效果。

使用同样的方法还可以制作出烟雾效果。

实训练习4-5：制作运动粒子光线效果

制作如图4.5.22所示的运动粒子光线效果。

视频：AE粒子效果

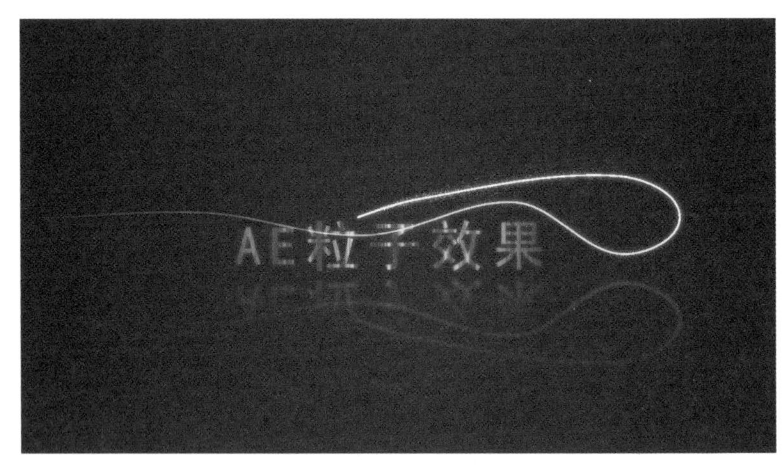

图4.5.22 AE粒子光线效果

学习评价

进行学习评价，由学生自我评价、小组互评、教师评价相结合。

任务4.5：制作粒子光效					日期	
评价内容	自我评价			小组互评		
	完全掌握	基本掌握	未掌握	完全掌握	基本掌握	未掌握
使用分形杂色制作烟雾效果、光线						
能使用CC Particle World制作简单的光效						
能使用CC snowfall制作积雪效果						
能使用CC Particle Systems II制作路径粒子光效						
能制作简单的火焰效果						
了解使用粒子制作仿真效果的思路						
教师评价：						

任务 4.6 校色和调色

任务描述

校色、调色是影视制作中不可或缺的一个环节，专业调色的软件使用较为复杂，对计算机硬件配置的要求较高，甚至不需要搭配专用设备。Adobe提供的软件大多整合了调色功能，在要求不高的情况下，通常使用After Effects自带的调色工具就可以完成简单的调色。

任务目标

1）了解调色、校色的思路；
2）能判断视频颜色是否偏差，了解基础校色的方法；
3）掌握基础调色的思路和方法；
4）了解画面风格化的处理方法。

微课：校色调色

本任务的要求是制作如图 4.6.1 所示的校色与风格化。

图4.6.1　校色与风格化

4.6.1　简单校色

使用拍摄素材制作数字媒体产品时首先需要检查素材，包括格式、码率等，有时素材的色彩会出现偏差，需要对素材做校色处理才能进行后续工作。

1. 打开Color Finesse 3

添加建立的合成，导入素材，选择“效果”→“Synthetic Aperture”→“SA Color Aperturen”选项。

选择效果控件面板中的“Color Finesse 3”插件，如图 4.6.2 所示。如提示输入账号密码，输入任意数字、字母即可。

图4.6.2　打开Color Finesse 3

2. 校色

Color Finesse 3 的主界面如图 4.6.3 所示。

01 切换到 Levels 模式。

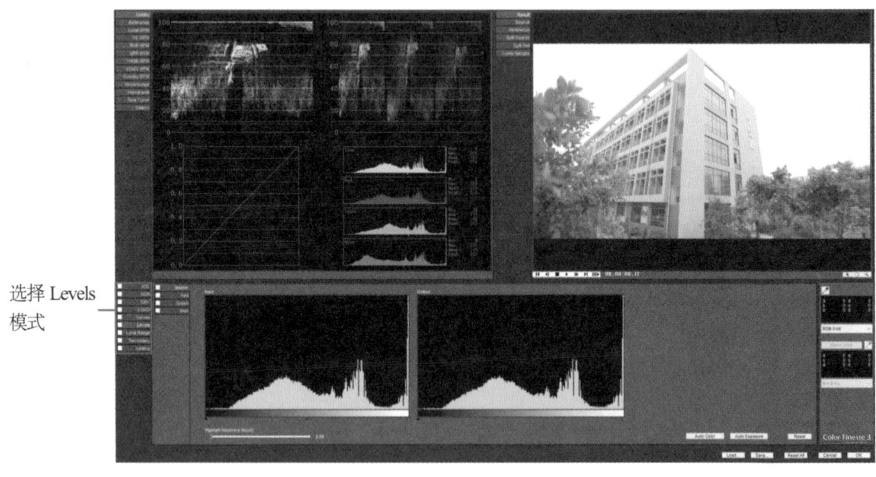

图4.6.3　Color Finesse 3的主界面

02 在 Levels 模式中，首先分别在 Red、Green、Blue 3 个通道中调整指针，去掉直方图两端没有颜色显示的部分，如图 4.6.4 所示。3 个颜色通道调整完成后再切换到 Master 调整。

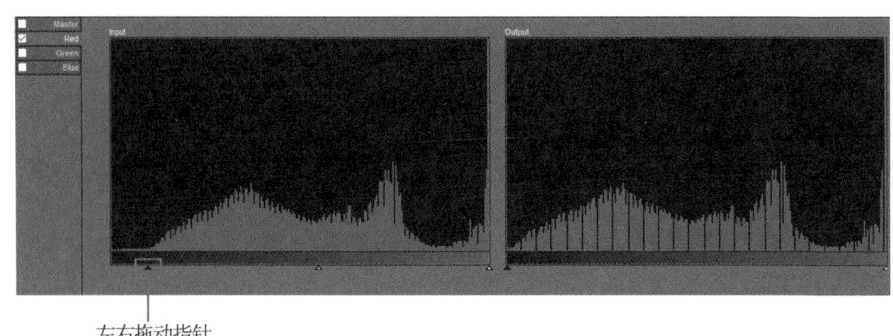

图4.6.4　分通道校色

03 检查效果，无误后保存校色结果，如图 4.6.5 所示。

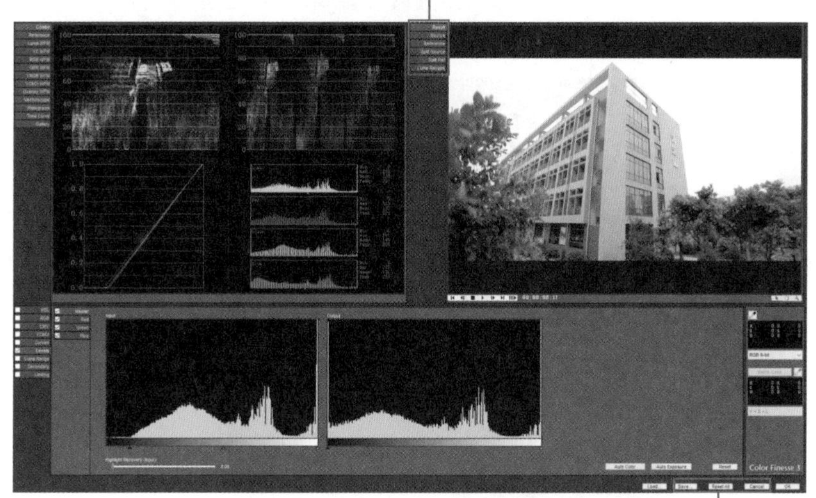

图4.6.5　完成简单校色

> **小贴士**
>
> 校色效果受原始素材的质量影响，如果视频过曝或过暗需要校正，素材必须要有足够的色彩宽容度，对调色要求较高的场合需要采用 raw 与 log，以及 709、HLG、CINE 4 等格式保存拍摄素材。

4.6.2　简单调色

1. 调整亮度和对比度

添加“颜色校正”中的“自动色阶”“自动对比度”“亮度和对比度”“曝光度”“曲线”效果，调整参数并查看效果，如图 4.6.6 所示。

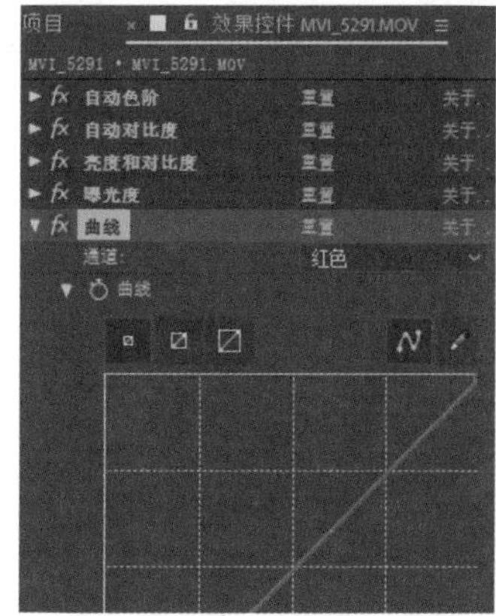

图4.6.6　调整亮度、对比度

2. 调整饱和度

添加“颜色校正”中的“自动颜色”“自然饱和度”“色相 / 饱和度”效果，调整参数并查看效果，如图 4.6.7 所示。

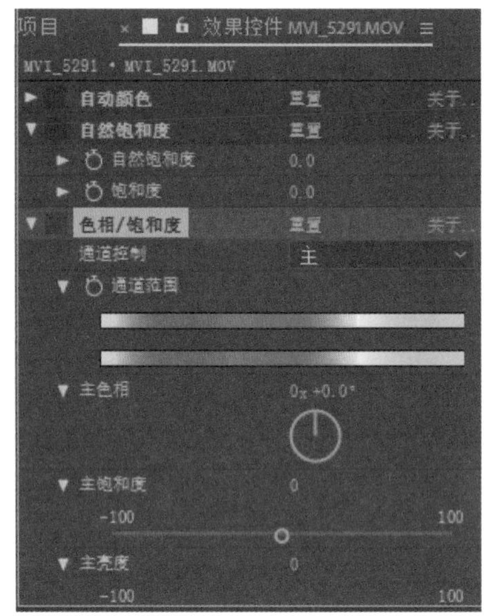

图4.6.7 调整饱和度

3. 照片滤镜

调色需要一定的技巧，如果要快速改变画面的整体色调，可以使用颜色校正中的“照片滤镜”效果，如图 4.6.8 所示。

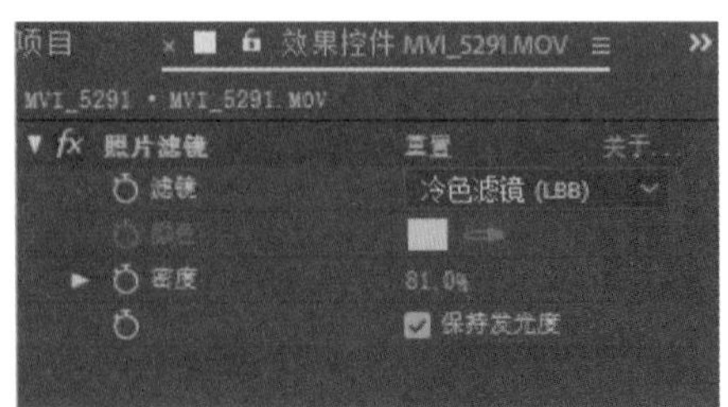

图4.6.8 照片滤镜

4.6.3 风格化

1. 单色调

01 使用“颜色校正”中的“三色调”效果实现单色调，如图 4.6.9 所示。

图4.6.9　三色调效果

02 使用“色相 / 饱和度”效果实现单色调，如图 4.6.10 所示。

图4.6.10　色相/饱和度效果

03 使用“黑色和白色”效果实现单色调，如图 4.6.11 所示。

图4.6.11　黑色和白色效果

2. 水墨效果

01 新建合成并添加素材，选择“效果”→“风格化”→“查找边缘”选项。

02 选择“颜色校正”→“色相 / 饱和度”选项，将画面调为黑白色。

03 添加“颜色校正”→“色阶”效果，调整亮度。

04 添加“模糊和锐化”→“高斯模糊”效果，结果如图 4.6.12 所示。

图4.6.12 水墨化图片

05 添加条纹素材，按 Ctrl+Alt+F 组合键调整素材至合适大小，选择叠加模式为“柔光”，完成水墨效果制作，如图 4.6.13 所示。

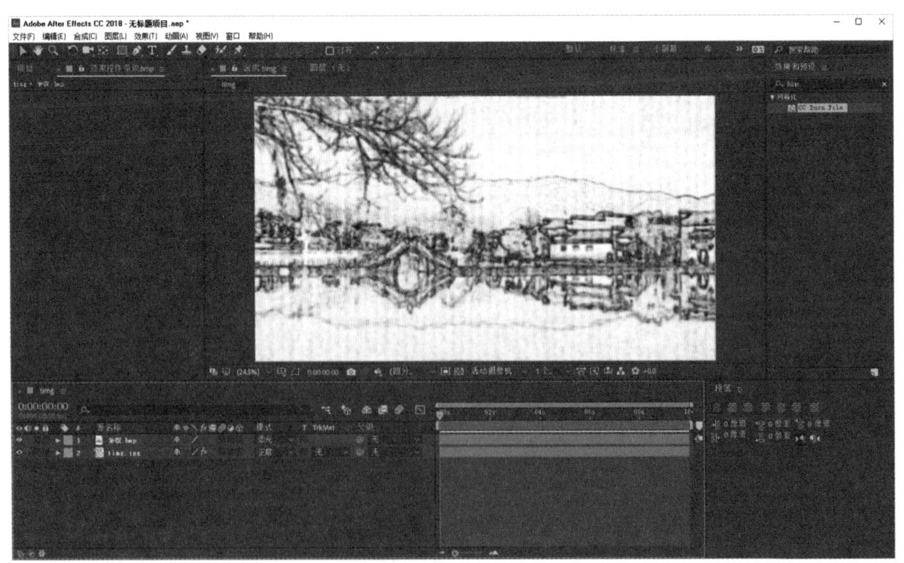

图4.6.13 添加条纹

实训练习4-6：制作水墨山水效果

制作如图4.6.14所示的水墨山水效果。

图4.6.14 水墨山水效果

学习评价

进行学习评价，由学生自我评价、小组互评、教师评价相结合。

<table>
<tr><td colspan="5">任务4.6：校色和调色</td><td>日期</td><td></td></tr>
<tr><td rowspan="2">评价内容</td><td colspan="3">自我评价</td><td colspan="3">小组互评</td></tr>
<tr><td>完全掌握</td><td>基本掌握</td><td>未掌握</td><td>完全掌握</td><td>基本掌握</td><td>未掌握</td></tr>
<tr><td>能对视频素材进行简单校色</td><td></td><td></td><td></td><td></td><td></td><td></td></tr>
<tr><td>能使用“颜色校正”效果组中的工具调整强度、对比度、饱和度</td><td></td><td></td><td></td><td></td><td></td><td></td></tr>
<tr><td>能将画面水墨效果化</td><td></td><td></td><td></td><td></td><td></td><td></td></tr>
<tr><td>了解调色的思路</td><td></td><td></td><td></td><td></td><td></td><td></td></tr>
<tr><td colspan="7">教师评价：</td></tr>
</table>

读书笔记

5 单元

影视剪辑——Premiere

单元导读

影视剪辑包括视频剪辑和声音剪辑，是将前期动画软件、特效软件生成的，以及实际拍摄所得的素材，根据制作要求进行重新选择、分解并且组合连接，最终完成一个含义明确、主题鲜明、连贯流畅并有艺术感染力的完整作品。影视剪辑是对前期拍摄和特效制作的再创造，对于数字媒体产品的成片效果有极大的影响。

学习目标

- 能使用剪辑工具进行音、视频剪辑；
- 能合理运用各种转场效果；
- 能制作静态与动态字幕；
- 了解简单动画的制作方式；
- 能进行简单校色、调色；
- 掌握音画合成的基本原则和操作步骤；
- 掌握一定的剪辑技巧并灵活运用；
- 能独立创作作品，作品具备一定思想性，传播正能量。

思政目标

- 树立正确的学习观、价值观，自觉践行行业道德规范；
- 培养尊重宽容、团结协作的团队精神；
- 发扬一丝不苟、精益求精的工匠精神。

任务 5.1 制作短片

任务描述

项目文件是Premiere软件的特有文件，是用来存储视频的编辑流程，文件扩展名为.prproj。视频的制作流程通常情况下包括建立项目、素材导入、视频编辑、视频导出四大步骤。本任务通过制作一个简单视频了解软件主界面和制作流程。

任务目标

1）能建立、保存项目文件；
2）掌握导入各类素材的方法；
3）了解通过时间线编辑音视频的方法；
4）了解输出设置中各参数的意义，能正确输出一个可以独立播放的影片。

本任务的要求是制作如图 5.1.1 所示的电子相册。

图5.1.1　电子相册

微课：制作电子相册

5.1.1　建立项目

启动Premiere Pro CC 2018，在软件启动完成后的“开始”界面中单击“新建项目”按钮，如图 5.1.2 所示，弹出“新建项目”对话框，如图 5.1.3 所示。在该对话框中，可以设置项目文件保存的位置及名称。

设置完成后单击“确定”按钮进入软件主界面。

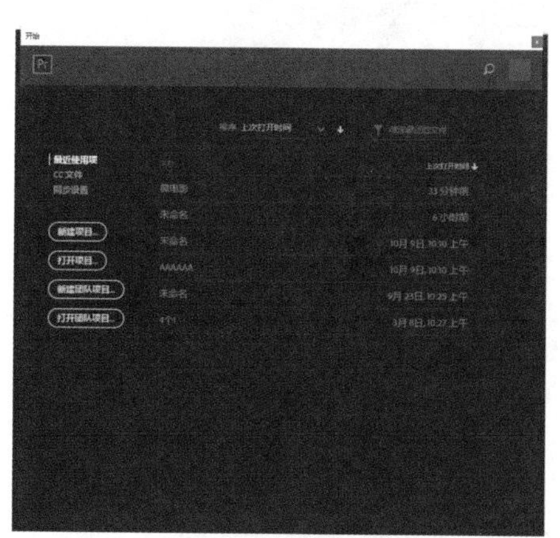
图5.1.2　新建工程

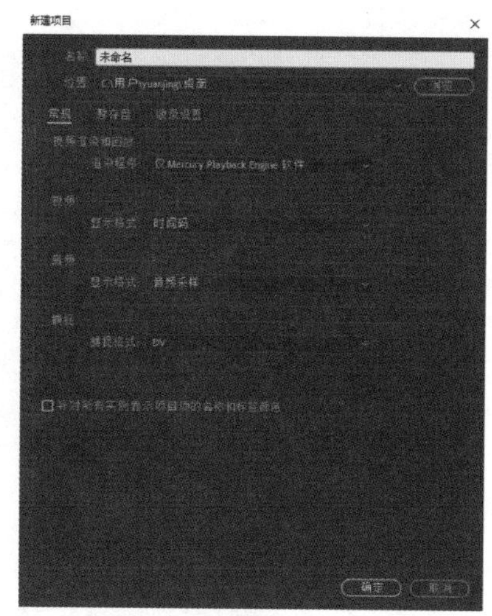
图5.1.3　设置工程文件名称及相关参数

5.1.2　新建序列

01 在菜单栏中选择“文件”→“新建”→“序列”选项，或使用 Ctrl+N 组合键建立新序列，如图 5.1.4 所示。序列可定义要制作的视频的规格，是一组独立的编辑单元。

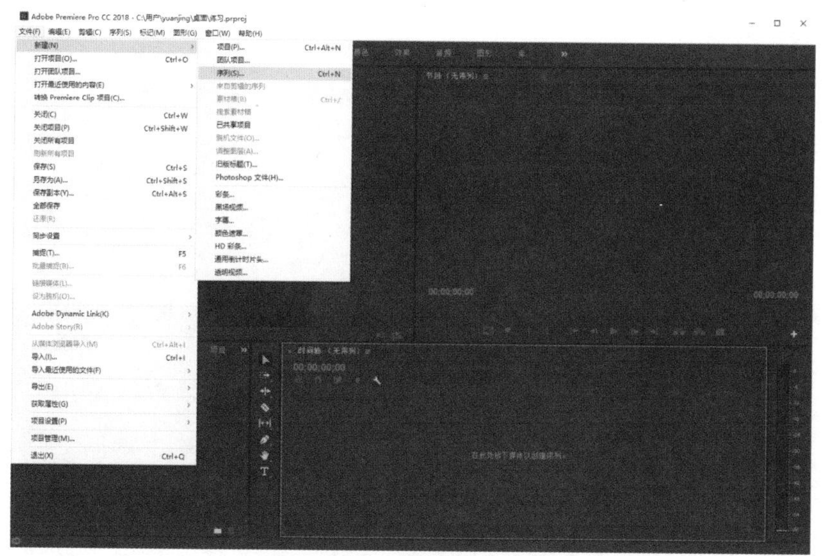
图5.1.4　新建序列

02 在弹出的“新建序列”对话框中选择“HDV”→“HDV720p25”选项，在“序列名称”文本框中输入名称，完成后单击“确定”按钮，如图 5.1.5 所示。如果需要手动设置视频规格，可以切换到“设置”选项卡进行调整。

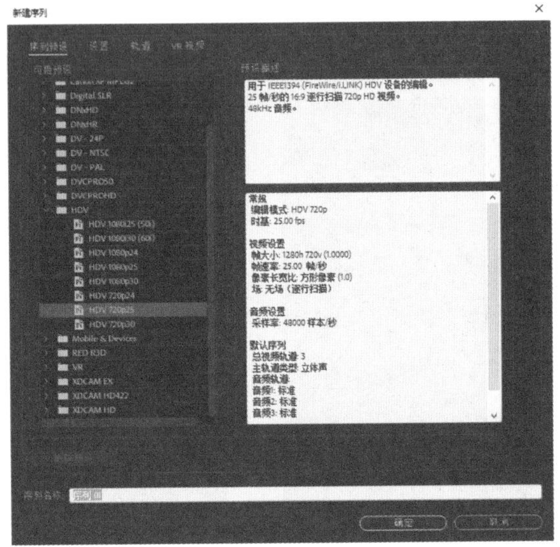

图5.1.5 选择预设配置

03 新建项目文件完成后，选择“文件”→“保存”选项完成项目文件的保存，或使用 Ctrl+S 组合键保存项目。如果需要改变项目文件保存的路径，可选择“文件”→“另存为”选项，或者使用 Ctrl+Shift+S 组合键完成项目文件新路径的保存。

5.1.3 导入素材

Premiere Pro CC 2018 界面中包含多个面板。左下方工作区通过选项卡切换到“项目”面板，如图 5.1.6 所示。双击“项目”面板的空白区域，在弹出的“导入”对话框中选择素材，然后单击“打开”按钮即可导入，如图 5.1.7 所示。

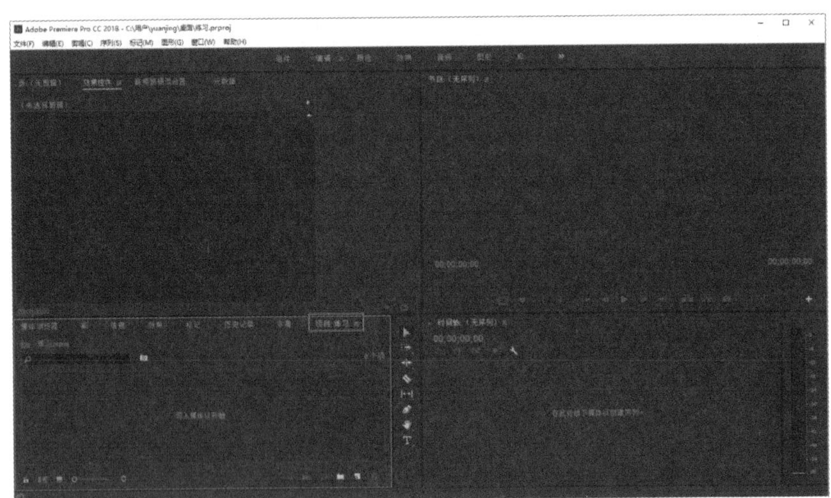

图5.1.6 切换到“项目”面板

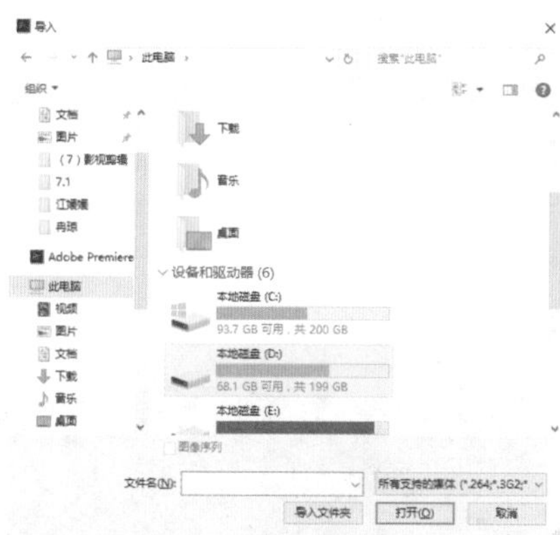

图5.1.7　通过面板导入素材

也可以在菜单栏中选择“文件”→“导入”选项，如图 5.1.8 所示，在弹出的“导入”对话框中打开需要导入的素材即可。

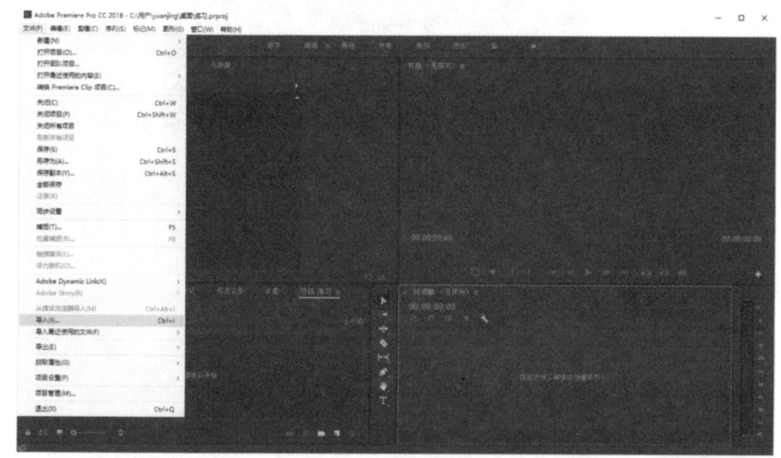

图5.1.8　通过“文件”选项导入素材

还可以切换到“媒体浏览器”面板，在相应盘符中选择素材文件进行导入，如图 5.1.9 所示。

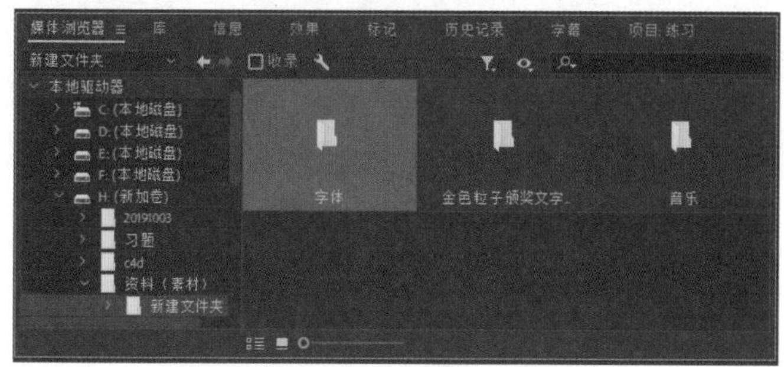

图5.1.9　通过媒体浏览器导入素材

“项目”面板中显示所有的序列和素材，可以通过下方按钮切换显示方式。

知识窗：从摄像机采集素材

使用数据线连接摄像机和计算机，选择 Premiere 菜单栏中的“文件”→“采集”选项或按 F5 键，可以开启“捕捉”窗口，采集摄像机拍摄的素材，保存到事先设定好的硬盘位置。

After Effects 的工程文件也可以作为素材直接导入“项目”面板，不过存在多个合成时需要用户手动选择，如图 5.1.10 所示。

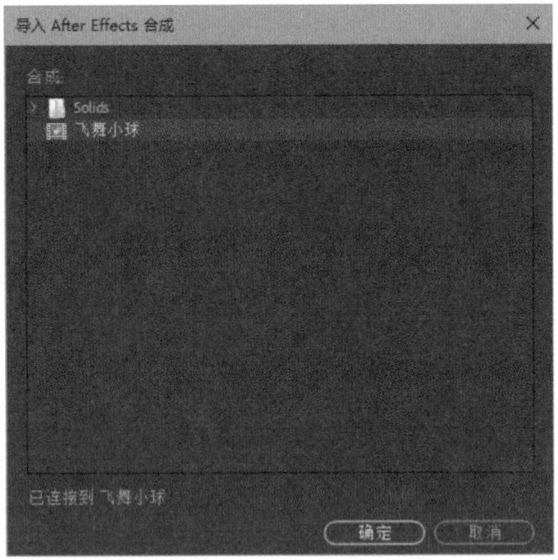

图5.1.10　导入After Effects合成

5.1.4　编辑时间线

时间线是 Premiere 编辑操作的重要窗口，分为平行的“视频轨道”和“音频轨道”两部分，如图 5.1.11 所示。

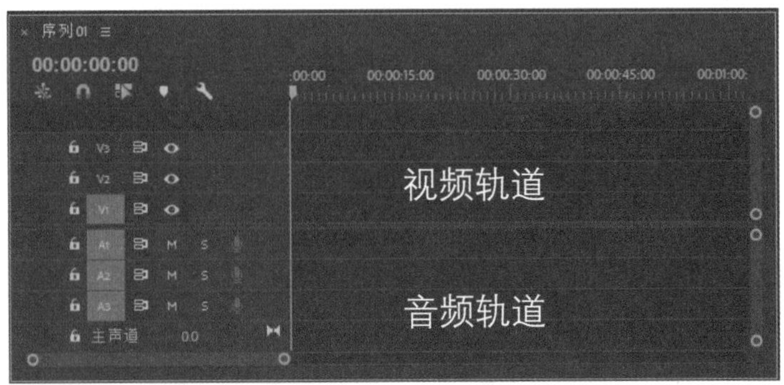

图5.1.11　时间线面板

01 导入素材，将素材拖入对应轨道，按照时间前后顺序从左到右进行排列，如图 5.1.12 所示。

小贴士

上方轨道的视频会遮挡下方轨道的视频，音频轨道则是声音混合。

图5.1.12　将素材添加到时间线轨道

02 右击轨道标题处，在弹出的快捷菜单中选择“添加轨道”或“删除轨道”选项，进行轨道的添加或删除，如图 5.1.13 所示。

图5.1.13　添加轨道

5.1.5　导出影片

01 打开项目文件，选择并单击时间线，只有时间线被选择后才可以对影片进行导出操作。

02 选择菜单栏中的“文件”→“导出”→“媒体”选项，也可以使用 Ctrl+M 组合键，弹出“导出设置”对话框，如图 5.1.14 所示。

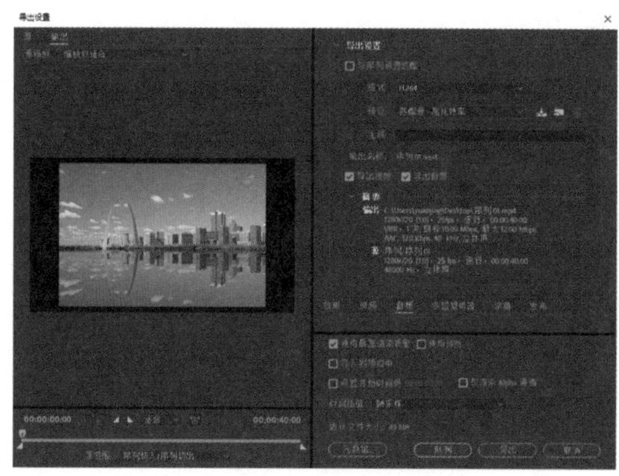

图5.1.14　“导出设置”对话框

03 在“格式”下拉列表中选择“H.264”选项，输出 MP4 格式的影片，在“预设”下拉列表中选择“匹配源 - 高比特率”选项，如果要修改输出设置，可选择其他选项，如图 5.1.15 所示。

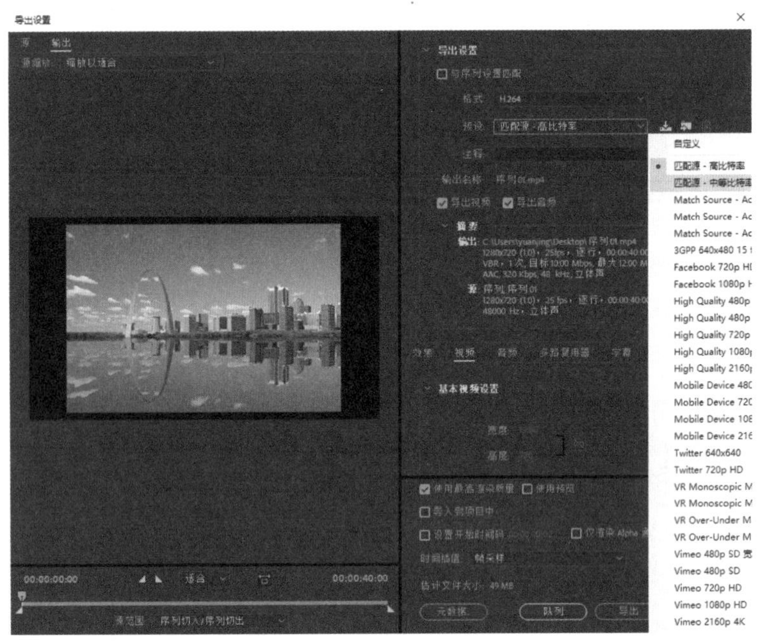

图5.1.15　选择预设

04 单击“输出名称”右侧的蓝色文字，在弹出的对话框中修改影片名称并选择保存位置，也可在“另存为”对话框中设置名称和保存位置，如图 5.1.16 所示，然后单击“保存”按钮。设置完成后单击图 5.1.15 右下方的“导出”按钮渲染影片，在弹出的对话框中单击“队列”按钮会开启渲染器进行渲染输出。

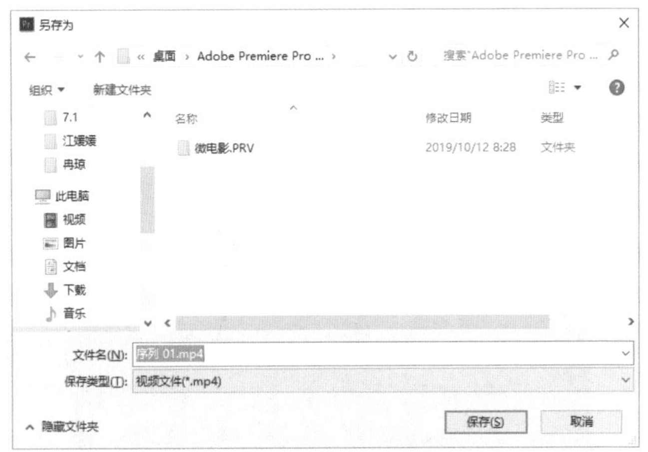

图5.1.16　设置保存位置和名称

实训练习5-1：模仿样片制作视频

模仿任务5.1样片制作一个30s的视频，要求输出分辨率为1280×720，MP4格式。

学习评价

进行学习评价，由学生自我评价、小组互评、教师评价相结合。

任务5.1：制作短片						日期	
评价内容	自我评价			小组互评			
	完全掌握	基本掌握	未掌握	完全掌握	基本掌握	未掌握	
能建立、保存项目文件							
能按制作要求建立序列							
能导入各类素材							
了解软件的界面							
能在时间线上添加素材							
能够渲染输出影片							
教师评价：							

知识窗：一些概念

1. 电视制式

电视制式即电视信号的标准。目前各国的电视制式不尽相同，国际上主要有3种常用制式。它们的特点如表5.1.1所示。

表5.1.1 电视制式的特点

制式	帧频/速率	场频	行/帧（垂直分辨率）	适用国家和地区
SECAM	25	50	625（576可见）	法国、俄罗斯、非洲地区等
NTSC	29.97	59.94	525（480可见）	美国、加拿大、日本、韩国、墨西哥、菲律宾等
PAL	25	50	625（576可见）	中国、德国、英国、欧洲大部分国家、南美洲、澳大利亚、新加坡等

2. 帧

构成动画的最小单位是帧（frame），即组成动画的每一幅静态画面。一帧即为一幅静态的画面。

3. 帧速率

帧速率的单位是帧/s，是指每秒刷新图片的帧数，也可以理解为图形处理器每秒能够刷新几次。对影片内容而言，帧速率指每秒所显示的静止帧格数。

4. 项目文件

项目文件是 Premiere 软件的特有文件，是用来存储编辑视频流程的文件，只能由 Premiere 打开，无法由播放器播放，文件扩展名为 .prproj。

5. 场

场的概念源于电视。电视由于要克服信号频率带宽的限制，无法在制式规定的刷新时间内将一帧完整的图像显现在屏幕上，只能将图像分成两个半幅的图像一先一后地显现，由于刷新速度快，肉眼是看不见的。普通电视都是采用隔行扫描方式。

隔行扫描方式是将一帧电视画面分成奇数场和偶数场两次扫描。第一次扫出由 1、3、5、7……所有奇数行组成的奇数场，第二次扫出由 2、4、6、8……所有偶数行组成的偶数场（Premiere 中称为高场优先和低场优先 ）。这样，每幅图像经过两场扫描，所有的像素便全部扫完。

电影不需要考虑场，用“逐行”进行描述。

6. 宽高比

宽高比是指视频图像的宽度和高度之间的比率。根据图像制式不同，屏幕的宽高比也不同：传统影视的宽高比是 4 ∶ 3，宽屏幕电影的宽高比是 1.85 ∶ 1，高清晰度电视的宽高比是 16 ∶ 9，全景格式电影的宽高比是 2.35 ∶ 1。

7. 图像分辨率

图像分辨率是指图像中存储的信息量，是每英寸图像内有多少个像素点，分辨率的单位为 PPI（pixel per inch），即像素每英寸。

8. 非线性编辑系统

所谓的非线性，即能够随机访问任意素材，不受素材存放位置的限制，以计算机为平台配合专用图像卡、视频卡、声卡及其某些专用卡（字幕卡、特技卡）和高速硬盘，以软件为控制中心的编辑制作方式。Premiere 就是基于非线性编辑系统的编辑软件。

任务 5.2 影片剪辑

任务描述

影片剪辑既需艺术又要技术，是实践性很强的创作过程，应当在懂得技术要求的基础上，充分考虑影片内容、图像资料、镜头的合理选择及连接、同期声、字幕等元素进行编辑。

本任务通过短片制作掌握Premiere剪辑工具的使用，了解基本的剪辑技巧。

任务目标

1）掌握主要剪辑工具的使用方法；
2）掌握素材源监视器窗口的使用方法；
3）能根据影片需要选择、添加、调整转场效果；
4）会使用快捷键辅助操作，提高工作效率。

微课：影片剪辑

本任务的要求是制作如图 5.2.1 所示的鸡尾酒短片。

图5.2.1 鸡尾酒短片

5.2.1 素材导入

建立工程、序列，导入素材，将视频素材拖放到时间线上。如果素材规格与序列设置不符，会弹出对话框，让用户选择是调整视频适应序列还是修改序列适应素材大小，如图 5.2.2 所示。

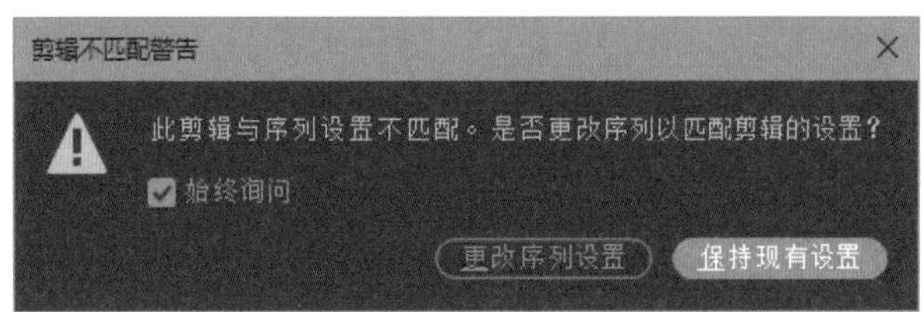

图5.2.2 修改设置令素材和序列相匹配

5.2.2 时间线的剪辑

01 选择时间线面板左侧工具栏中的“剃刀”工具或按C键，此时鼠标指针变为刀片形状，在视频轨道中切割出需要的部分，如图5.2.3所示。

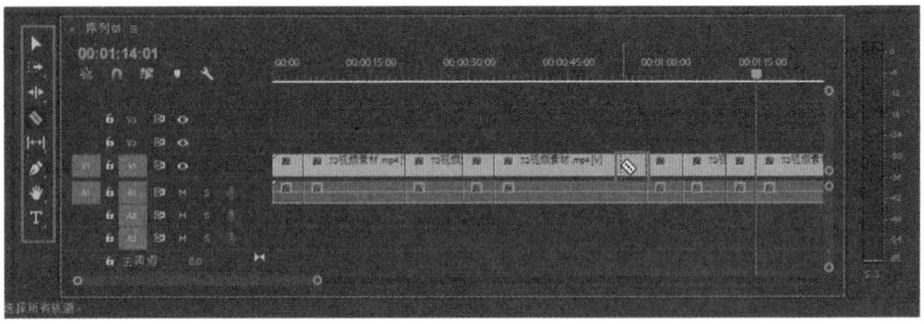

图5.2.3 选择“剃刀”工具

如果需要精确定位切割位置，可以按“+”或“-”伸缩时间线，通过下方的水平滚动条也可以伸缩时间线并调整时间线显示的区域。

02 按V键或选择“选择”工具切换鼠标指针状态，选中需要删除的片段，按Delete键删除，如图5.2.4所示。

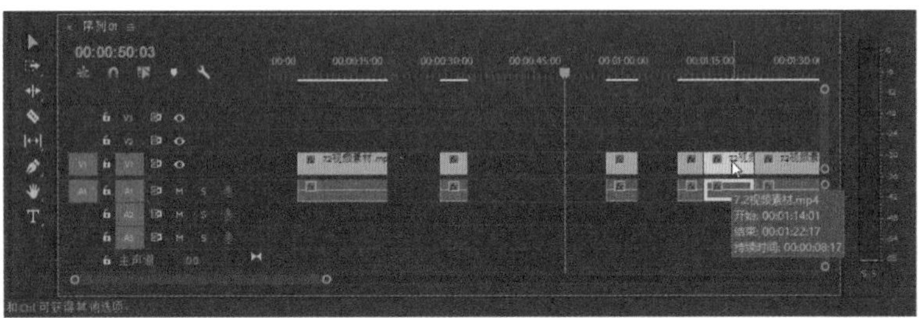

图5.2.4 选中并删除不需要的片段

03 将需要的部分按制作要求拼接在一起，完成视频部分剪辑。

如果拖动时想让2个片段精确地贴靠在一起，可以开启时间线面板中的“对齐”功能，拖动两段素材靠近到一定距离时会自动停靠到一起；也可以在2个片段中间的空白位置处右击，在弹出的快捷菜单中选择“波纹删除”选项，如图5.2.5所示，则后方的所有素材会一起前移，与前方素材停靠在一起。

04 完成剪辑后按Space键，可在Premiere右上方窗口的监视器中预览效果。

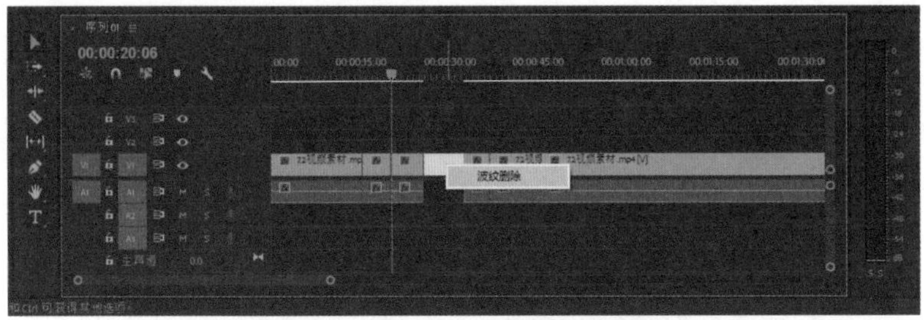

图5.2.5　选择“波纹删除”选项

知识窗：音频剪辑

音频剪辑方法与视频剪辑相同，只是在音频轨道中进行操作。

拍摄的素材通常同时包含音、视频并关联在一起，如果只需要其中之一，可以右击时间线中的素材，在弹出的快捷菜单中选择“取消连接”选项，就可以单独对音频或视频进行操作了。

5.2.3　通过素材源监视器剪辑

01 双击素材，左上方窗口会自动切换到素材源监视器面板。

02 将鼠标指针移动至需要截取部分的起始位置单击按钮标记入点（快捷键为 I），在结束位置单击按钮标记出点（快捷键为 O），如图 5.2.6 所示。

图5.2.6　通过入点和出点标记需要的素材片段

03 单击“插入”按钮或“覆盖”按钮，将选择部分添加到时间线指针位置，同时时间线中的指针会自动跳至添加片段的末端，便于添加下一个片段，如图 5.2.7 所示。

04 如果只需要添加视频，可以按住鼠标左键拖动素材源监视器中的图标到时间线的视频轨道上；如果添加音频，则按住拖动，如图 5.2.8 所示。

如果在素材源监视器中剪辑音频，则显示的是音频波形，如图 5.2.9 所示。

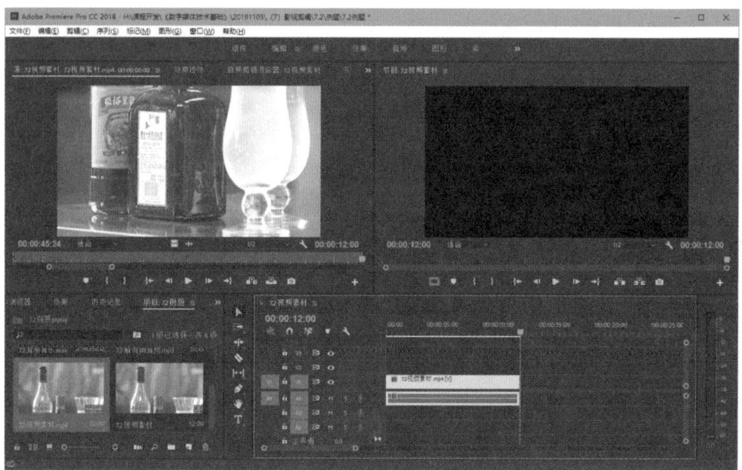

图5.2.7　选中部分添加至时间线

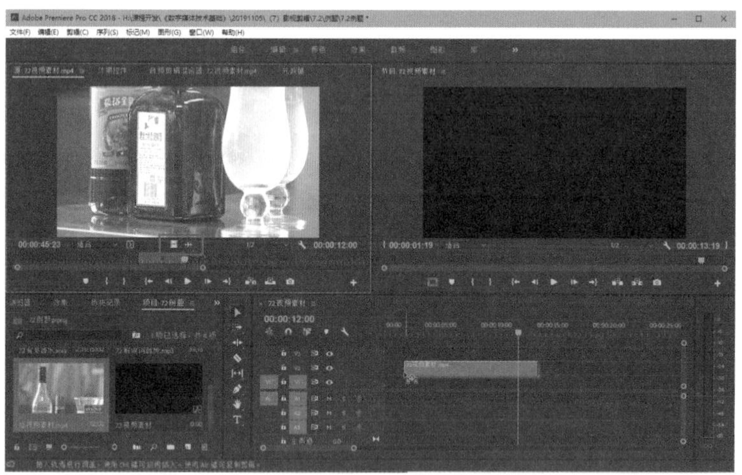

图5.2.8　单独添加音频或视频

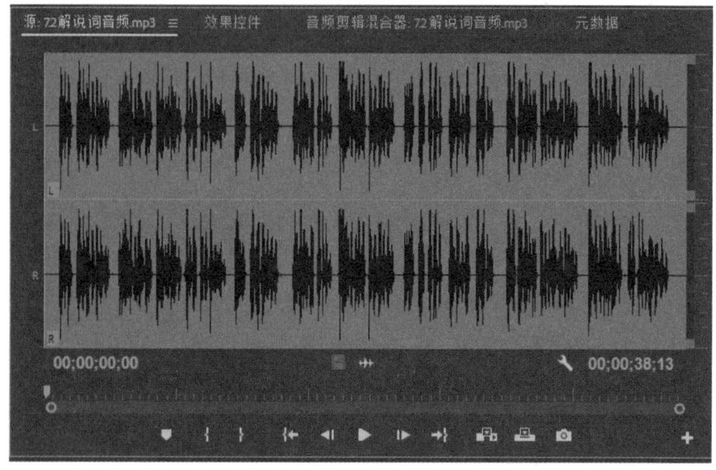

图5.2.9　在素材源监视器中剪辑音频

实训练习5-2：短片创作

使用任务5.2提供的素材进行短片创作并输出。

学习评价

进行学习评价，由学生自我评价、小组互评、教师评价相结合。

任务5.2：影片剪辑					日期	
评价内容	自我评价			小组互评		
	完全掌握	基本掌握	未掌握	完全掌握	基本掌握	未掌握
能建立工程、序列，导入素材						
能灵活切换使用“选择”“剃刀”工具在时间线中剪辑音频和视频						
能在素材源监视器中截取需要的音频和视频并添加到时间线						
能正确选择截取画面的入点和出点						
镜头组接流畅、自然，合乎逻辑						
能使用快捷键提高操作速度						
教师评价：						

知识窗：视频剪辑

1. 蒙太奇

一段连续的、没有切断的画面称为镜头。蒙太奇就是根据制作者意图将不同的镜头拼接在一起，表达出各个镜头单独存在时所不具有的特定含义，通过镜头的排列组合，叙述情节，刻画人物。

2. 音画对位

这是最常见的剪辑手法，根据解说配音添加对应的画面内容。

3. 运用景别

景别是指由于摄影机与被摄体的距离不同而造成被摄体在摄影机寻像器中所呈现出的范围大小的区别。根据表现的空间范围，由近至远分别为特写、近景、中景、全景、远景。

按照全景、中景、近景、特写的顺序组织镜头是一种比较常见的编辑方式。通常用全景或大全景交代情节发生的环境因素，之后用中景、近景交代主体的活动，推动剧情的发展，适当地运用特写镜头交代某种细节、突出某种特征，影片结束时通常也会使用全景或远景。

4. 镜头切换

镜头切换需要强调镜头的内在联系，在情节、场景、人物关系、动作等方面有合理的联系性，镜头的组接应当具有逻辑性，符合叙事的要求。

影视剪辑以运动镜头居多。一个完整的运动镜头包括起幅（运动开始前，画面或拍摄对象处于静止状态）、运动过程、落幅（运动结束）。为了保证镜头衔接流畅，剪辑时通常去掉起幅，从运动开始的那一帧切入，保留完整的运动过程和部分落幅，节奏较快的影片甚至只使用部分运动过程组接画面。

任务5.3 制作动画效果

任务描述☞

位置、大小、旋转角度、不透明度、音量（如果有）是素材的基本属性，给素材的基本属性添加相应关键帧是后期制作中常用的编辑方法。

此外对视频、音频素材添加速度变化也是剪辑常用的技巧之一。Premiere中主要使用关键帧动画，关键帧可以复制、删除、移动。

任务目标☞

1）了解素材的基本属性；
2）能制作位移、缩放、旋转属性的关键帧动画；
3）能制作不透明度变化效果，调整轨道间的叠加模式；
4）掌握音量调整的方法；
5）能调整视频播放速率。

微课：基础动画效果制作

本任务的要求是制作如图5.3.1所示的大熊猫动画效果。

图5.3.1 大熊猫动画效果

5.3.1 位置

在时间线中选择镜头，将上方面板切换到“效果控制”面板，对“位置”添加关键帧。添加的关键帧出现在“效果控制”面板中而不是时间线中，如图5.3.2所示。双击预览窗口，可以显示素材边框和运动轨迹，如图5.3.3所示。使用“选择工具”拖动素材边框可以缩放素材，拖动画面可以直接调整当前时间点素材的位置。

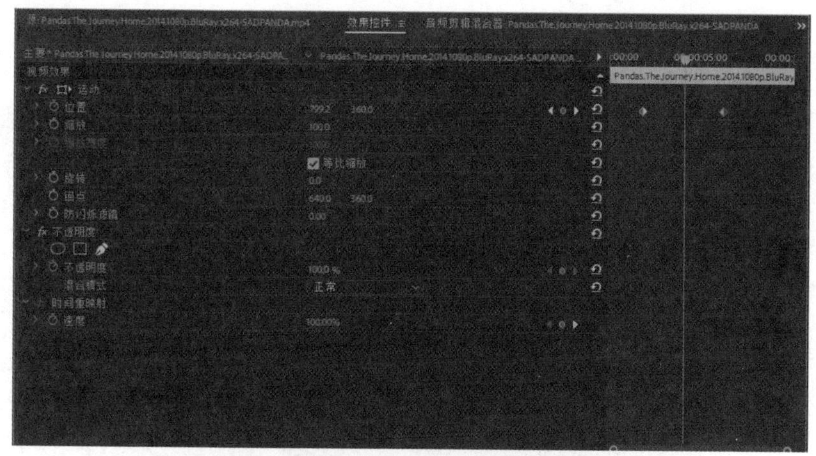

图5.3.2　切换到“效果控制”面板添加关键帧

图5.3.3　显示素材边框和轨迹

右击关键帧可以改变关键帧插值，如图 5.3.4 所示。

默认情况下，轴心点和图像的几何中心重合，位于屏幕的中心，双击预览窗口显示中心点，将鼠标指针移动到中心点位置会有所提示，拖动调整中心点位置，如图 5.3.5 所示。

中心点操作也可以在“锚点”选项中进行。

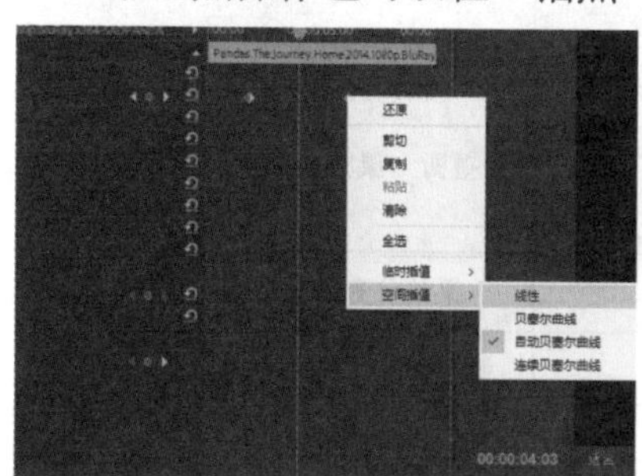

图5.3.4　修改关键帧插值

图5.3.5　调整中心点位置

5.3.2　缩放

以中心点为基准对画面进行缩放控制，改变图像的大小。如果取消选中“等比缩放”复选框，可以单独对素材的宽度、高度进行调整，如图 5.3.6 所示。

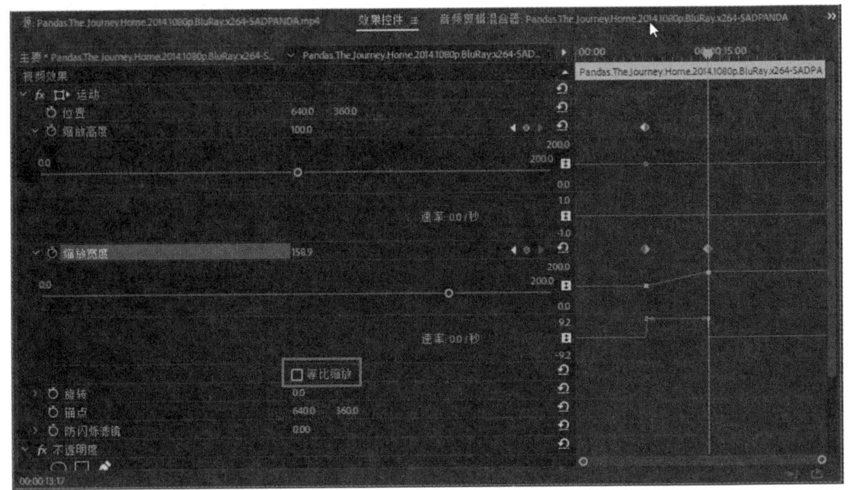

图5.3.6　分别调整宽度、高度

5.3.3　旋转

以中心点为基准对图像进行旋转控制，如果旋转角度超过 360°，Premiere 会以圈数 + 角度的方法进行标记，如图 5.3.7 所示。

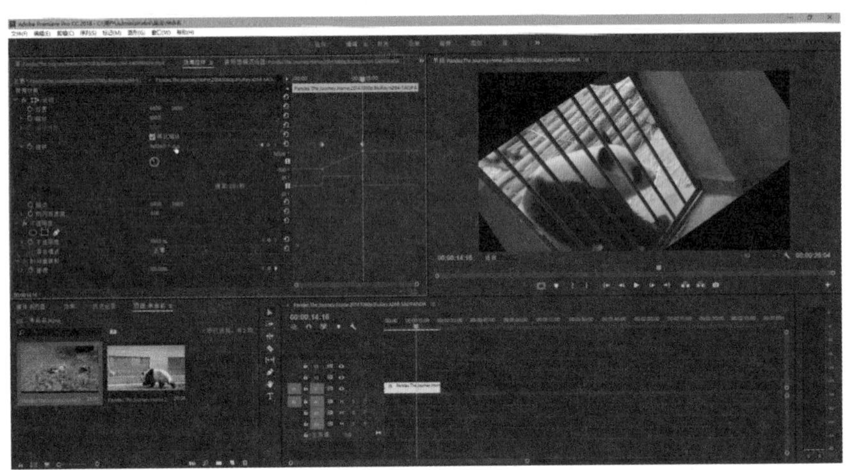

图5.3.7　左右拖动鼠标改变角度

5.3.4　不透明度

添加不透明度动画能给素材添加渐隐渐现的效果，使画面的变化更为柔和、自然。不透明度选项码表默认开启，单击按钮可添加关键帧。

在“混合模式”下拉列表中可以选择与下方轨道的叠加方式，如图 5.3.8 所示。

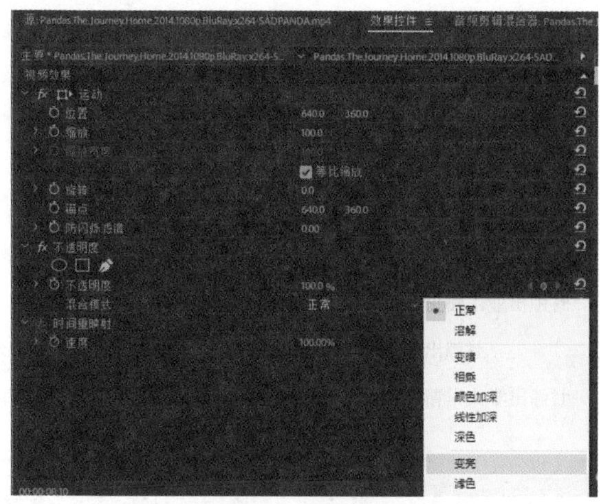

图5.3.8 选择叠加方式

不透明度处还可以绘制蒙版，如图 5.3.9 所示。蒙版同样可以添加动画。

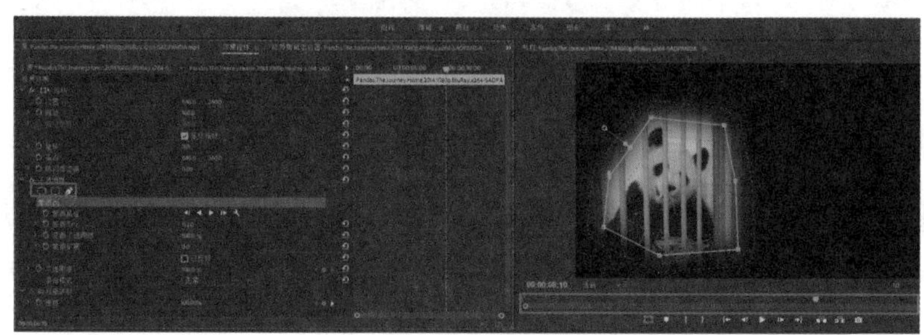

图5.3.9 绘制蒙版

5.3.5 音量

在“效果”面板的“音频效果”选项组的“级别”选项中制作音量变化效果，如图 5.3.10 所示。“级别”的关键帧是自动开启的。

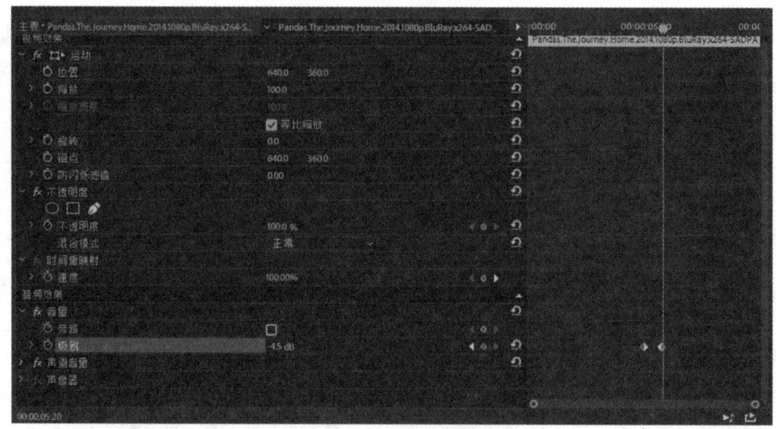

图5.3.10 音量变化效果

5.3.6 速率变化

常用的速率调整方法有3种，其中“时间重映射”可以在一段素材内多次变速，“比率拉伸工具”和“速度/持续时间”只能对整段素材进行调整。

1. 时间重映射

给“时间重映射”中的“速度”参数添加关键帧，在关键帧后方的时间线上上下拖动鼠标指针，可以调整播放速度。时间重映射的关键帧可以拆分为和2个部分，制作加速、减速效果，如图5.3.11所示。改变速率会自动修改镜头时长。

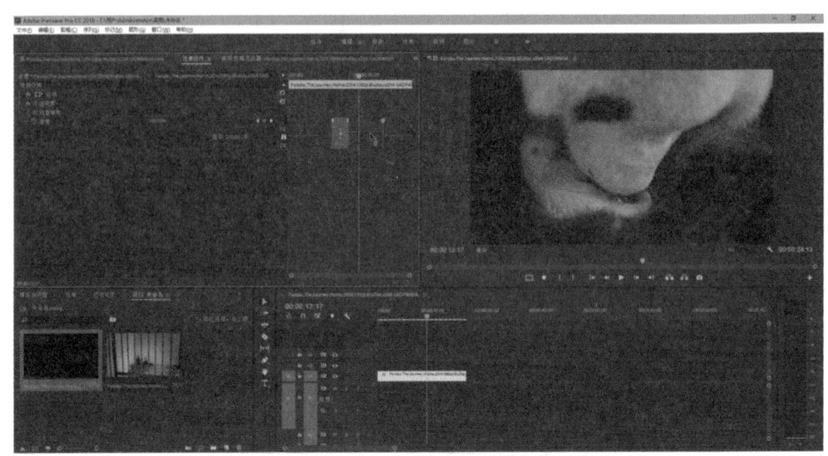

图5.3.11 时间重映射调整速率

2. 比率拉伸工具

在时间线的工具栏中长按“波纹编辑工具”，在弹出的快捷菜单中选择“比率拉伸工具”，将鼠标指针移动到时间线中需要修改的片段末端，鼠标指针形状变化，左右拖动，可以改变播放速度，如图5.3.12所示。

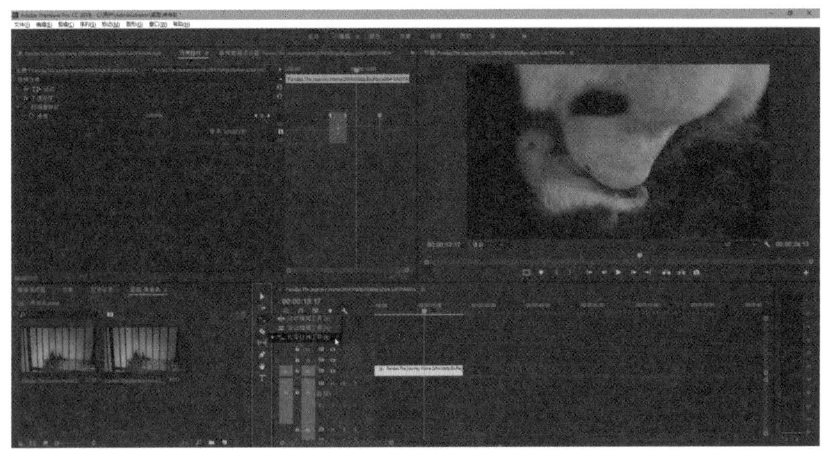

图5.3.12 比率拉伸工具

3. 速度/持续时间

右击时间线中的素材，在弹出的快捷菜单中选择“速度 / 持续时间”选项，在弹出的“剪辑速度 / 持续时间”对话框中设置速度和持续时间，如图 5.3.13 所示。

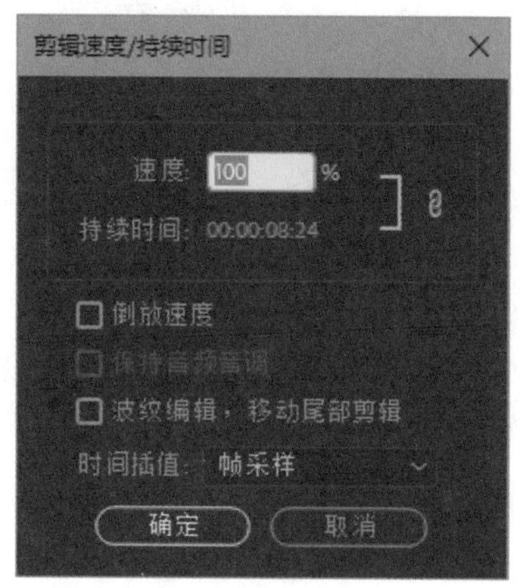

图5.3.13　速度/持续时间

实训练习5-3：短片镜头剪辑与组接

使用任务5.3中提供的素材进行短片镜头剪辑、组接。

学习评价

进行学习评价，由学生自我评价、小组互评、教师评价相结合。

任务5.3：制作动画效果					日期	
评价内容	自我评价			小组互评		
	完全掌握	基本掌握	未掌握	完全掌握	基本掌握	未掌握
能导入素材进行剪辑						
能制作位移、缩放、旋转动画						
能制作不透明度变化效果，调整轨道间叠加模式						
能调整音量、制作音量变化效果						
能根据需要选择合适的方式改变播放速率						
教师评价：						

任务 5.4 添加特效

任务描述

Premiere 提供的视频特效分门别类地放置在“效果”面板的特效文件夹中，包括“音频效果”、“视频效果”、“音频过渡”及“视频过渡”。此外，“预设”文件夹中保存有制作好的效果供用户直接选择。

任务目标

1）了解音频、视频特效的添加及使用；
2）能添加、调整音频和视频转场；
3）掌握合理添加转场的技巧。

微课：添加特效

本任务的要求是给如图 5.4.1 所示的视频添加特效。

图5.4.1 大熊猫视频

5.4.1 视频效果

将左下方的面板切换至“效果”面板，展开“视频效果”查看特效，Premiere 的特效与 After Effects 类似，如图 5.4.2 所示。将需要添加的特效拖动到时间线中的素材上，然后在“效果控件”面板调整参数，如图 5.4.3 所示。

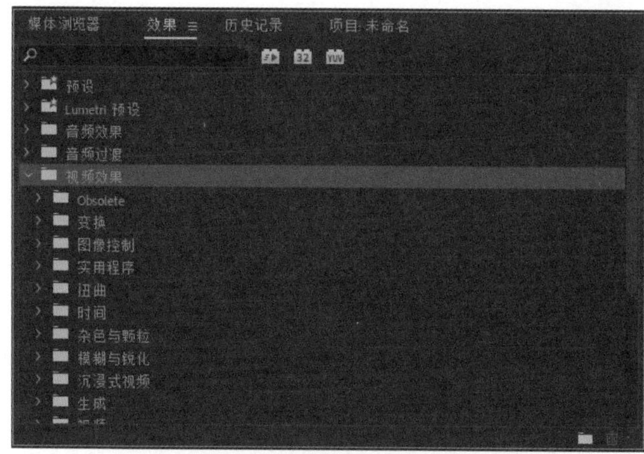

图5.4.2　添加视频特效

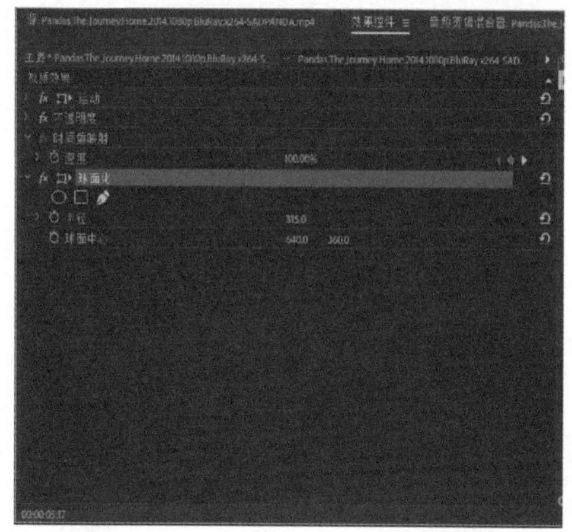

图5.4.3　在“效果控件”面板中调整参数

复杂的效果尽量在 After Effects 中完成。右击素材，在弹出的快捷菜单中选择“使用 After Effects 合成替换”选项，可以将所选镜头转换为 After Effects 工程文件并打开 After Effects 软件制作效果，如图 5.4.4 所示。

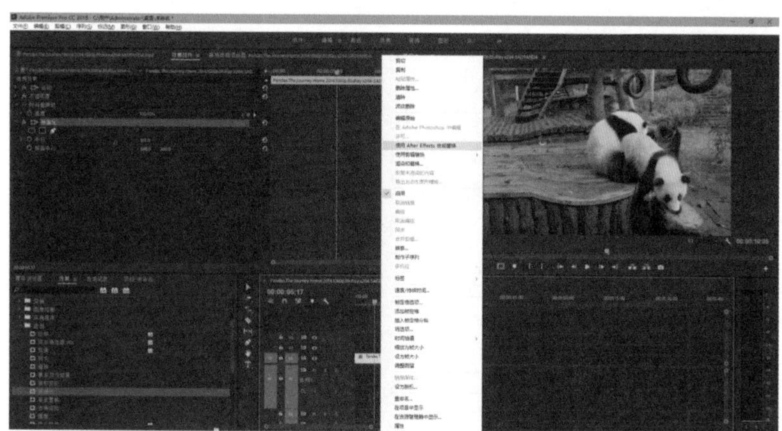

图5.4.4　关联到After Effects

5.4.2 音频效果

音频效果的添加和调整方式与“视频效果”相同，如图 5.4.5 所示。也可以右击素材，在弹出的快捷菜单中选择“在 Adobe Audition 中编辑剪辑”选项关联到 Audition 进行编辑，如图 5.4.6 所示。

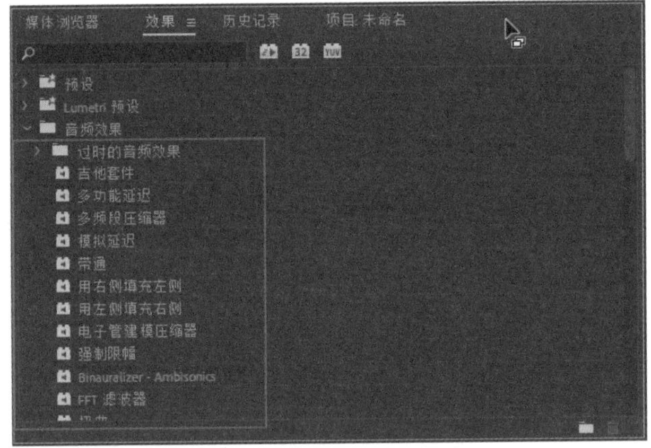

图5.4.5 添加和调整音频效果

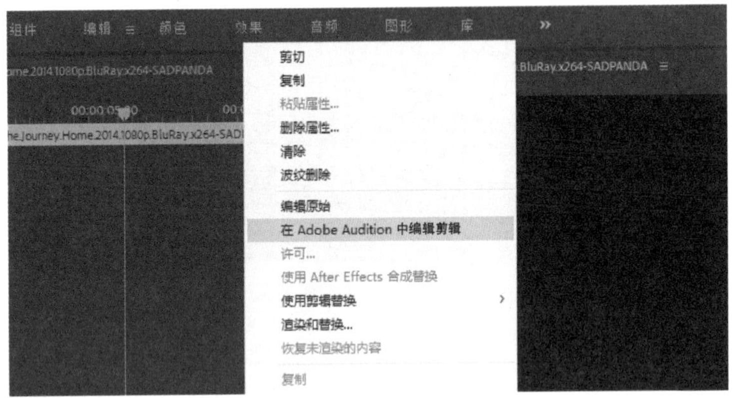

图5.4.6 关联Audition

5.4.3 视频过渡

视频过渡俗称转场，即利用特效将前后两个画面连接起来，避免镜头切换时带来的生硬感和跳动感，并且能够产生一些直接切换不能产生的视觉及心理效果，使前后画面内容相互融合，形成一个有机的整体。

1）转场效果在“效果”面板的“视频过渡”中，如图 5.4.7 所示。转场添加在两段素材连接处，添加后时间线上会有所显示，如图 5.4.8 所示。

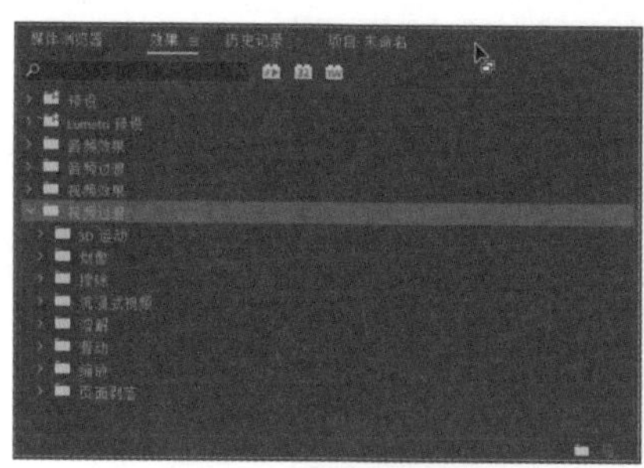

图5.4.7　添加转场

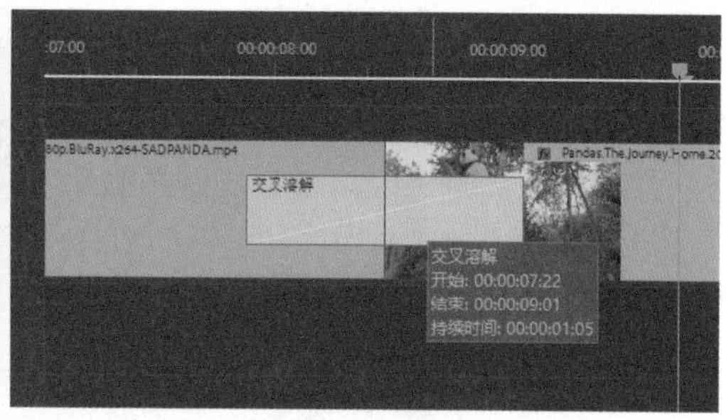

图5.4.8　转场添加在连接处

2）转场的使用要有节制，如有必要才进行添加。常用的转场效果有“溶解”大类中的“交叉溶解”、“渐隐为白色”和“渐隐为黑色”，其他转场慎用。

3）在“效果”面板中可以调整转场的位置和持续时间，也可以直接拖动转场调整位置，拖动转场边缘调整时间长度，如图 5.4.9 所示。在监视器中会显示调整效果。

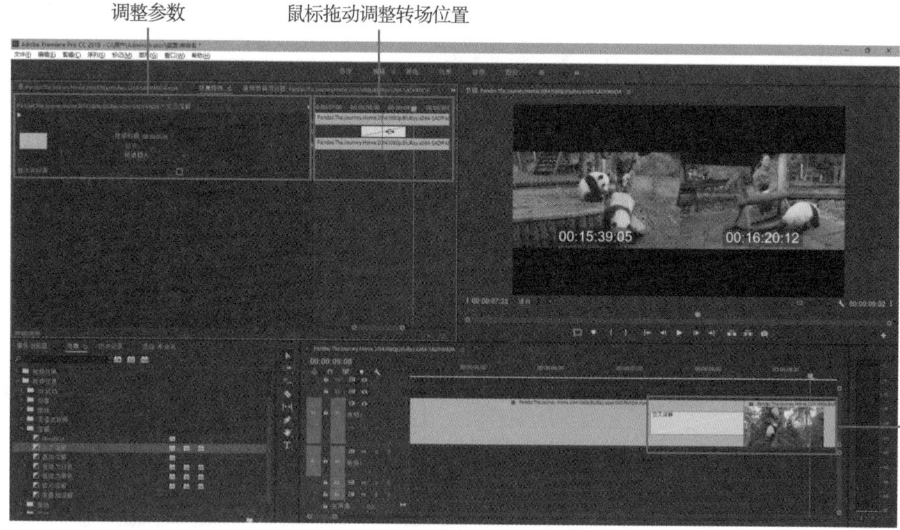

图5.4.9　调整转场位置和参数

5.4.4　音频过渡

声音的转场效果使用方法与视频转场效果相同，如图 5.4.10 所示，这里不再赘述。

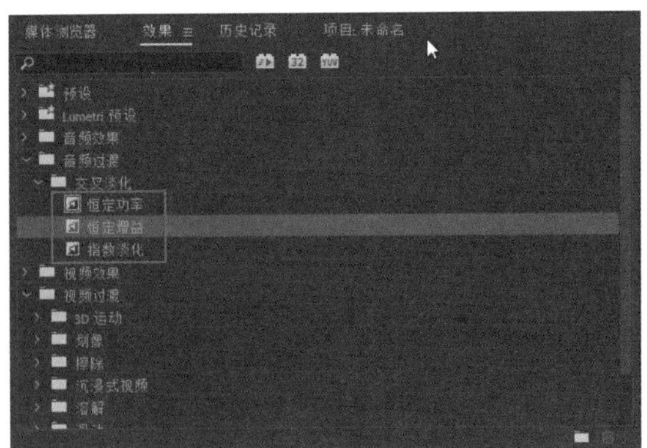

图5.4.10　音频转场

实训练习5-4：添加音视频特效和过渡

在任务5.3的工程文件中添加音频、视频特效和音频、视频过渡。

学习评价

进行学习评价，由学生自我评价、小组互评、教师评价相结合。

任务5.4：添加特效				日期		
评价内容	自我评价			小组互评		
	完全掌握	基本掌握	未掌握	完全掌握	基本掌握	未掌握
能添加音频、视频特效						
了解如何调整特效参数						
能添加转场效果，调整转场的参数						
了解合理添加转场的原则						
能转换剪辑片段关联到其他软件						
教师评价：						

任务 5.5 制作字幕

任务描述☞

字幕是构成一个完整影片的基本元素，是表现时代背景、刻画人物、叙述故事情节等不可或缺的表现手段，可以对画面起到解释和说明的作用。漂亮的字幕可以使影片更具吸引力和感染力，能让观众更加深刻地理解影片的内容和内涵。Premiere提供了高质量的字幕功能。本任务中将了解字幕的制作和使用方法。

任务目标☞

1）了解字幕工具的基本操作；
2）掌握固定字幕的添加方法和调整方法；
3）掌握滚动字幕的添加、调整方法；
4）能按要求输出成片。

微课：制作字幕

本任务的要求是给如图 5.4.1 所示的视频添加字幕。

5.5.1 文字工具

在时间线面板中选择“文字工具”，单击监视器面板添加相应字幕，此时会在时间线的视频轨道上添加一个对应的视频素材，长按“文字工具”，在弹出的下拉列表中可以切换文字输入方向，如图 5.5.1 所示。

图5.5.1 使用“文字工具”添加字幕

1）选择时间线上的字幕片段后使用“文字工具”，是在选择的文字素材上修改；如果要添加新字幕，需要取消选择已有的字幕，如图 5.5.2 所示。

图5.5.2　添加新字幕

2）在“效果控件”面板中可以调整字幕的参数，除基本的位置、缩放、旋转、不透明度参数外，还包括“文本”参数，如图 5.5.3 所示。

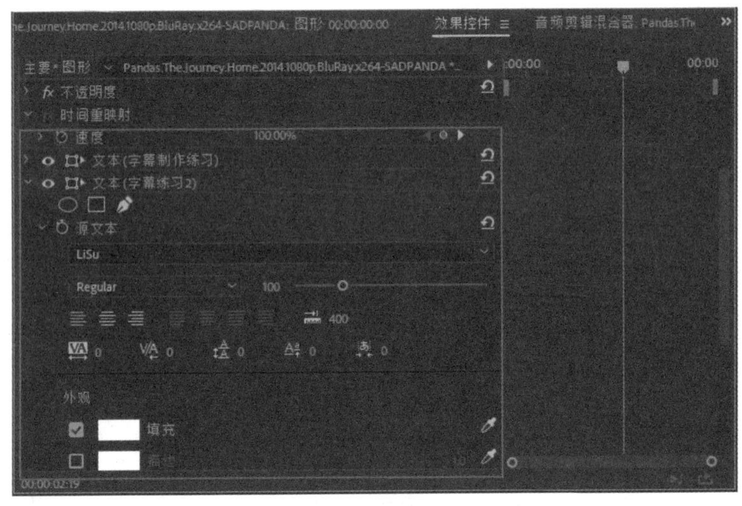

图5.5.3　调整文字效果

3）如果字幕文件包括多段文字，“效果”面板中也会分开显示，以便用户单独调整某段文字的效果。单击前方的眼睛图标可以选择开启 / 关闭显示。

4）通过“文本”参数中的可以对字幕添加蒙版和蒙版动画。

5.5.2 旧版标题

1）“旧版标题”是 Premiere 长久以来使用的字幕制作方式。选择菜单栏中的“文件”→“新建”→“旧版标题”选项，在弹出的“新建字幕”对话框中可以修改字幕文件名称、规格，规格默认与工程设置一致，如图 5.5.4 所示。

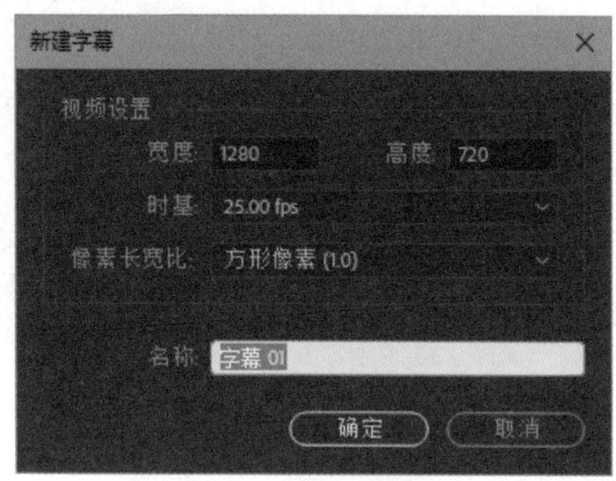

图5.5.4 新建字幕文件

2）选择左侧工具栏中的“文字工具”可以输入文字，选择“钢笔工具”可以绘制简单的几何图形；在窗口右侧可以设置文字和图形的参数，如图 5.5.5 所示。关闭“新建字幕”对话框，编辑的内容会自动保存，字幕文件作为视频素材生成到“项目”面板中。

图5.5.5 编辑调整字幕

3）在“旧版标题”对话框中可以选择文字方向、对齐方式，设置字体、填充方式、描边、阴影等参数。若要修改字幕，可以双击“项目”面板中的字幕文件，在弹出的“旧版标题”对话框中双击需要调整的元素即可。

4）在“旧版标题样式”面板中可以选择搭配好的文字样式，如果出现乱码，表示当前字体并非中文字体，重新选择一次字体即可，如图 5.5.6 所示。

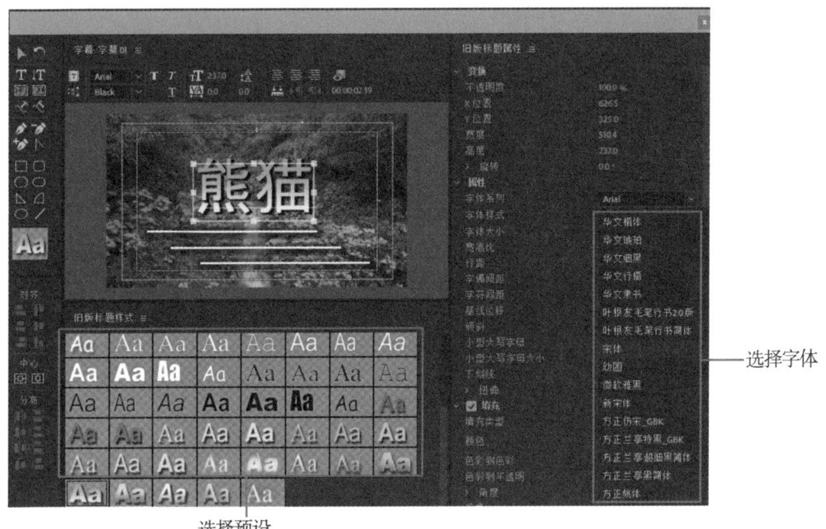

图5.5.6　选择预设效果并修改字体

小贴士

修改文字的位置、大小和长宽比，可以使用“选择工具”拖动文字或文字的边框实现。

5.5.3　运动字幕

将字幕文件放入视频轨道，添加位移关键帧，即可实现运动字幕。也可以使用以下方法实现运动字幕。

01 进入“旧版标题”界面，根据运动方向输入文字并排版，如图 5.5.7 所示。

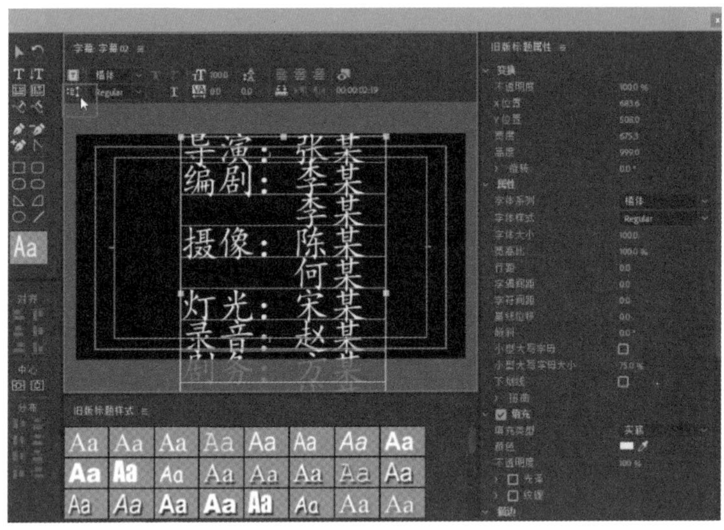

图5.5.7　字幕文字排版

02 单击左上方的“滚动 / 游动选项”按钮，在弹出的“滚动 / 游动选项”对话框中选择所需移动方向，通常还需选中“开始于屏幕外”和“结束于屏幕外”复选框，如图 5.5.8 所示。设置好后单击“确定”按钮。

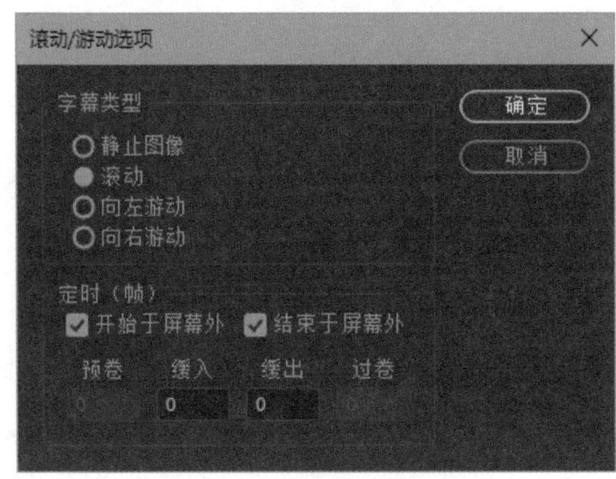

图5.5.8 设置运动效果

03 将字幕文件拖放到视频轨道中预览效果，可通过拉伸时间线中字幕文件的长度控制字幕的移动速度。

实训练习5-5：添加片名和字幕

在任务5.4的工程文件中添加片名、解说词字幕，在片尾添加滚动字幕，按样片格式输出。

学习评价

进行学习评价，由学生自我评价、小组互评、教师评价相结合。

任务5.5：制作字幕					日期	
评价内容	自我评价			小组互评		
	完全掌握	基本掌握	未掌握	完全掌握	基本掌握	未掌握
能制作静态字幕						
能制作运动字幕						
能使用字幕预设						
能设置字幕参数						
教师评价：						

知识窗

1. 界面布局

用户可以根据个人习惯调整 Premiere 的界面布局，在菜单栏的“窗口”下拉列表中选择开启 / 关闭各个面板；在“工作区”子菜单中选择预设布局；想恢复默认布局，则选择“重置为保存的布局”选项，如图 5.5.9 所示。

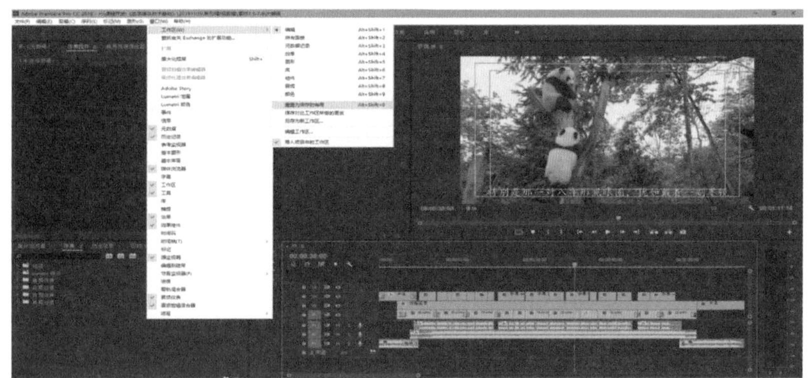

图5.5.9 界面布局调整

界面上方也有布局调整的选项，便于用户切换各种专用操作的布局，如图 5.5.10 所示。例如，在“颜色”布局中可以使用类似于专业调色软件的方式对影片进行调色处理，“效果控件”中也会生成一个“lumetri 颜色”的效果选项。

图5.5.10 选择各种专用操作的布局

2. 输出设置

原则上输出的设置不能高于项目、序列及原始素材的参数，所以在条件允许的情况下，可将建立的项目配置设置高一些，让输出时格式的选择更为灵活。

选择菜单栏中的“文件”→“导出”→“媒体”选项，或使用 Ctrl+M 组合键，弹出“导出设置”对话框。

其左侧是预览界面，可以看到影片最终输出的效果：右击界面，在弹出的快捷菜单中选择“适合”选项查看整体效果；选择“100%”或以上选项检查细节，如图 5.5.11 所示。

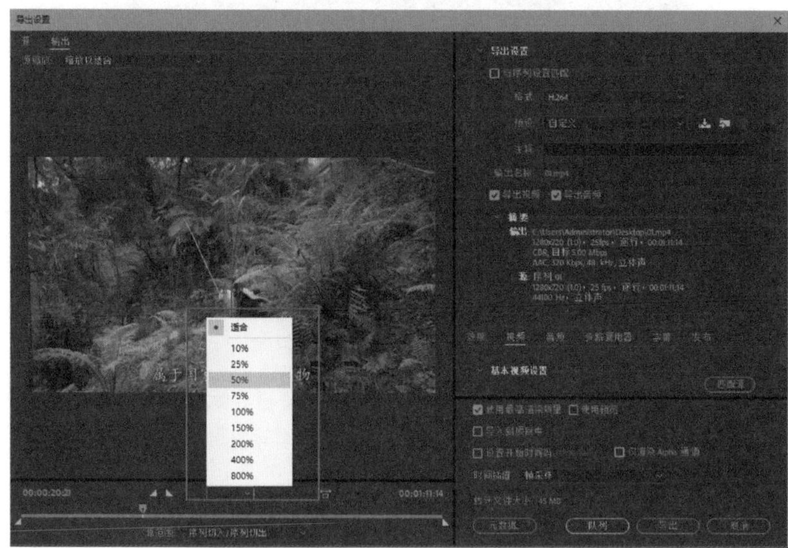

图5.5.11　导出设置

在右侧的“导出设置”选项组中，可以设置“格式”“预设”；在“输出名称”文本框中可以看到输出成片的扩展名，也可以修改名称和保存位置，如图 5.5.11 所示。切换到“视频”“音频”选项卡可以分别修改对应参数。

在“视频”选项卡的“基本视频设置”选项组中，取消选中相应选项的复选框就可以解除锁定并进入手动调整状态，具体设置如图 5.5.12 所示。通常会选中“以最大深度渲染”复选框。

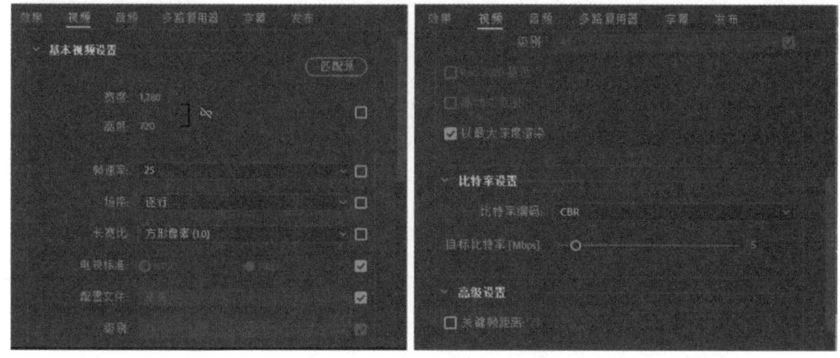

图5.5.12　基本视频设置

“比特率编码”有 VBR 固定码率与 CBR 动态码率，为了便于控制影片大小，一般选择 CBR；“目标比特率”为每秒视频文件的大小，设置时要考虑素材和输出格式，DVD 标准为 8MB/s。

在“视频”选项卡的“基本音频设置”选项组中通常只需要改动“比特率设置”，如图 5.5.13 所示。

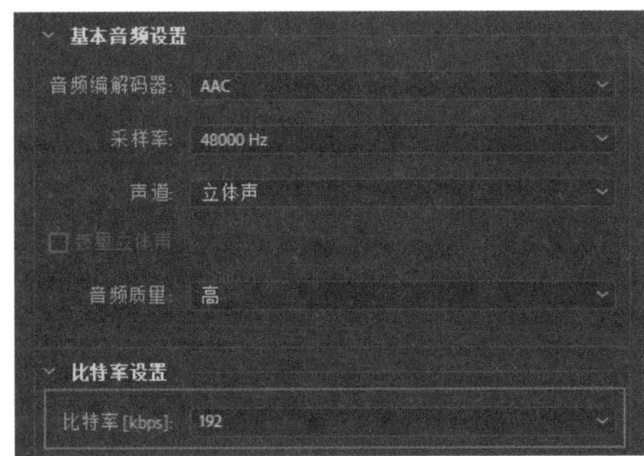

图5.5.13　基本音频设置

全部设置完成后单击下方的“导出”按钮渲染输出。如果单击“队列”按钮，会启动渲染器 Adobe Media Encoder 输出。在渲染器中还可以对输出设置再次调整，如图 5.5.14 所示。

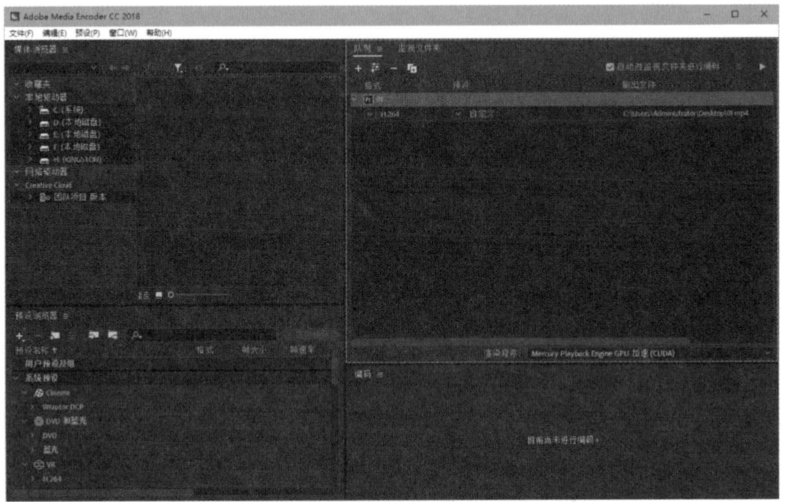

图5.5.14　Adobe Media Encoder

参 考 文 献

丁刚毅，等，2015. 数字媒体技术［M］. 北京：北京理工大学出版社.

许志强，邱学军，2015. 数字媒体技术导论［M］. 北京：中国铁道出版社.

杨忆泉，2014. 数字媒体技术应用基础教程［M］. 北京：机械工业出版社.

曾祥民，2016. 数字媒体技术基础［M］. 北京：电子工业出版社.

宗绪锋，韩殿元，2018. 数字媒体技术基础［M］. 北京：清华大学出版社.